3D Animation
Design Case Tutorial

浙江省普通高校“十三五”新形态教材

三维动画设计案例教程

王 东 刘文云 /编著

·杭州·

图书在版编目（CIP）数据

三维动画设计案例教程/王东，刘文云编著. --杭州：浙江大学出版社，2024.11
ISBN 978-7-308-19994-0

Ⅰ.①三… Ⅱ.①王… ②刘… Ⅲ.①三维动画软件-高等学校-教材 Ⅳ.①TP391.414

中国版本图书馆CIP数据核字(2020)第007563号

三维动画设计案例教程

SANWEI DONGHUA SHEJI ANLI JIAOCHENG

王东　刘文云　编著

策划编辑　葛　娟
责任编辑　葛　娟
责任校对　诸寅啸　陈　欣
责任印制　孙海荣
封面设计　春天书装
出版发行　浙江大学出版社
（杭州市天目山路148号　邮政编码310007）
（网址：http://www.zjupress.com）
排　　版　杭州林智广告有限公司
印　　刷　杭州宏雅印刷有限公司
开　　本　787mm×1092mm　1/16
印　　张　14
字　　数　290千
版 印 次　2024年11月第1版　2024年11月第1次印刷
书　　号　ISBN 978-7-308-19994-0
定　　价　68.00元

浙江大学出版社市场运营中心联系方式：0571-88925591；http://zjdxcbs.tmall.com

前言

三维动画发展至今，尤其是一些三维影视大片的不断涌现，让人们对三维动画的热衷程度与日俱增。除影视动漫应用外，我们会发现，随着社会经济文化的高速发展，尤其是近几年虚拟现实（VR）经过多年沉寂之后的凤凰涅槃，应用型动画越来越受到人们的青睐，考古重现、医疗模拟、科学展示、军事演练模拟等，甚至日常用到的教学课件，都可以用三维的手段将难以描述的情境进行重现。

三维动画设计制作软件林林总总，不一而足，人们根据需求各取所需。3ds Max以其直观、易上手等优点，在全球拥有庞大的用户群。尤其是随着版本的提高，其应用性功能日益强大。本教材以3ds Max 2016为创作平台。该版本较之以前的版本性能有了极大的提升，比如以物理动力学（MassFX）替代了3ds Max 2012及之前版本的Reactor动力学系统。MassFX支持刚体、软体、布料以及破碎玩偶和流体的模拟，拥有真实世界中的重力、质量、加速度、摩擦力和弹力等诸多参数设置，减少了运算错误和卡机等问题，模拟结果可以直接在场景中生成关键帧。这些为自然状态的随机动态模拟提供了极大的方便。

本教材编写的初衷在于充分挖掘3ds Max的动画表现功能，使其能广泛应用于诸多行业的动画及动作设定，比如企业宣传、游戏动作等。教材中列举了诸多的范例，每个范例针对一个知识点，读者领会之后自然可以举一反三，灵活运用。

本教材在章节安排上，基本按照循序渐进的原则，即从零基础到动作调整的高级阶段，基本能够满足应用型动画设计制作的需要。第1和第2章可以视为基础篇，为没有基础的同学做好前期准备，第3章和第7章可视为中级阶段，掌握这部分内容后可以做一些日常生活或科学动态模拟。第8章及以后可谓是高级阶段，需要静下心来慢慢体会，涉及角色动作的细致调整，包括骨骼搭建、蒙皮、动作设定等方面，需要反复练习。

本教材并非三维动画宝典，没有面面俱到，期望的是以点带面，充分发挥读者的主观能动性，进行全面提高。书中每个章节均配有相应视频录像教程，总计约24小时，对每个案例的实际制作过程进行详细讲解，手机扫描二维码即可在线观看视频讲解。另配有供练习用的原始文件和部分素材文件，习题和试题库等相关资料。

由于作者水平有限，书中难免有疏漏之处，希望读者批评指正。

本书受到浙江工业大学重点教材建设项目资助（JC1715）。

编者

2024年1月于杭州

目录

第1章 三维制作基础

第2章 三维动画起步

第6章 粒子流特效动画

第7章 大气特效与空间扭曲动画

第 8 章 Bone 骨骼系统搭建

第 9 章 Biped 骨骼蒙皮

第1章 三维制作基础

1.1 3ds Max 2016界面控制与工具使用

3ds Max 2016
界面控制与
工具使用

1.1.1 总体布局与控制

3ds Max 2016默认的工作界面如图1–1所示，主要分为菜单栏、工具栏、视图区、时间轴、状态栏、动画控制区、播放控制区、视图控制区、命令面板等几大部分。经常会看到有读者在操作时不小心弄丢某一部分（如命令面板），便无从下手，这时只要点击 工作区：默认 下拉菜单中的【重置为默认状态】就可以了。如图1–1所示。

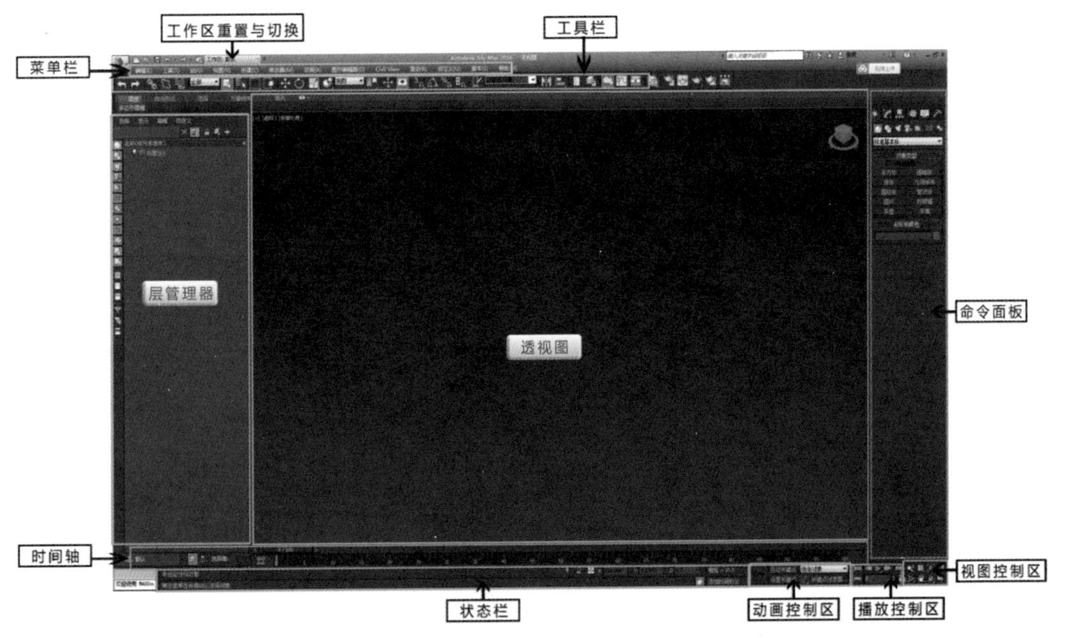

图1–1　工作界面

3ds Max的视图布局可以灵活调整，方法是在【视图】菜单下，点击【视口配置】选项卡，在弹出的面板中选择【布局】子面板，选择需要的视图布局，再点击【应用】即可。当然，也可以在分割视图中，用鼠标左键拖动分割线或视图分界线来调整视口范围，如图1–2所示。

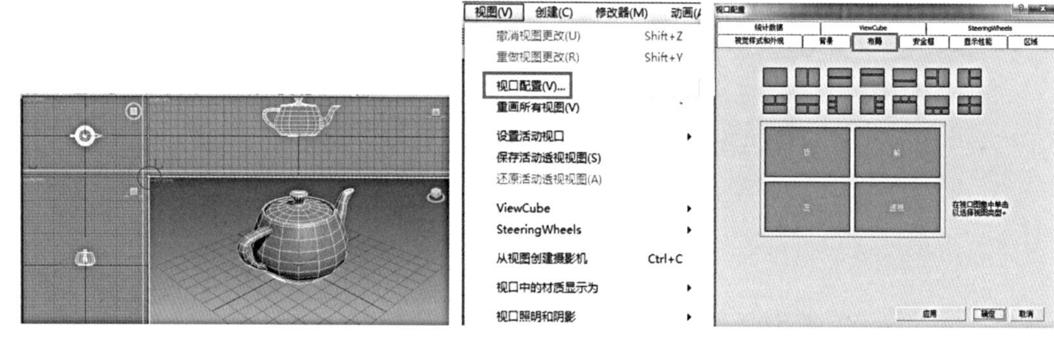

图 1–2　视图布局调整

1.1.2　主工具栏按钮使用

主工具栏列出了一些用户使用频率较高的按钮，如图1–3所示。

图 1–3

在三维创作过程中，依据创作目的及个人习惯，对某些工具的使用频率很高，而有些工具可能极少使用，再者，默认状态下有些工具是不显示的，需要用户人为添加或去除，以节省视图空间。方法是在【工具栏】右上角单击右键，会显示出所有可用工具，使用勾选的方式可将工具调入或隐藏。对于主工具的使用，建议最好使用快捷键，以提高创作速度。另外，用户可以根据个人习惯自由设置快捷键。方法是在【自定义】菜单下，打开【自定义用户界面】，在【键盘】子面板中选择合适的类别，然后找到需要定义快捷键的命令，点击之后，在【热键】空白框内按下相应的快捷键，再点击指定即可，如图1–4所示。

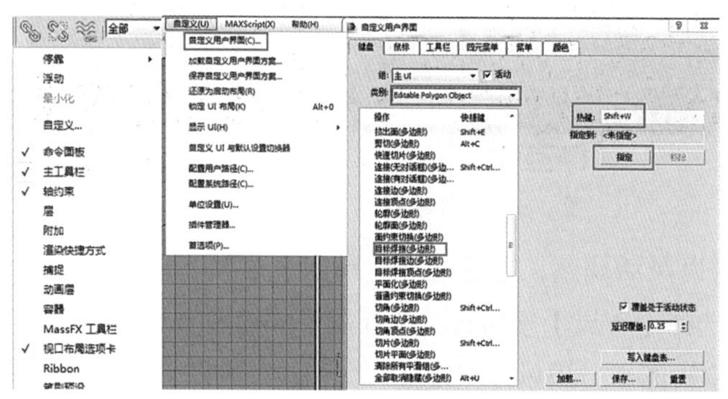

图 1–4

主工具栏按钮使用

1.1.3 时间轴与动画控制区域

图 1-5

3ds Max时间轴默认长度为100帧，更改时间轴长度的方法有两种，其一是精确控制法。通过右下角【时间配置】按钮，调出时间配置面板，修改其中的起始时间及长度等，在这个面板中，还可以修改帧速率及播放速度等参数。其二是自由控制法。通过手动调节时间轴的缩放，在同时按住【Ctrl】和【Alt】键的前提下，按住鼠标左键在时间轴上拖动，会加大或缩短时间轴的负向（即向左）长度，同理，按住鼠标右键在时间轴上拖动，会加大或缩短时间轴的正向（即向右）长度。

在动画控制区域中，记录动画的方式有两种，一种是手动设置关键帧（通常所说的K帧），首先按下设置关键点按钮，这是一个自动和手动记录动画的转换器，然后在物体动画关键处点击，或按下K键进行动画记录。另外一种方法是自动关键点方法。方法比较简单，只要按下自动关键点按钮即可，视图中物体的所有动作就会被记录下来。如图1-5所示。

1.1.4 文件保存、自动备份与导入导出

文件保存自动
备份与导入导出

用户在进行三维创作过程中，应养成经常保存与备份文件的习惯。为了安全起见，除使用文件菜单下的【保存】命令外，也可以根据制作阶段的需要，使用【另存为】命令对文件加以手动备份。同时，可以通过设置自动备份，确保万无一失。具体设置方法为，在3ds Max 2016【自定义】菜单下，找到【首选项】，在其中的【文件】面板中通过修改【自动备份】参数完成备份设置。当然，用户也可以通过【自定义】菜单下，找到【配置用户路径】选项，选中【AutoBackup】，然后点击【修改】命令设置用户自己的自动备份路径，如图1-6所示。

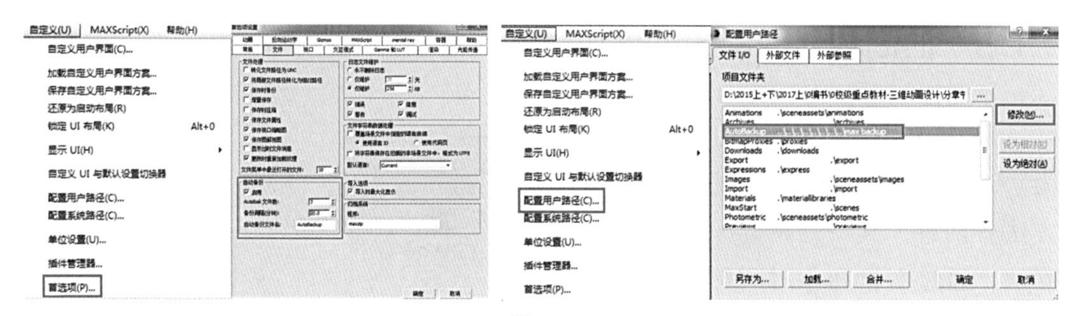

图 1-6

根据用户需求不同，经常会遇到导入或导出不同格式文件的情况，比如obj、fbx等，可以通过单击软件图标（相当于早期版本的【文件】菜单）找到【导入】命令，选择相应的【导入】、【合并】或【替换】等命令，完成所需格式的导入。【导出】命令与【导入】命令相似，选项也更为简练，只有【导出】、【导出选中对象】及【导出到DWF】三个选项，其含义依次对应于导出3ds Max全部场景文件、只导出选中的对象、将3ds Max全部场景文件导出为DWF格式文件，如图1-7所示。

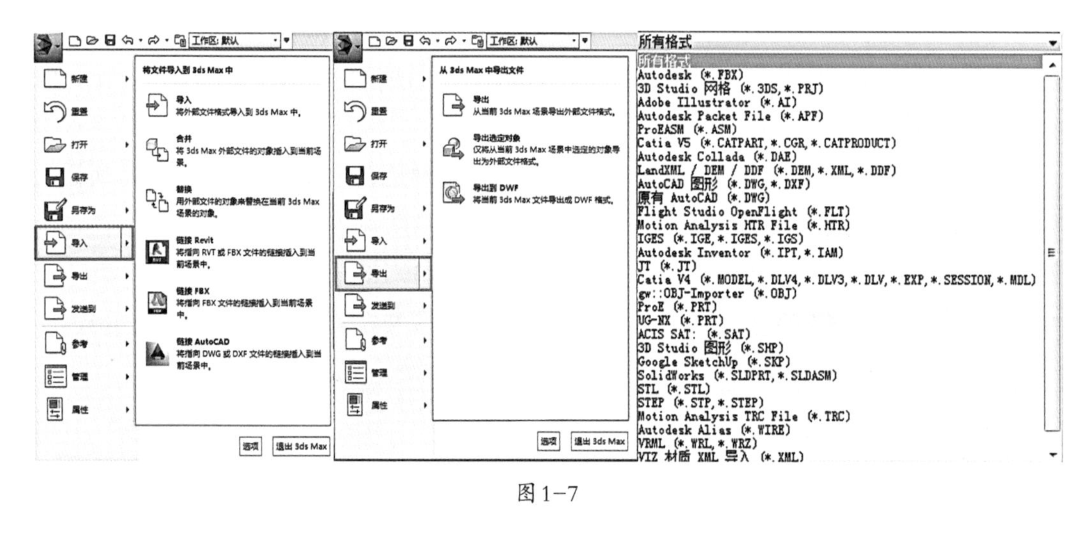

图 1-7

1.2 常用建模技术

在【创建】命令面板【几何体】创建卷展栏下，3ds Max内置有十几种几何体创建类型，如图1-8所示。其中，标准基本体、扩展基本体、复合对象三种创建类型是常规建模的基础而且应用频率较高，在效果图制作中也会经常用到门、窗、AEC扩展、楼梯等几种类型。

1.2.1 3ds Max 2016内置常用建模方法

3ds Max 2016内置常用建模方法

1. 标准基本体建模

标准基本体属于3ds Max内置的基础几何体，包括长方体、球体、圆柱体、圆环、茶壶、圆锥、几何球体、管状体、四棱锥以及平面物体10个基本模型。一些比较简单的三维模型，利用这些几何模型是完全可以搭建出来的。标准基本体也为后面的相对复杂的修改建模奠定了很好的基础，比如不规则物体的创建等，如图1-8所示。

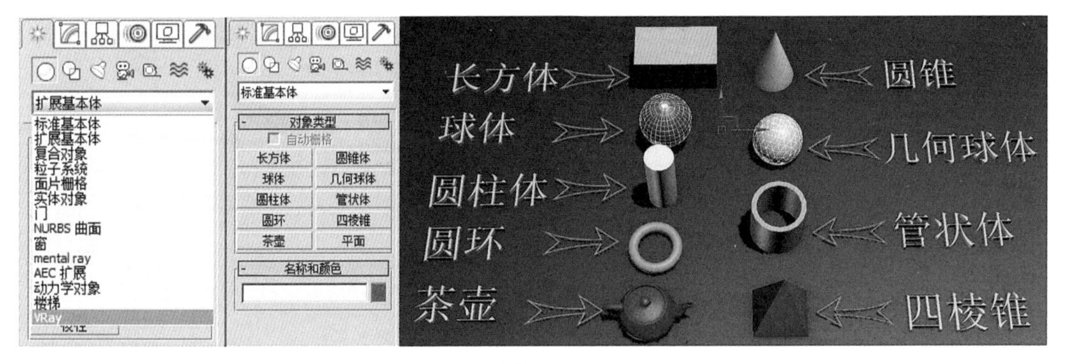

图1-8

2. 扩展基本体建模

扩展基本体实质上是在标准基本体基础上扩展延伸而得到的一种几何体类型，模型更加精致，变化更加丰富，是许多三维模型创建时不可或缺的帮手。3ds Max内置的包括异面体、切角长方体、油罐、纺锤、球棱柱、环形波、棱柱、环形结、切角圆柱体、胶囊、L-Ext、C-Ext、软管等十几种几何体。如图1-9所示。

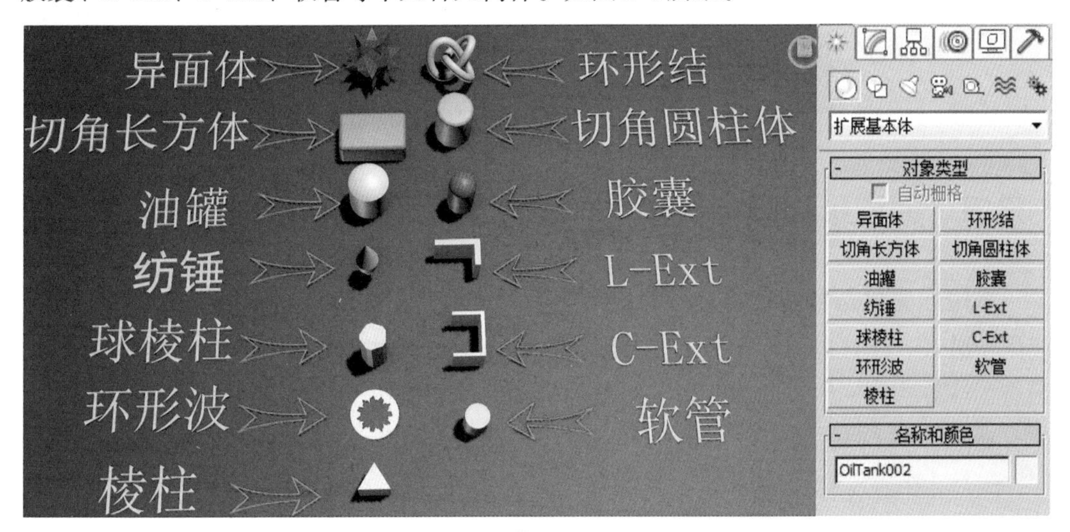

图1-9

3. 其他内置建模

除上述基本几何体模型之外，3ds Max还为用户建模提供了更为便捷的模型组件，这些组件包括门、窗、AEC扩展、楼梯等几大常用模型组件，如图1-10所示。

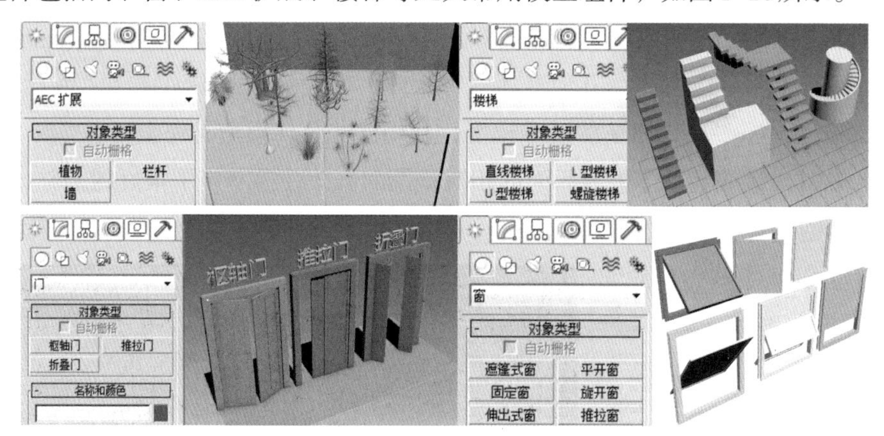

图1-10

1.2.2 复合对象建模

相对于前述几何体模型而言，复合对象建模的优势在于建模方法更加灵活、便捷，能够充分发挥用户想象力，设计出更加精美的模型，同时大大提高了建模速度。3ds Max 2016在复合对象创建面板中提供了12种符合对象方法，其中，布尔运算、放样、散布、图形合并等是许多行业建模中经常用到的命令，如图1-11所示。

复合对象建模

图1-11

1.2.3 多边形建模

多边形建模是目前最为流行的三维建模方式之一，在CG行业主要应用于游戏、建筑以及影视等诸多行业。在对模型编辑时，可充分运用顶点、线段、环形线、面和元素子对象进行各种修改操作，非常灵活方便，如图1-12所示。

多边形建模

图1-12

1.2.4 其他建模方法

除上述建模方法之外，还有几类方法为业界广泛采用。第一类：对于几何体而言，可以使用3ds Max的修改器进行进一步的加工，制作出更加丰富的模型。这些命令主要有FFD修改、弯曲、锥化、扭曲、拉伸、挤压、松弛、波浪、涟漪、晶格、球形化、壳等。第二类：利用二维图形通过修改器命令建模。常见的比如杯子、碗碟以及一些形状不规则的物体建模。建模命令更加灵活多样，比如挤出、倒角、倒角剖面、弯曲等命令的综合运用，这些命令的配合运用，能够做出其他建模方法所难以达到的模型效果，更加自然、逼真。当然，对于复杂曲面（如流线型跑车）还有一种建模方法，称为NURBS建模，这种方法做出的曲面更加圆润平滑，但对于有棱角的物体创建有些难度。

1.3 灯光和摄影机使用基础

无论对于三维场景还是角色而言，灯光无疑都是重要的烘托工具之一，包括逼真的三维场景和特定气氛的渲染。3ds Max自身提供了两种类型的灯光，即标准光源和光度学光源，这两种光源对于初学者正确认识、理解和使用光源是很好的工具。为了追求更为逼真的效果，人们开发了一款专用渲染插件，即VRay渲染器，安装好VRay渲染器后，在3ds Max灯光创建卷展栏下会出现VRay光源。

1.3.1 光度学光源

光度学光源又可分为目标灯光、自由灯光及mr天空入口三种类型，如图1-13所示。通过改变光度值可以精确调节各种灯光的属性，以实现真实渲染的效果。

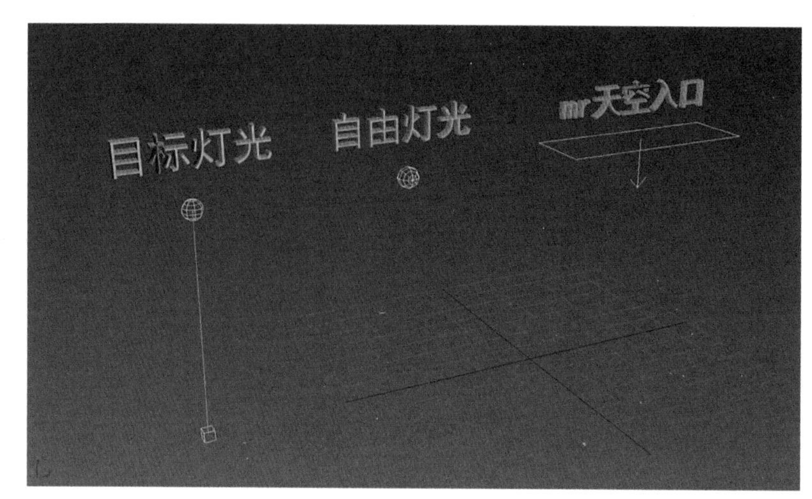

光度学光源

图1-13

目标灯光可以在参数面板中选择不同类型的模板，如灯泡、卤素灯及荧光灯等，有4种不同的灯光分布类型和6种类型的发射光线，如图1-14所示。

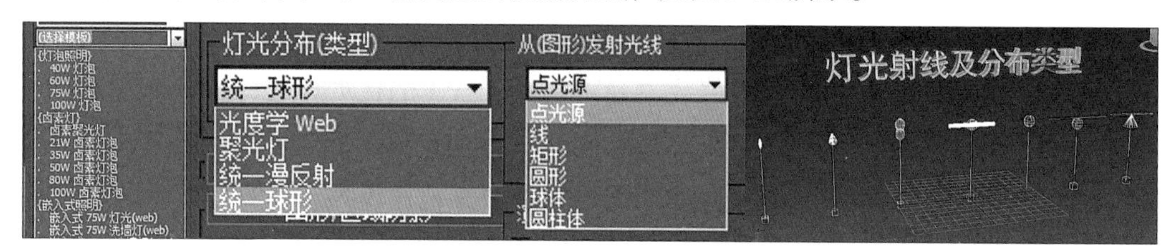

图1-14

自由灯光不具有目标点，这是与目标灯光最大的差别。在参数面板中勾选【目标】选项，即可实现自由灯光与自由灯光之间的转换。

mr天空入口主要作为补光使用，与天光组件一起改善渲染场景效果。由于mr天空入口能有效汇集场景中现有的颜色和亮度信息，提供区域照明，恰当使用能减少渲染时间。

1.3.2 标准光源

在3ds Max灯光创建面板中，可以创建聚光灯、平行光等8种标准光源。其中，聚光灯分为目标聚光灯、自由聚光灯和mr Area聚光灯三种类型，平行光也分为目标平行光和自由平行光两种，如图1-15所示。聚光灯和平行光形状有圆形和矩形两种，矩形聚光灯可以通过调节横纵比适应不同的应用场合，如电影屏幕、窗子等投影，圆形聚光灯则适用于手电光、台灯等。平行光因其发光点与照射点大小相同，故多用于模拟日光、激光等。泛光灯是使用较多的

标准光源

光源，是一种点光源，发光均匀，可以投射阴影。值得注意的是，当使用mr泛光灯时，最好配合mental ray渲染器进行渲染，这时的mr泛光灯所发出的光是沿着球体或柱体边界区域的，而不只是传统意义上的点光源。

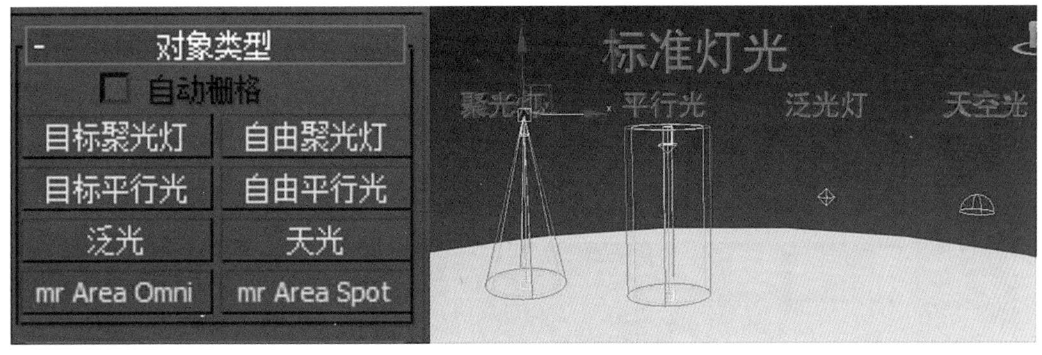

图 1-15

1.3.3 3ds Max标准摄像机

3ds Max中的摄像机按照真实物理相机设计，并在此基础上有所超越，功能更加强大，有很多真实摄像机所不具备的功能。例如，它的穿墙摄录功能。在创建面板中可以看到，3ds Max内置的摄像机分为两种类型，即【目标摄像机】和【自由摄像机】，如图1-16所示。【目标摄像机】由于有着明确的目标点，方便定位，所以通常用于固定取景或构图，比如效果图制作等。【自由摄像机】的目标点不可见，它会随着摄像机的移动而移动，所以通常被用来制作路径漫游动画。

3ds Max标准摄像机

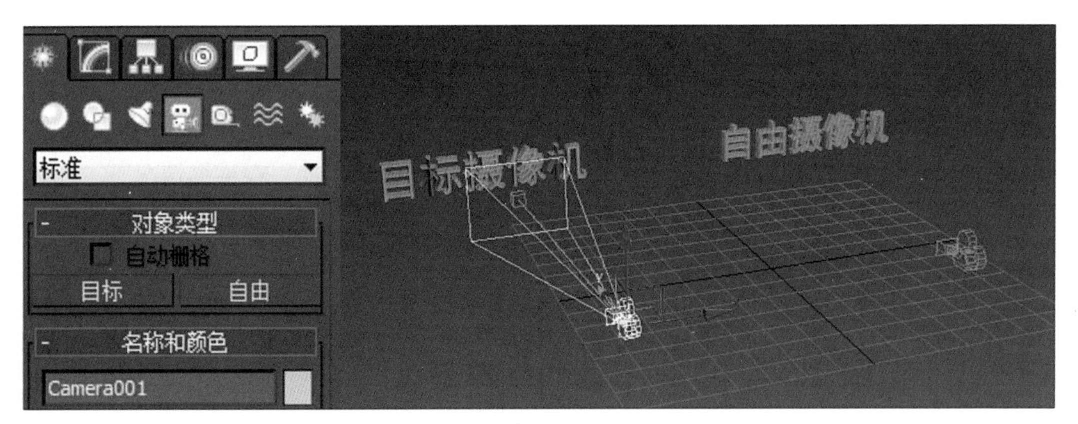

图 1-16

1.3.4 Vray摄像机

如果在3ds Max中安装完成VRay渲染器，在摄像机创建面板中会出现VRay摄像机选项。其有两种类型，即VRay穹顶摄像机（VRay Dome camera）和VRay物理摄像机（VRay Physical camera），如图1-17所示。VRay穹顶摄像机默认状态下以45°视角设置，可调节参数很少。VRay物理摄像机可供调节的参数较多，主要通过镜头光圈、快门速度、光晕及景深等参数逼近现实相机的真实感。

VRay摄像机

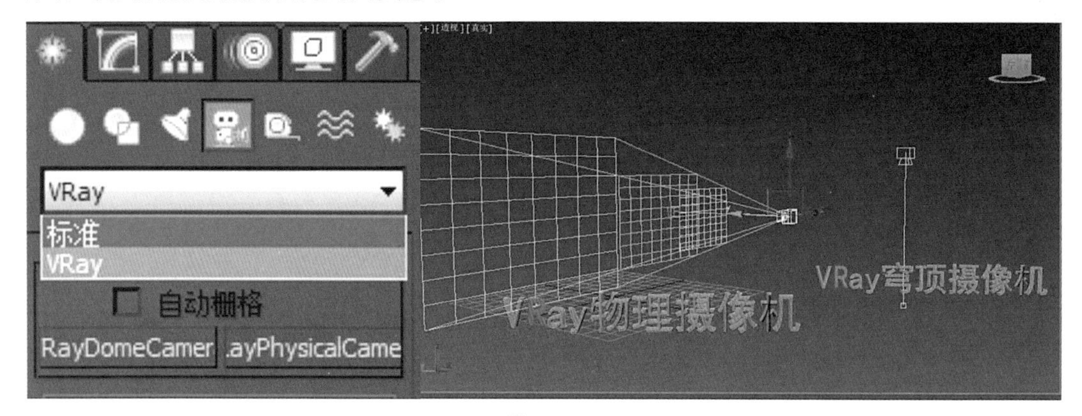

图1-17

1.4 3ds Max材质与贴图

3ds Max建模完成后，需要解决的就是材质和贴图问题。模型是基石，精美效果的实现离不开材质和贴图。很多人把完成的模型称为“白模”，意为不包含材质，即使模型上面有颜色，也只是为了便于建模观看方便而临时设定的显示颜色，不能称为材质，也无法实现对真实效果的模拟。材质不仅能使模型表现更为生动，在许多情况下，比如在次时代游戏中，合理利用各种贴图能省去大量建模的繁杂过程，使动画或游戏运行更加顺畅。

1.4.1 材质编辑器

材质编辑器的界面由菜单栏、材质球示例窗、工具区（工具行和工具列）及参数设置区组成。材质编辑器主要完成材质的创建和编辑，而材质、贴图等的选择则要在材质贴图浏览器中实现，如图1-18所示。

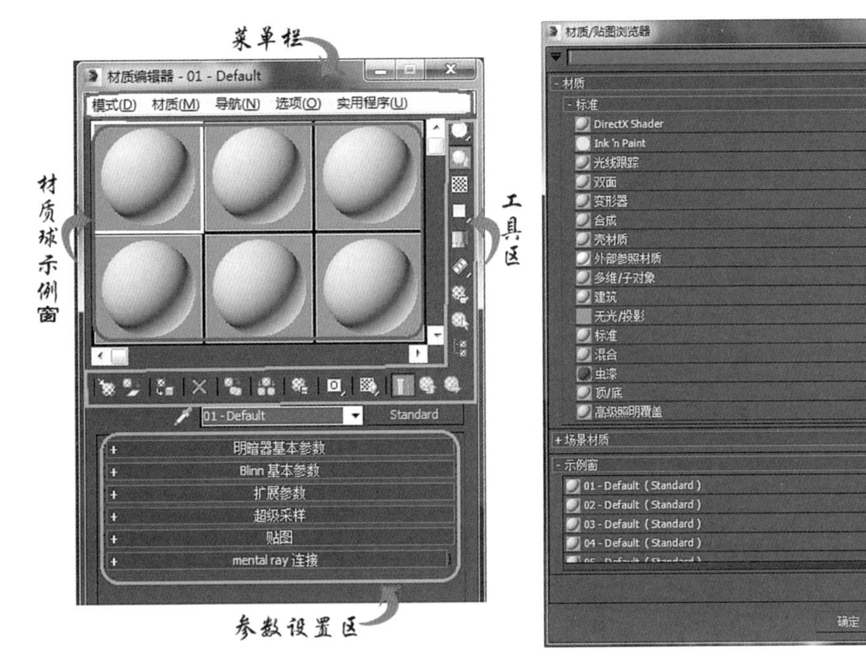

图 1-18

1.4.2 材质类型

材质大体可以分为标准材质和复合材质两大类。标准材质是3ds Max默认的通用材质，用来模拟对象的表面属性，即使不使用贴图，也能够提供单一均匀的颜色效果。复合材质相对比较复杂，它由两个或多个子材质组合而成，包括混合材质、多维/子对象材质、双面材质、光线跟踪材质等多种类型。

1.4.3 贴图类型

3ds Max材质与贴图

贴图主要用于表现对象表面的物理特性，如凹凸、透明、镂空等效果，具有比基本材质更为丰富的表现方式。3ds Max自带的贴图有近40种之多，在不同的贴图通道中应使用合适的贴图类型，否则会出现大相径庭的效果，这些贴图又可以根据其方式效果等归为二维贴图、三维贴图、颜色修改、合成贴图和其他等几大类。其中，“渐变”“位图”“棋盘格”“渐变坡度”“平铺”“漩涡”和Combustion属于二维贴图类型；凹痕、细胞、大理石、衰减、噪波等15种属于三维贴图类型；合成、混合、遮罩和RGB倍增4种属于合成贴图类型；“RGB染色”“顶点颜色”和“输出”属于颜色修改贴图类型；反射/折射、折射、光线跟踪、像素摄像机贴图、平面镜和法线凹凸6种贴图属于其他贴图类型。

1.4.4 模型UV拆分与展平

UV可以理解为模型的贴图坐标，能够准确控制所绘制贴图与模型的精确对位。通常来说，U、V 、W三个坐标分别与 X、Y 和 Z 三坐标的方向相对应，W相当于XYZ坐标系中的Z轴，用到的概率不高，而UV调节的概率则很高。几乎所有模型全都需要展平UV之后进行贴图绘制，以保证模型细节的完美展现，避免贴图拉伸、模糊等现象的出现。以一个BOX模型为例，我们按以下步骤，对UV进行拆分并展平。

首先在顶视图中创建一个长方体模型，取消参数面板中生成贴图坐标的勾选，点击右键将其转换为可编辑多边形，在修改列表中选择【UVW展开】命令，打开UV编辑器，选择【边】层级，在透视图中选择如图1-19所示的7条边，在UV编辑器窗口中右键选择【断开】命令，蓝色线条变为绿色线条，说明UV拆分线已经指定完成，在【贴图】菜单中选择【松弛】命令，再使用【排列元素】面板中的【紧缩】命令，使UV拆分线完全收缩到UV框当中，使用【旋转】工具将其摆正，再次使用【紧缩】命令，就得到了正确的UV拆分线，在【贴图】菜单中选择【渲染到模板】命令，默认1024×1024的像素比，点击【渲染UV模板】，保存jpg格式，会得到如图1-19所示的UV展开图。在Photoshop中打开此图像，更换背景颜色，并在UV框内用数字做标记，之后保存图像。在3ds Max中打开材质编辑器，并将刚保存的jpg格式拖放到其中一个材质球上，再将该材质球拖放到长方体上，在立方体上会呈现出前面做好的数字标号，如图1-19所示。

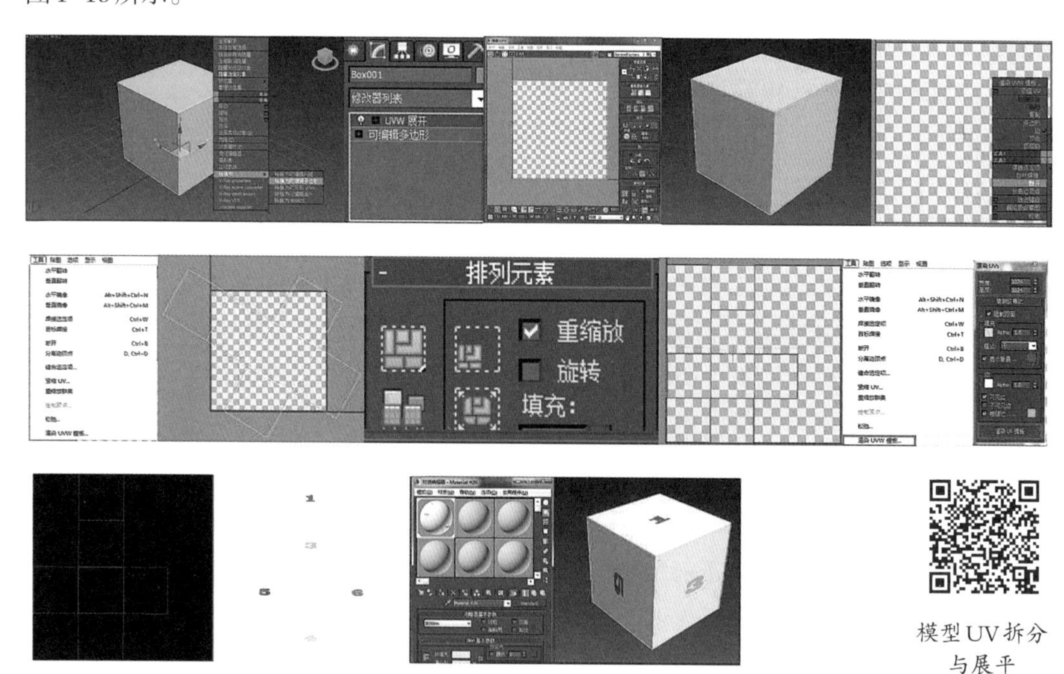

模型UV拆分与展平

图1-19

1.5 思考与练习

1. 如何通过材质编辑器为三维物体制作颜色渐变动画？

2. 如何运用复合对象布尔运算实现动画效果？

3. 创建蝴蝶模型，并赋予恰当材质，蝴蝶贴图样式自由选择，完成之后做出蝴蝶翅膀上下扇动的动画效果。

1.6 单元测试

试题

第2章 三维动画起步

2.1 三维动画应用领域

互联网的高速发展，尤其是近年来国内外夺人眼球的三维大片的视觉呈现，使得三维的直观概念对于人们来讲并不陌生。自从1995年皮克斯的《玩具总动员》开始，三维影视动画逐渐成为时代发展的主流。一些令人瞠目的大片为人们献上了饕餮盛宴。美国的《阿凡达》《疯狂动物城》《冰河世纪》《怪物史莱克》等，日本的《杀戮都市》《船长哈洛克》《攻壳机动队》等，中国的《大圣归来》等，都在一次次刷新着票房纪录。但三维技术的应用远不止于动画电影与影视特技，三维图形的视觉直观与逼真特性，使其在建筑规划、三维漫游与虚拟城市、园林景观、工业产品设计、军事仿真、虚拟现实、游戏、医疗模拟、文化遗产数字化保护等诸多领域发挥着越来越重要的作用。

三维动画应用领域

2.2 三维动画制作流程

三维动画制作一般可分为前期、中期和后期三个阶段。

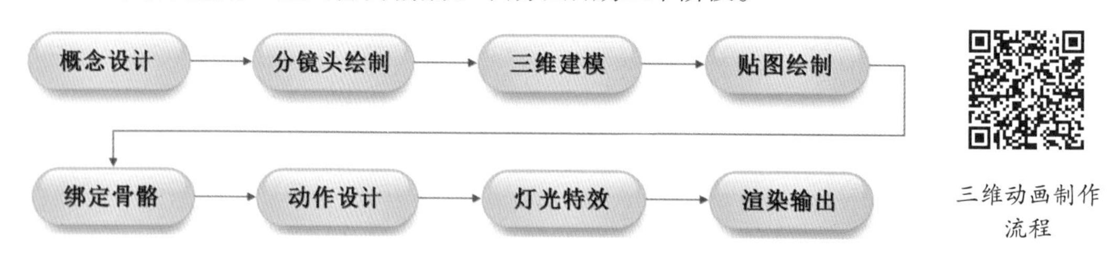

三维动画制作流程

（1）概念设计。内容包括依据前期策划和剧本，对动画角色、场景以及道具等绘制草图及二维原画创作，确定世界观及整体动画风格，为后续三维工作提供参考和指导，如图2-1所示。

（2）分镜头绘制。剧本确定了动画的整体基调，但还不能直接用来指导创作和拍摄，分镜头即是根据剧本内容的总体构想，将文字以镜头画面的形式直观呈现，能充

图 2-1

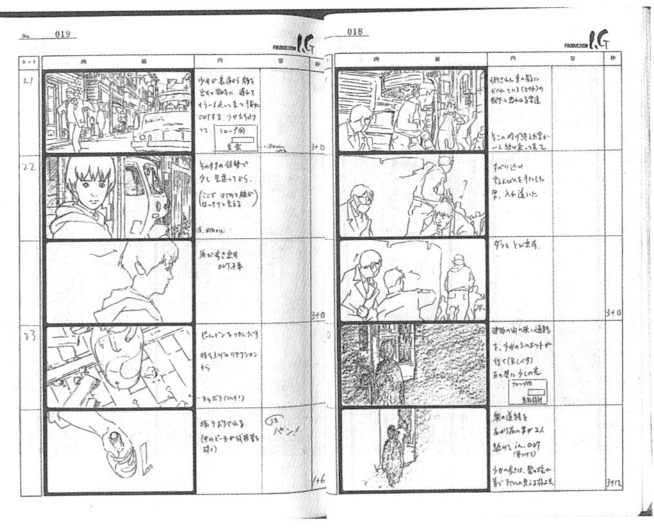

图 2-2

分体现导演的创作意图和思想。分镜头内容大致包括景别、镜号、场景、镜头内容、特技、音乐、音响等，如图2-2所示。

（3）三维建模。其分粗模和精模两种。粗模主要用来根据剧本和二维分镜头画面制作出三维故事版（3D Layout），大致包括摄像机机位、主体动作以及镜头时间等内容。而精模则是动画最终成型所用到的所有模型，可以说是包括角色、场景以及道具等的全部“演员”，如图2-3所示。

（4）贴图绘制。贴图无论是对三维动画还是游戏而言，都是非常重要的一环，是对模型进行精细化妆的过程。三维模型的贴图可以采用真实的素材图片进行加工制作，但更多的还是采用手绘的方式。其中还会涉及贴图坐标UV展开等过程，会用到诸如Photoshop、UVlayout等辅助性软件，如图2-4所示。

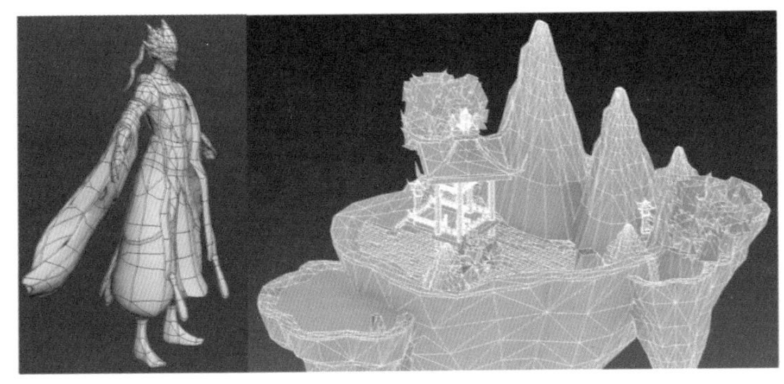

图 2-3

图 2-4

（5）绑定骨骼。这是动作设计开始之前的一项关键性工作。主要是为三维模型设置动作驱动或控制器，其中会用到Bone或CS骨骼系统等，如图2-5所示。

（6）动作设计。这主要是为角色赋予鲜活生命的过程。这一过程要根据剧本及导演意图为角色设定必要的走、跑、跳、攻击或日常生活中的一些常见动作，以增强剧情表现力，如图2-6所示。

图2-5

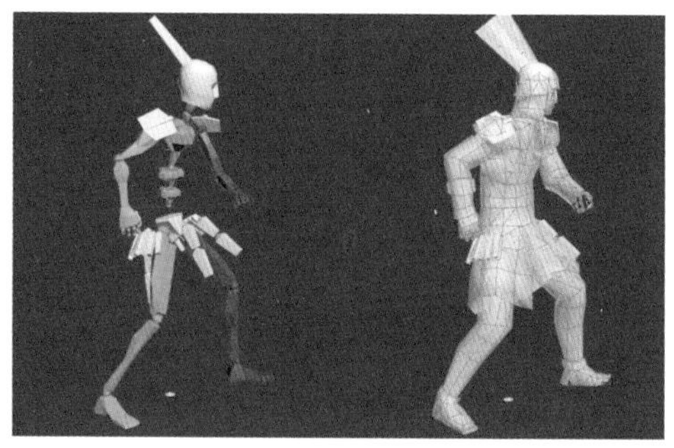

图2-6

（7）灯光特效。三维动画中的灯光除照明功能外，在烘托渲染场景气氛和推动剧情发展等方面起着不可估量的作用。虚拟场景中的灯光具有真实灯光所无法比拟的优势，人们可以根据剧情和画面需要，充分发挥想象，使画面的光感和质感等更为强烈。同样，设计师可以充分利用粒子系统和动力学系统等制作出惟妙惟肖的烟尘、雾气、火焰、水流等特效。如图2-7所示。

图2-7 《风语咒》

（8）渲染输出。

2.3 关键帧与功能曲线控制动画

关键帧是三维动画制作过程中一种重要的控制方法。大部分动画，都可以使用关键帧进行独立控制或参与辅助控制（如骨骼动画等），而关键帧与功能曲线相配合的动画制作方法，更会相得益彰，达到精准控制的效果。本节通过案例学习关键帧与功能曲线配合控制动画的方法。

（1）打开配套光盘中的范例场景文件“关键帧控制—线架”，场景当中有一部摄像机和一组文字。

（2）设置位置移动关键点。设置文字从摄像机视角外移入，文字停稳后绕Z轴旋转720°后，水平移出摄像机视角之外的动画效果。首先在时间线上的第0帧、第30帧、第

70帧以及第100帧的位置设置关键点，确定好文字所在的水平位置。

（3）轨迹视图设置文字旋转。在第70帧的位置，点击按钮打开轨迹视图窗口，在编辑器菜单中选择曲线编辑器模式，在左侧窗口中找到text001展开变换堆栈，点击Z轴旋转，在第30帧和第70帧的位置按下按钮，分别手动设置旋转关键点。

（4）在功能曲线窗口中的第70帧的位置点击右键，在弹出的对话框中输入旋转角度值为720°，会发现曲线呈峰状隆起，第100帧和第30帧均处于最低端位置，如图2-8所示。

（5）校正旋转参数。拨动时间滑块文字发现第70帧到第100帧移动和旋转并行，这是不正确的，校正的方法是，在功能曲线窗口第100帧处点击右键，同样将值设为720°，这时能够观察到文字移动及旋转变得正确了，如图2-9所示。

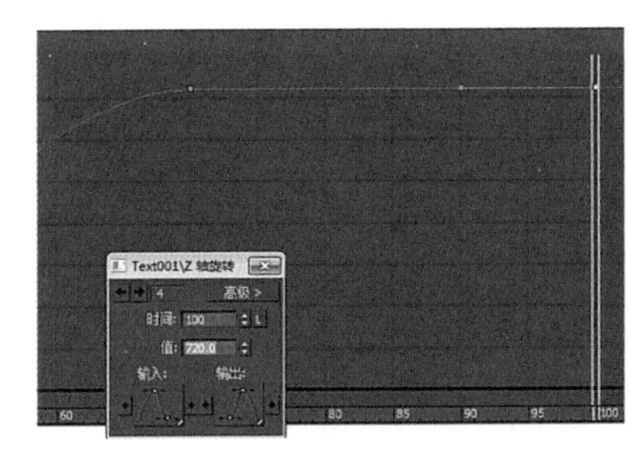

图2-8

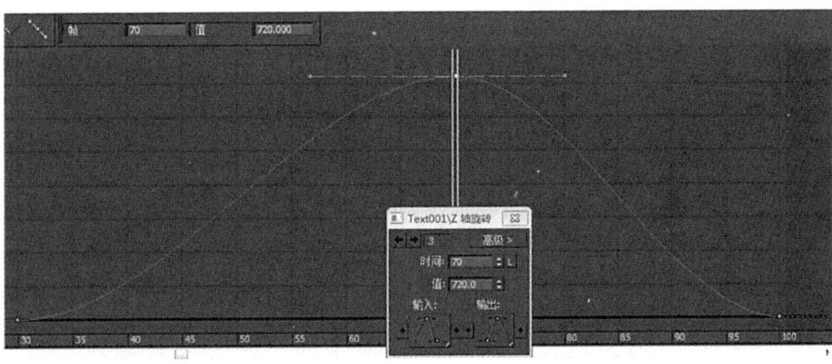

图2-9

（6）文字缩放效果。重新打开范例场景“关键帧控制—线架”，打开自动关键点记录按钮，在第0帧处点击缩放按钮将文字在透视图中缩小，在第20帧处将文字放大，在第40帧处再次将文字缩小。拨动时间滑块，文字实现了缩放动画效果，如图2-10所示。

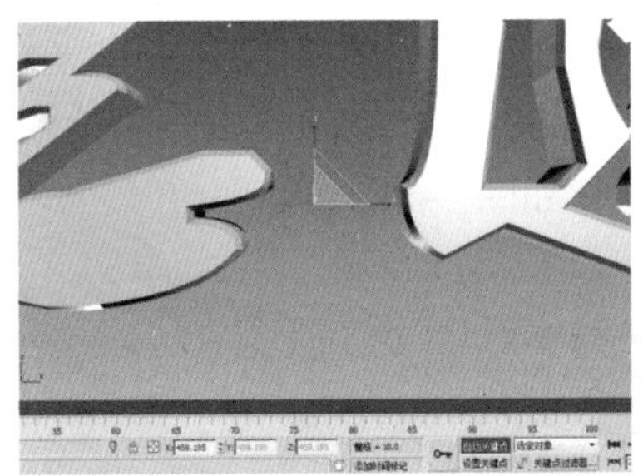

图2-10

图2-11

（7）倒角缩放效果。在前面效果的基础上，打开修改面板，添加倒角命令，在第55帧处设置级别1，倒角值高度为613，再向后拖动时间滑块10帧，将倒角值增大，可以得到倒角缩放的效果，如图2-11、图2-12所示。

图2-12

关键帧与功能曲线控制动画

2.4 利用控制器制作动画

利用控制器制作动画

2.4.1 路径约束控制器制作动画

本节将通过玩具小车运动的实例，讲解如何为对象添加路径约束动画控制器，之后又如何操控动画控制器。

（1）打开配套光盘中的范例场景文件“玩具车—场景架设”，场景中在山坡道路分叉处有两辆玩具小车，如图2-13所示。

（2）绘制路径。打开创建面板，使用画线命令在场景中点击右键激活顶视图，首先绘制两条路径，然后在前视图中调整路径点的高度，使其和山体坡度基本吻合，如图2-14所示。

（3）路径约束控制器的加入。首先选中需要添加控制器的棕色小车，打开运动面板，在变换下方点击位置选项，打开指定控制器按钮，在弹出的对话框中选择【路径约束】确定，如图2-15所示。

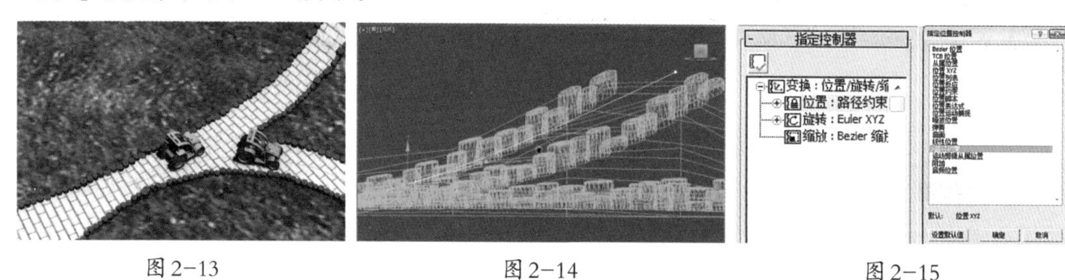

图2-13　　　图2-14　　　图2-15

（4）在路径参数面板下选择添加路径，在目标权重列表中出现了被选中的Line02，拨动时间滑块会发现棕色小车在运动过程中车身方向发生了偏移。这时需要勾选路径选项下方的跟随选项，再观察小车的车身方向，已经正确了，如图2-16所示。

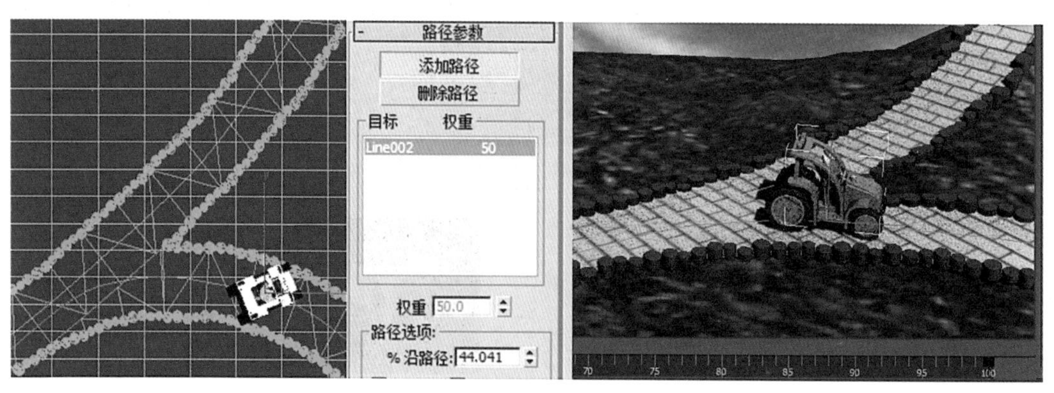

图2-16

（5）调节绿色小车的运动轨迹。第二辆绿色小车的调节方法跟前面的方法基本相同。但会出现两辆小车不仅在起始位置重叠，在运动过程中也会发生刮擦的情况。解决这个问题的方法有2种，一是调节任一路径的起始点，使两辆小车在起始位置保持一定的距离，如图2-17所示。另外一种方法是，首先打开动画自动记录按钮，将时间滑块拨动到接近100帧，调节沿路径百分比值，使其速度加快，这样就和后面的绿色小车拉开了距离，如图2-17所示。

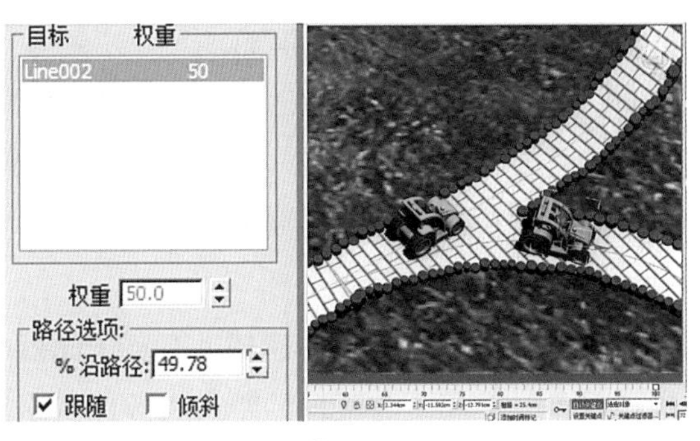

图2-17

路径约束控制器制作动画

2.4.2 链接约束控制器制作动画

（1）打开配套光盘中的范例场景文件“链接控制器—初始”，场景当中有一辆挖掘机和一个集装箱，本例中需要通过链接约束控制器设置挖掘机对集装箱装载和卸货的过程动画效果。

（2）设置挖掘机的运动路径。打开自动关键点按钮，在第0帧、第50帧和第100帧设定挖掘机的起始位置，装载集装箱位置以及卸货的位置，如图2-18所示。

（3）创建虚拟对象。为了约束集装箱的位置，需要创建一个虚拟对象，在创建面板辅助对象子面板中，点击虚拟对象，在顶视图中创建一个虚拟对象物体，如图2-19所示。

（4）集装箱链接约束。拨动时间滑块找到挖掘机与集装箱相遇的最佳位置（第21帧），选择集装箱物体，用链接工具 把集装箱在第21帧链接到挖掘机上，在第0帧、第50帧分别链接到虚拟对象上。拨动时间滑块，会观察到正确的装载和卸货效果，如图2-20所示。

链接约束控制器制作动画

图2-18

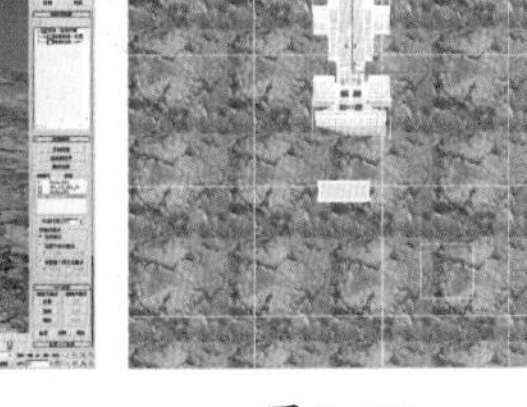
图2-19

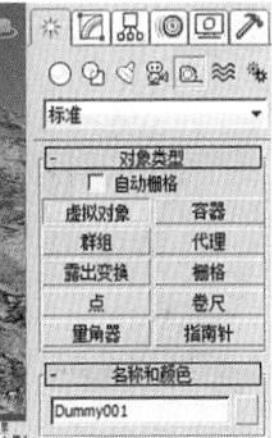

图2-20

2.4.3 注视约束控制器制作动画

（1）打开配套光盘中的范例场景文件“注视约束控制器—场景初始”，场景当中有一个卡通兔子和一个胡萝卜模型，本例需要通过注视约束控制器设置卡通兔子眼球随着胡萝卜而转动的过程动画效果。

（2）添加辅助对象。在创建面板的创建辅助对象子面板中选择虚拟对象命令，在顶视图中创建两个虚拟对象，其间距与眼球的距离大致保持平行，这样虚拟对象在控制眼球的过程中就不会产生“对眼”或“斜眼”的现象，如图2-21所示。

（3）链接眼球到虚拟对象。打开运动控制面板，在指定控制器中选中旋转选项，点击左上角指定控制器按钮，选择“注视约束”，点击确定。在添加注视约束卷展栏下，按下 添加注视目标 按钮，选择同侧虚拟对象。按照同样的方法为另一只眼球添加注视约束，分别移动每个虚拟对象，保证注视约束的正确性，如图2-22所示。

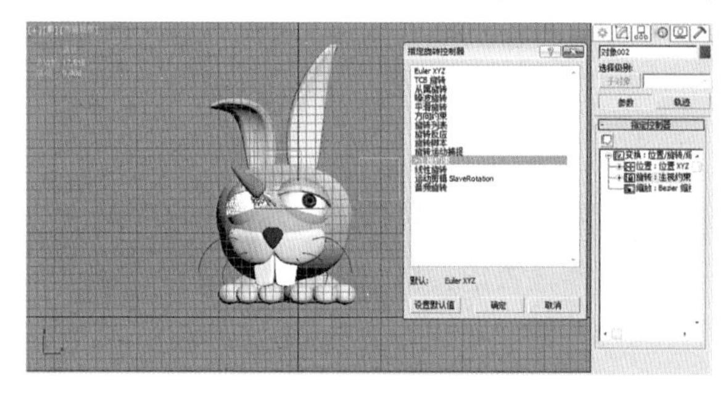

图2-21

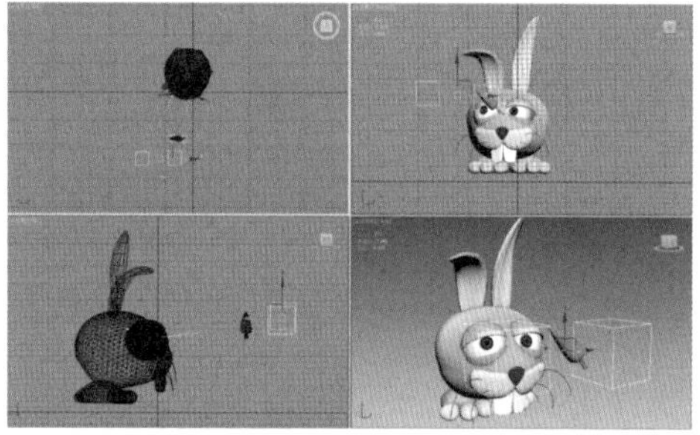

图2-22

（4）链接虚拟对象到胡萝卜模型。为了保证胡萝卜模型对眼球的控制，需要同时选中两个虚拟对象，使用链接工具链接到胡萝卜模型上，这时运动胡萝卜模型观察运动的正确性，如图2-23所示。

（5）记录眼球动画。打开动画记录按钮 自动关键点，拨动时间滑块，在不同的关键帧位置上下左右移动胡萝卜，会观察到眼球的动画效果，如图2-24所示。

图2-23

图2-24

注视约束控制器制作动画

2.4.4 噪波控制器制作动画

（1）打开配套光盘中的范例场景文件“注视约束控制器—场景初始”，场景中在凹凸不平的地面上放置了一辆玩具车，本例需要通过运用噪波控制器调节玩具车的颠簸的动画效果。

（2）设置小车链接的从属关系。小车主要由三大部分构成，即后轮组件、前轮组件和车身主体部分，用链接工具将前后轮分别链接到车身主体上，形成父子层级的链接关系。在移动小车车身组件时，车轮会跟随运动，而移动车轮，车身不会动，如图2-25所示。

（3）为车身设置噪波旋转控制。在运动控制面板指定控制器中选择旋转选项，点击左上角指定控制器按钮，选择“噪波旋转”并确定。出现噪波旋转对话框，如图2-26所示。

（4）调节噪波旋转数值。拨动时间滑块，会发现在默认状态下，小车整体发生了剧烈的颤动，振动幅度非常大。打开动画播放按钮，在动态播放的状态下对小车的抖动效果进行直观调节，对X、Y、Z三个方向上的强度进行调节，值分别设为5，在此基础上依据颠簸效果适当加大相应数值，勾选【分型噪波】选项，如图2-27所示。

图2-25

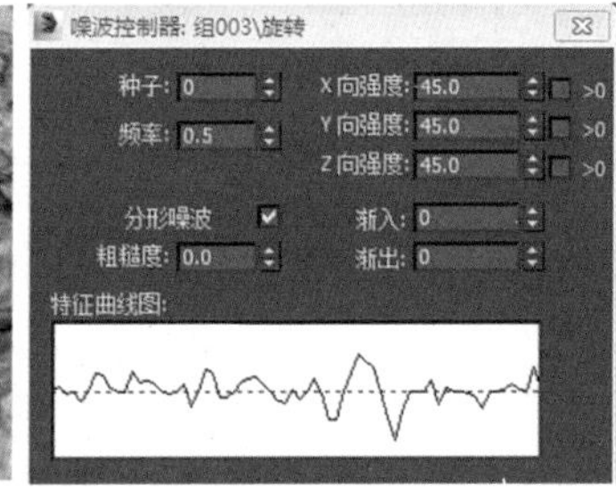

图2-26

图2-27

（5）增加车轮运动效果。打开动画记录按钮，在第0帧的位置手动设置关键点，拨动时间滑块到第100帧，打开角度捕捉设置，使用旋转工具手动设置前后车轮的旋转角度为720°，这时会观察到小车在颠簸前行中，车轮也产生了很自然的滚动效果，如图2-28所示。

图2-28

噪波控制器制作动画

方向约束控制器制作动画

2.5 建模过程动画

几何体建模动画

2.5.1 复合对象建模动画

复合对象建模动画用到的知识点主要是创建面板中复合对象所涉及的“变形、一致、布尔、放样、散步、链接”等一组复合命令，通过控制其中的操作对象的显示属性来实现预期的动画效果。

（1）打开配套光盘中的范例场景文件“书柜切割动画—初始”，场景当中有一个贴有木纹材质的被切割的长方体对象，还有很多用于切割木纹大长方体的模型，本例需要通过布尔运算设置书柜主体长方体被切割的过程动画效果。

（2）附加切割对象。选择box002长方体对象，点击右键转换为可编辑多边形，然后在修改面板中附加列表中选择除box001以外的所有box物体，使其附加在一起成为一个物体，这时其显示颜色也都变为蓝色，如图2-29所示。

图2-29

（3）切割书柜主体模型。选中box001模型，在创建面板中选择复合对象，点击布尔命令，点击拾取操作对象B，然后在场景中点击用来切割的蓝色物体，会得到书柜被切割后的效果，如图2-30所示。

图2-30

（4）制作切割动画。打开修改面板，在堆栈列表中打开布尔前面的“+”，展开堆栈，点击操作对象，在参数卷展栏点击“B：box002”，在“显示/更新”栏目中选择“结果+隐藏的操作对象”选项。打开动画记

录按钮 自动关键点 ，将时间滑块拨动到第60帧的位置，手动设置关键点，保证切割位置的正确，然后把时间滑块拨动到第0帧，用移动工具将切割对象移动一段距离。在“显示/更新”栏目中选择“结果”选项，会观察到切割的动画效果，如图2-31所示。

复合对象建模动画

图2-31

2.5.2 放样建模动画

（1）打开配套光盘中的范例场景文件“土炮—初始线架”，场景当中已经架设完成土炮的炮架和前后车轮模型，炮筒部分已经绘制完成一条路径和放样用的炮筒截面。本例需要通过放样建模实现炮筒从无到有的过程动画效果，如图2-32所示。

图2-32

（2）放样炮筒基本形状。选取路径，打开创建面板中的复合对象子面板，点击放样，再点击获取图形选项，在场景中点击炮筒的放样截面图形，如图2-33所示。

图2-33

（3）设置炮筒放样始末关键点位置。打开动画记录按钮 自动关键点 ，将时间滑块拨动到第0帧和第50帧的位置，手动设置关键点，设置初始形状，然后在第50帧的位置，打开修改面板，在变形卷展栏下选择缩放选项，打开缩放窗口，如图2-34所示。

图2-34

（4）调整放样形状获取炮筒造型。在第50帧的位置在缩放变形窗口中手动增加一系列矢量点，并移动点的位置，调整出炮筒的基本形状。拨动时间滑块就可以得到由圆柱体向炮筒转化的动态效果，如图2-35所示。

放样建模动画

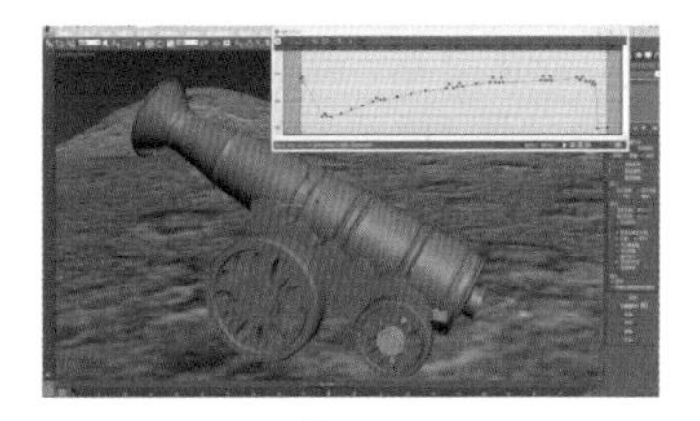

图2-35

2.6 思考与练习

1. 3ds Max中，常用的控制器有哪几种？

2. 建模过程动画，除教材中提到的几种外，请再举出2～3个例子。

3. 请根据给定的G20图标平面图，绘制线段，并使用本章所学知识做出三维线条从无到有的动画效果，如图2-36所示。

图2-36

2.7 单元测试

试题

第3章 修改器（Modify）动画

3.1 本章概述

在3ds Max中，能够用来做动画的修改器很多，大致可以概括为三大类。一类是参数化修改器，这些修改命令当中，有十几种命令通过修改各种参数，能够做出非常有趣的动画效果，其中包括弯曲、锥化、扭曲、噪波、拉伸、挤压、推力、松弛、涟漪、波浪、倾斜、切片、球形化、影响区域和置换等；第二类是动画修改器，包括蒙皮、变形器、柔体、融合等14种；第三类是自由形式变形修改器，包括FFD2×2×2、FFD3×3×3、FFD4×4×4、FFD（长方体）、FFD（圆柱体）5种。合理运用这些修改器制作动画，能达到事半功倍的效果。本章将通过具体案例，以点带面地讲解常用修改器的使用方法。

概述

3.2 置换（Displace）动画

（1）打开配套光盘中的范例场景文件“置换—初始场景”，在场景当中一平面模型上赋予大理石材质。本例需要通过置换（Displace）方法实现图腾图案从无到有过程的动画效果，最终效果有些类似于雕刻效果。该方法也通常用于二维图案直接三维成型的制作，省去了三维建模、Zbrush数字雕刻等复杂工序，极为便捷，如图3-1所示。

图3-1

（2）放置置换贴图实现置换效果。选中平面物体，在修改列表中，选择置换命令，将准备好的图腾图案贴图拖放到贴图下面的灰色长条按钮上，并增加置换强度值，如图3-2所示。

（3）调整图标显示位置及大小。展开修改堆栈中置换下拉列表，点击Gizmo控制线框，调整标志的位置和大小，如图3-3所示。

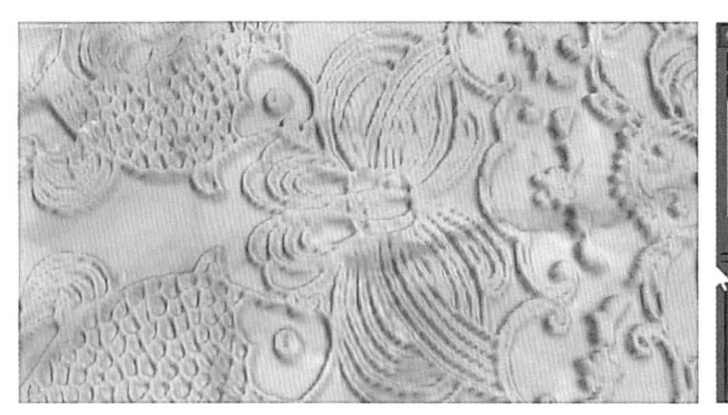

图 3-2

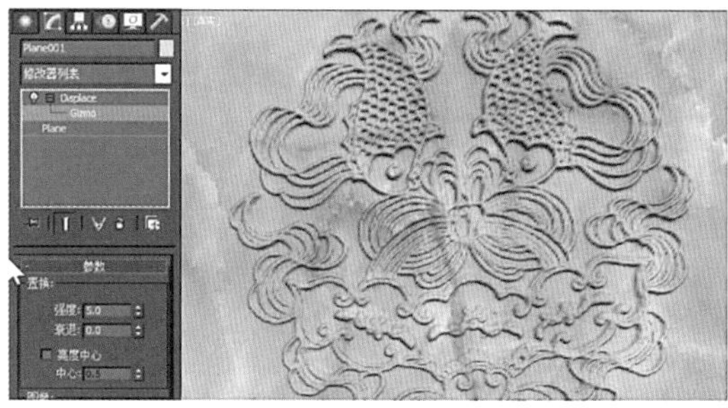

图 3-3

（4）更换不同图案并调节动画效果。将杭州标志和山体明暗贴图分别赋予置换贴图，会得到不同的置换效果。打开动画记录按钮 自动关键点，将时间滑块拨动到第0帧和第100帧的位置，手动设置关键点，会得到不同标志以及山体的动态变化效果，如图3-4所示。

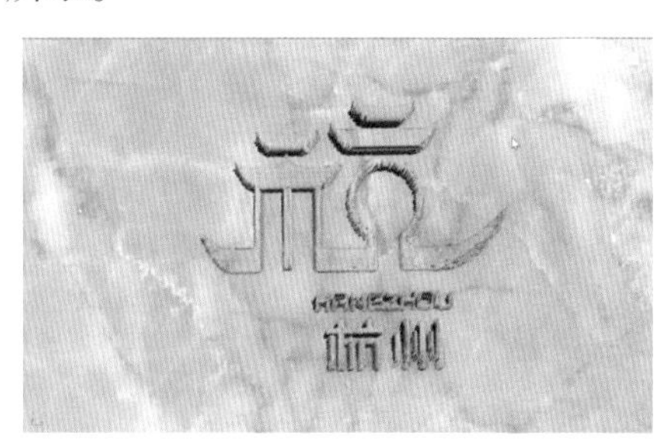

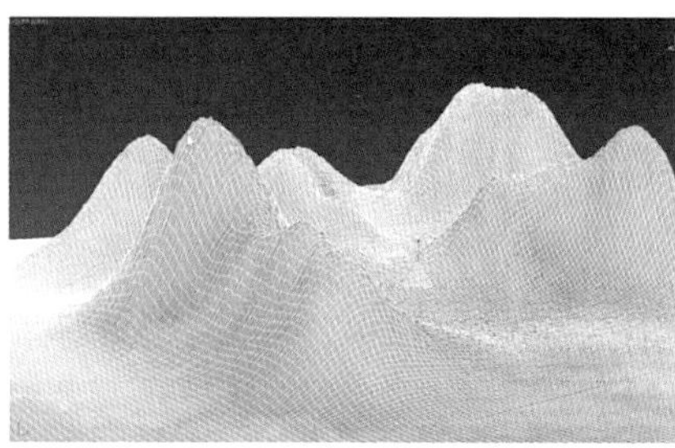

置换Displace动画

图 3-4

3.3 弯曲（Bend）动画

（1）打开配套光盘中的范例场景文件“Bend卷轴—初始场景”，场景中在摄像机前方已经创建了一平面模型。本例中需要通过弯曲（Bend）命令实现卷轴动画效果。为了使画面卷曲更加自然，平面模型的宽度分段数量设为50，如图3-5所示。

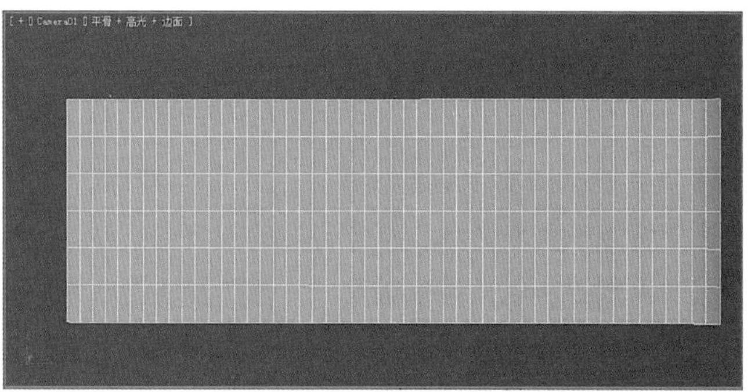

图 3-5

（2）设定双面材质。为了使画面卷曲以后正面和背面有所区别，需要在材质编辑器中设定双面材质，正面的材质设为山水画，背面设为淡灰色，如图3-6所示。

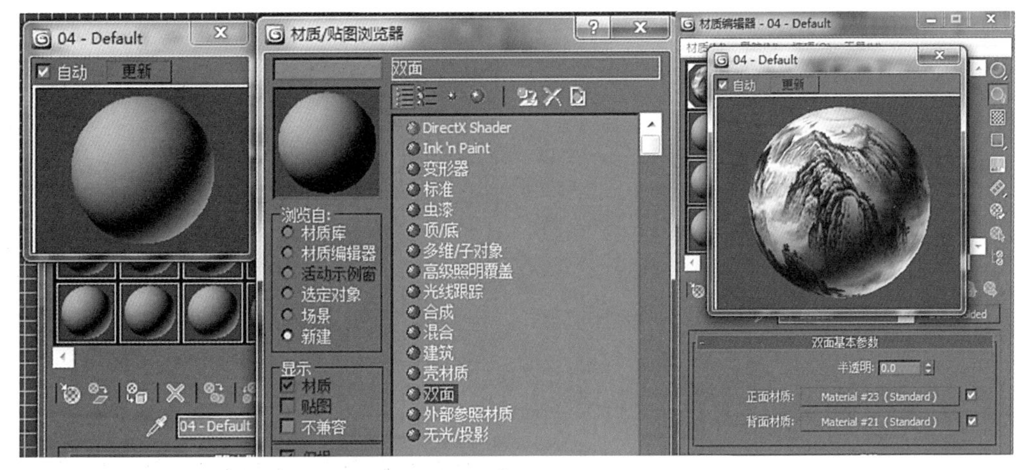

图3-6

（3）加入弯曲命令。在修改器列表中选择弯曲命令，弯曲轴设定为X轴，在参数卷展栏下调节弯曲角度观察弯曲效果，会发现，这时虽然画面发生了弯曲，但只能调节弯曲的大小，而不能实现卷轴的效果，如图3-7所示。

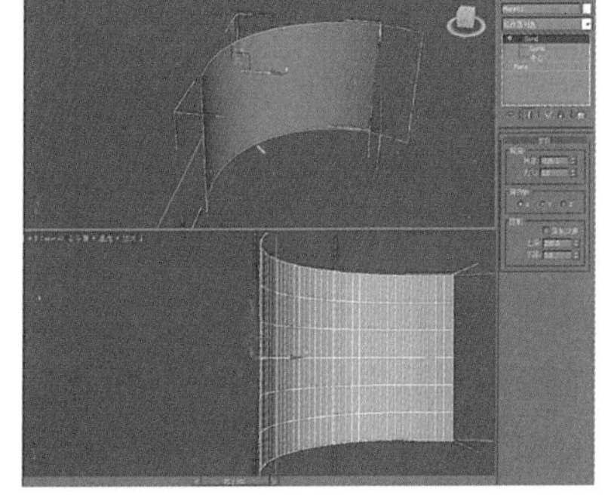

图3-7

（4）添加限制效果。在限制对话框中勾选【限制效果】选项，并设定上限为230°，弯曲角度设为-1400°。展开Bend旁边的+号堆栈，选择中心，移动中心位置，会出现画面移动卷曲的效果，如图3-8所示。

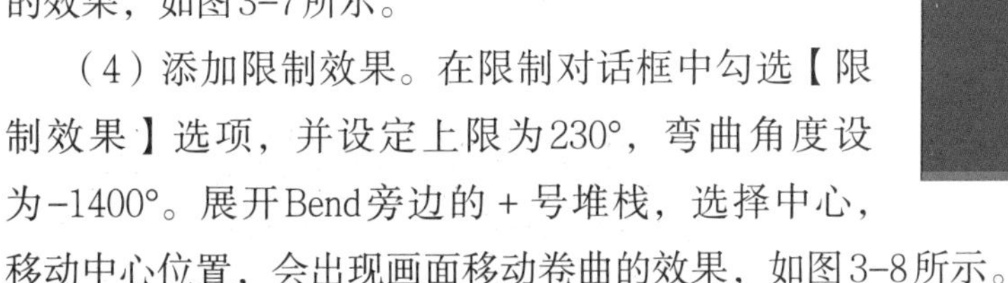

（5）动画记录卷曲过程。打开动画记录按钮自动关键点，将时间滑块拨动到第0帧的位置，移动Bend中心点的位置接近最左侧，设置关键点，再把时间滑块拨动到第100帧的位置，移动Bend中心点的位置最右侧展平，播放动画，会得到卷轴动画的效果，如图3-9所示。

弯曲Bend动画

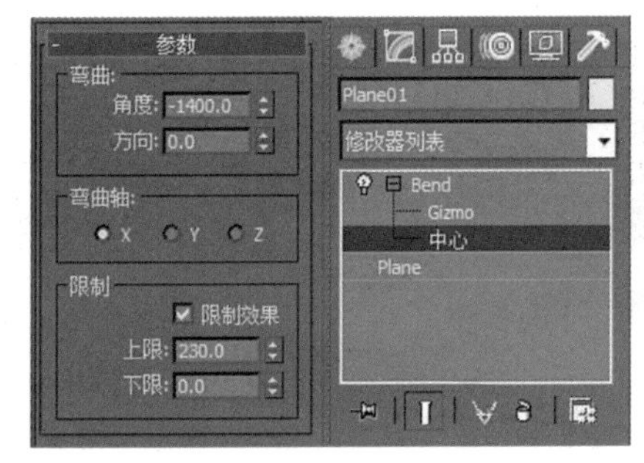

图3-8

图3-9

3.4 融化（Melt）动画

（1）打开配套光盘中的范例场景文件“融化—初始场景”，在场景中的支架上放置了三支冰激淋模型，为了便于控制，支架、冰激淋及脆皮筒相互独立分开，脆皮筒主要采用放样方法获得，冰激淋主要通过对四棱或三棱锥物体进行扭曲得到。这种方法可以实现从固态变成液态，或反之，富有趣味性，比如《终结者》中的机器人骨骼融化的场景，使用融化方法可以得到类似的效果，读者可以自己做下尝试。本例中需要通过融化（Melt）命令实现冰激淋融化的动画效果，如图3-10所示。

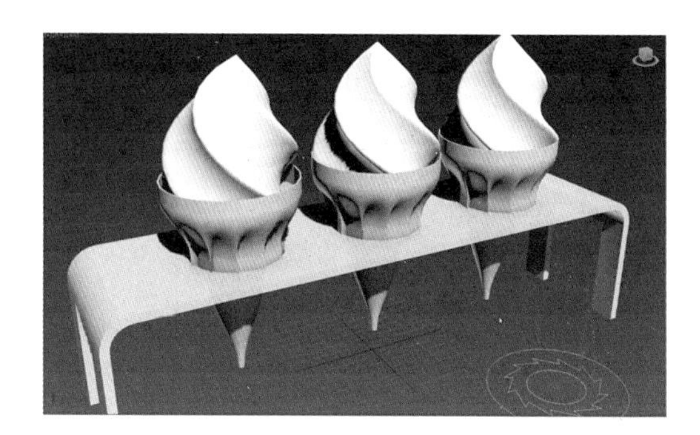

图 3-10

（2）加入融化命令。选中三支冰激淋模型，在修改器列表中打开融化命令，但会观察到冰激淋没有任何融化的迹象，如图3-11所示。

图 3-11

（3）设置冰激淋融化数量。在融化参数面板中，把数量从0提高数值，会发现冰激淋开始融化，但却溢出脆皮筒之外，如图3-12所示。

图 3-12

（4）设置融化百分比。在扩散一栏中将融化百分比数值逐渐降低，同时调节融化数量值，会得到正确的融化效果，如图3-13所示。

图 3-13

（5）设置融化过程动画。打开自动关键点记录按钮 自动关键点 ，在第0帧设置融化数量值为0，在第100帧设置融化数量值为120左右，拨动时间滑块，会观察到冰激淋融化过程的动画效果，如图3-14所示。

融化Melt
动画

图 3-14

3.5 噪波（Noise）动画

（1）打开配套光盘中的范例场景文件“城市危机—初始场景”，场景中通过城市生成插件GhostTown在平面物体上生成一座城市楼盘模型。本例中需要通过噪波（Noise）命令实现整个城市楼房随地壳运动起伏的动画效果，如图3-15所示。利用噪波或材质编辑器中的噪波都可以实现类似海面海水波浪效果。

图 3-15

（2）添加噪波命令。打开修改器列表，执行噪波命令。默认的情况下，添加噪波命令后，在XYZ轴三个方向上，噪波强度值均为0，所以添加噪波命令后，楼房没有任何变化，如图3-16所示。

图3-16

（3）修改噪波强度。在噪波强度中增加Z轴强度值，图中为30左右，会观察到整个楼房在纵向发生了强烈的扭曲。同样，调整XY两个轴上的强度值，扭曲会变得更加剧烈，如图3-17所示。

图3-17

（4）增加动画噪波。在动画参数面板中，勾选动画噪波选项，调整频率和相位值，会观察到：噪波在一定的相位和频率下呈现规律性的波动，如图3-18所示。

噪波Noise动画

（5）增加粗糙度和迭代次数。在分形噪波参数中，分别调整粗糙度和迭代次数数值，观察效果的变化情况。打开自动关键点记录按钮自动关键点，在时间轴不同帧位置调整各个参数的数值，记录成动画效果，便得到了躁动中的城市楼房动画，如图3-19所示。

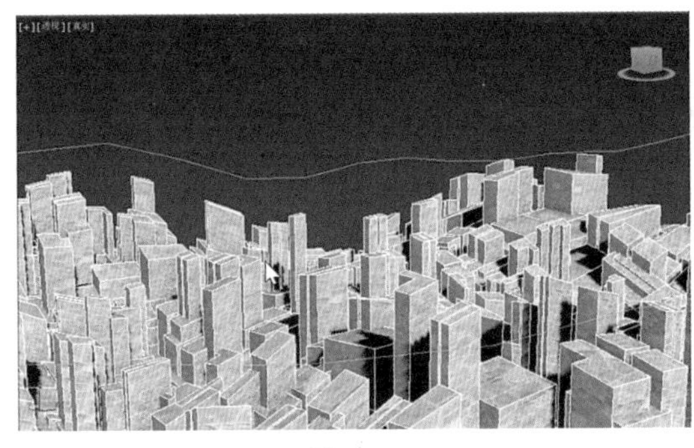

图 3-18

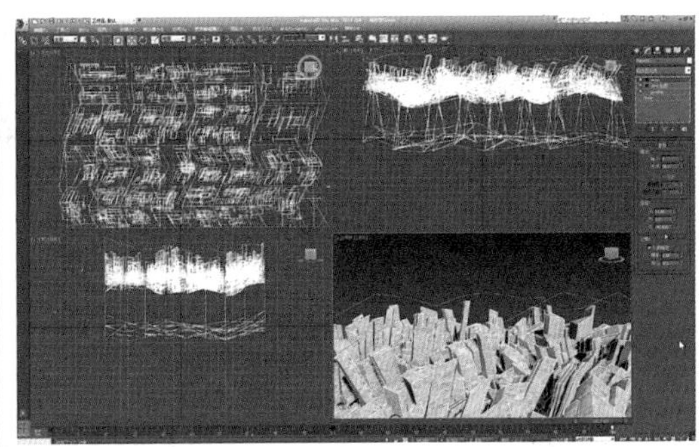

图 3-19

3.6 涟漪（Ripple）动画

（1）打开配套光盘中的范例场景文件“涟漪—初始场景”，场景中在平面上放置一荷叶模型。本例中需要通过涟漪（Ripple）命令制作荷叶随水面波动的动画效果，如图3-20所示。

（2）制作荷叶移动动画。选中荷叶对象，打开自动关键点按钮 自动关键点 。在第0帧到第100帧分别设置荷叶的位置关键帧，拨动时间滑块，观察荷叶的移动动画，如图3-21所示。

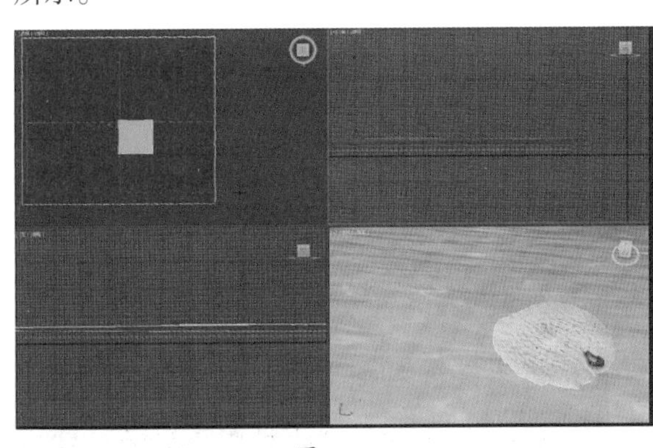

图 3-20

图 3-21

（3）加入涟漪空间扭曲。打开创建面板，在创建空间扭曲子面板中，选择涟漪扭曲。在顶视图中绘制涟漪对象，分别调整涟漪的振幅、波长、相位以及衰退值，如图3-22所示。

（4）链接对象到涟漪空间扭曲。在工具栏中点击空间扭曲链接按钮，在顶视图中点击平面和荷叶物体，分别链接到涟漪空间扭曲图标上，效果如图3-23所示。

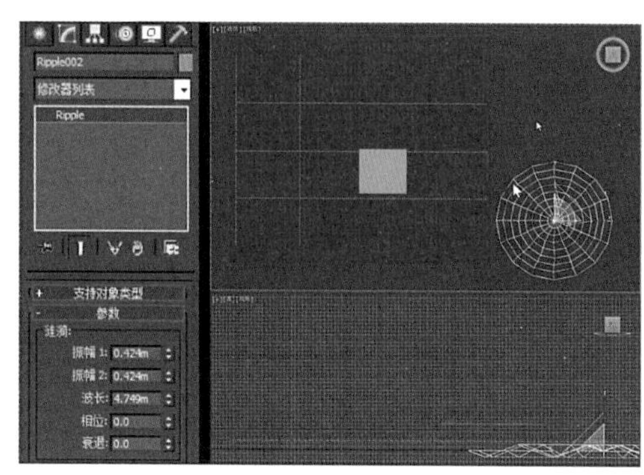

图 3-22

图 3-23

（5）制作涟漪动画。拨动时间滑块，会发现荷叶具有了涟漪的波纹效果，并向远处飘去。但水面并没有产生波动的动态效果。打开自动记录关键点按钮，在第1帧和第100帧分别调整涟漪的振幅、波长、相位以及衰退值。拨动时间滑块，会观察到荷叶随水面涟漪波动的一致动态效果，如图3-24所示。

涟漪 Ripple 动画

图 3-24

3.7 柔体（Soft body）动画

柔体 Soft body 动画

（1）打开配套光盘中的范例场景文件“柔体—初始场景”，场景中的地板上方有一个布偶模型。本例中需要通过柔体（Soft body）命令实现布偶模型在移动过程中呈现出的柔体动画效果，如图3-25所示。

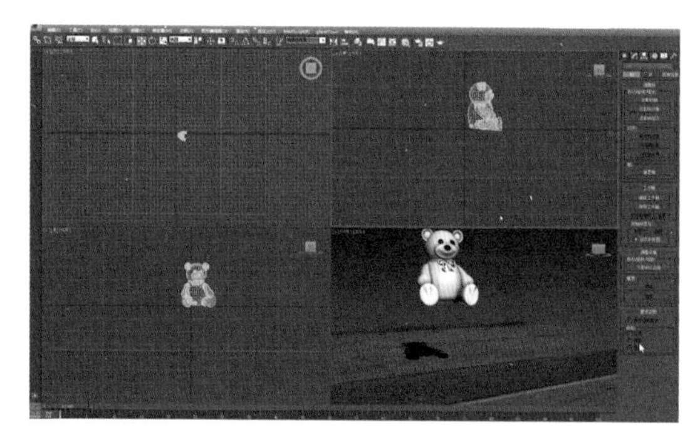

图 3-25

（2）设置布偶的运动轨迹。打开自动关键点记录按钮 自动关键点 ，在时间轴上第10、20、30、40、50、60等关键帧处分别设置娃娃的运动轨迹，如图3-26所示。

（3）添加柔体命令。选择布偶模型，在修改面板执行柔体命令。打开动画播放按钮，会观察到布偶在运动的过程中受柔体作用的效果，如图3-27所示。

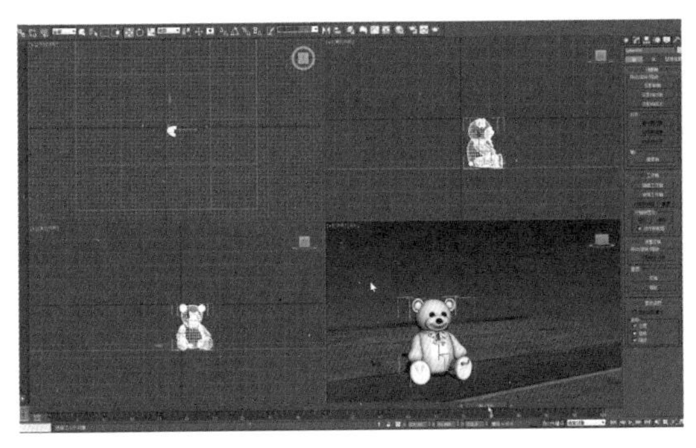

图 3-26

图 3-27

（4）调整柔体参数。在柔体参数面板中分别调整柔软度、强度、采样、拉伸、刚度等参数值，观察柔体的变化情况，如图3-28所示。

图 3-28

（5）更改物体轴心坐标位置。展开柔体命令右侧堆栈，首先向下移动柔体中心坐标位置，会观察到布偶的软体中心由下方转到了上方。如图3-29所示。再点击堆栈中的边界点命令，分别框选布娃娃的头部、躯干部以及腿部，观察柔体的运动状态的变化，如图3-29、3-30所示。

图 3-29

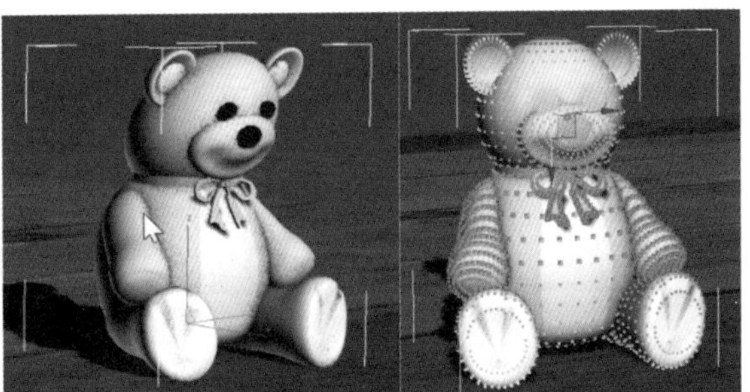

图 3-30

3.8 毛发（Hair&Fur）动画

（1）打开配套光盘中的范例场景文件“毛发（Hair&Fur）—初始场景”，场景中在蓝天的背景下，已设置微微起伏的地面模型，为了保证草的数量，平面的分段数较多。本例中需要通过毛发（Hair&Fur）命令制作小草生长的动画效果，如图3-31所示。

图3-31

毛发Hair & Fur动画

（2）添加毛发（Hair&Fur）命令。在修改器列表中执行毛发（Hair&Fur）命令，在默认的状态下，地面已经长出了密密麻麻的小草，如图3-32所示。

（3）调整小草形态。首先在材质参数中调节小草的颜色，包括根颜色和梢颜色。然后在常规参数中，设置小草根厚度为8，段数设为8，适当增加毛发数量，效果如图3-33所示。

图3-32

图3-33

（4）调节乱系强度等参数。目前的小草还过于整齐，需要进一步调整。在乱系（Flyaway Parameters，中文版中有的翻译为"海市蜃楼"）参数选项中，将百分比设为100，强度值设为0.1。之后再将mess强度值设为0.2，进一步的修饰还包括成束参数中的强度、混乱程度、旋转值等，这些值共同控制着小草的自然效果，效果如图3-34所示。

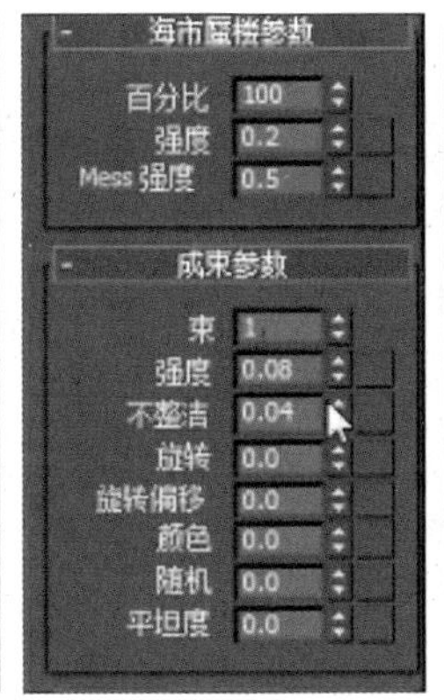

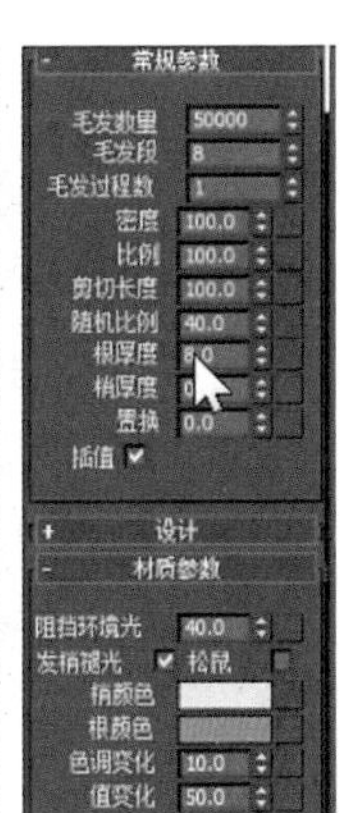

图 3-34

（5）设置小草生长动画。相比前面对于小草状态的设置而言，生长动画相对比较简单，只要在常规参数中在不同关键帧位置调节小草生长过程数中的比例值就可以了。其过程效果，如图3-35所示。

图 3-35

3.9 变形器（Morpher）动画（表情动画）

（1）打开配套光盘中的范例场景文件“变形器（Morpher）动画—初始场景”。本例中需要通过变形器（Morpher）命令制作沙皮狗表情变化的动画效果，如图3-36所示。

图 3-36

（2）复制沙皮狗模型。选择沙皮狗模型，按住Shift键使用移动工具水平向右拖动模型，以复制的方式复制出3个相同的模型，如图3-37所示。

（3）调节模型的点线面。选中第二个沙皮狗模型，右键转换成可编辑多边形物体，选择点次物体层级，在软选择子面板中勾选使用软选择，调整局部点衰退值，使用绘制工具精确绘制需要变化的区域点，在缩放工具对选中的点进行缩放，效果如图3-38所示。

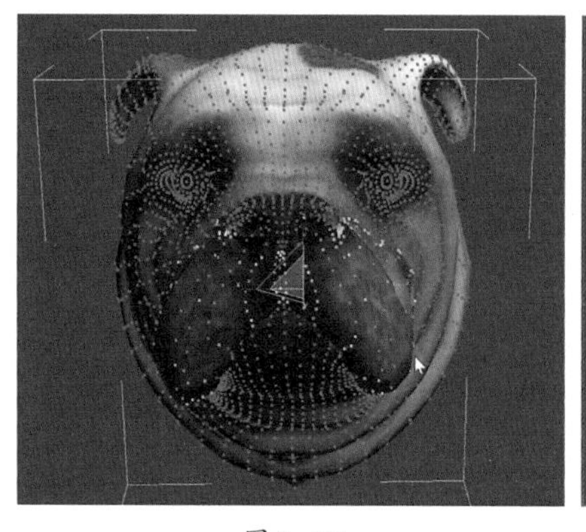

图 3-37

图 3-38

（4）调节其他沙皮狗模型的表情变化。依据（3）中的方法，分别使用移动、缩放、旋转工具，再配合其他整形工具，调节出其他2只沙皮狗的面部表情，如图3-39所示。

（5）沙皮狗模型面部表情整合。选中最原始的沙皮狗模型，在修改器列表中执行变形器命令，在右侧通道列表中的长条按钮上，依次点击右键，在场景中选择变形后的沙皮狗模型，如图3-40所示。

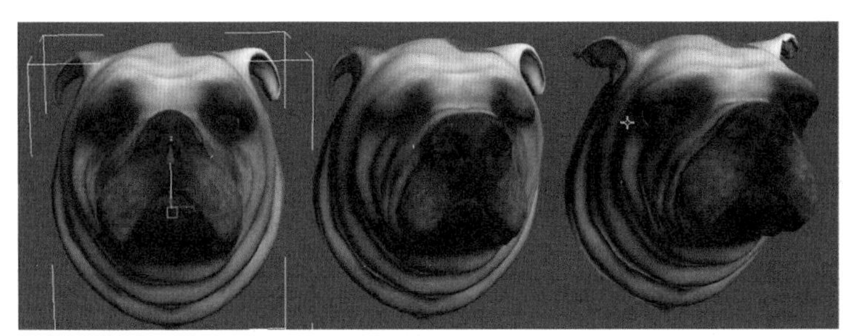

图 3-39

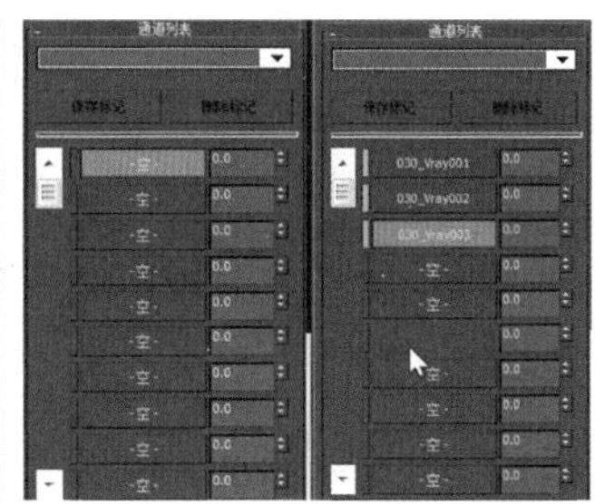

图 3-40

（6）创建沙皮狗模型面部表情动画。打开时间配置对话框，设置时间轴长度为20帧，选中沙皮狗模型对象，打开自动关键点记录按钮自动关键点，在第5帧、第10帧、第15帧、第20帧，分别设置沙皮狗模型面部表情在通道列表中的百分比，进行整体表情调整，波动时间滑块，可以看到沙皮狗模型面部表情动画，效果如图3-41所示。

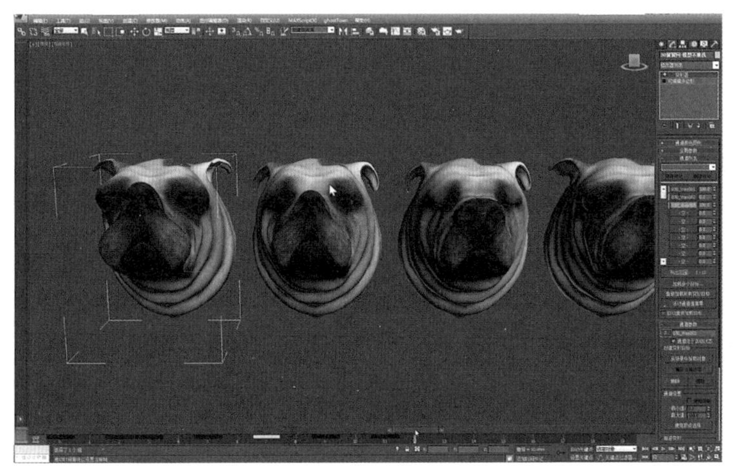

图 3-41

变形器
morpher动画

3.10 路径变形（PathDeform）动画

（1）打开配套光盘中的范例场景文件“路径变形—初始场景”。场景中放置了一辆没有传动链的坦克模型。本例中需要通过路径变形（PathDeform）命令制作坦克传动链运动的动画效果，如图3-42所示。

路径变形
PathDeform动画

图 3-42

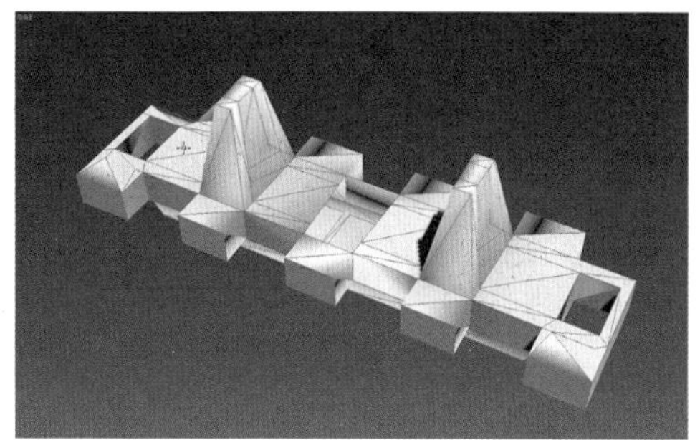

图 3-43

（2）绘制链条路径和链条单元。综合运用几何体的布尔运算建模方法，创建出链条单元，如图3-43所示。在前视图中，使用线绘制工具绘制出坦克传动链的运动路径，如图3-44所示。

（3）链条单元复制。选择链条单元模型，按住Shift键使用移动工具水平向右拖动模型，以实例的方式复制出200个相同的模型，并用附加命令附加所有单元模型成为一体，如图3-45所示。

图 3-44

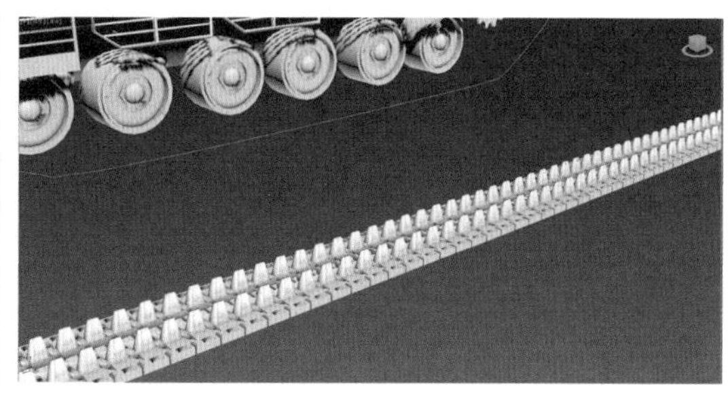

图 3-45

（4）建立路径变形（PathDeform）约束。选中链条模型，在修改列表中选择路径变形（PathDeform）命令，在路径变形参数面板中点击拾取路径，然后在视图中点击绘制好的链条路径，会发现链条路径并不能沿着路径正确环绕。出现这种情况是由于路径变形轴没有正确选择，此时在路径变形轴中更改轴，结果就正确了，如图3-46所示。

图 3-46

（5）路径变形及形状矫正。在路径变形参数面板中点击【转到路径】，然后点击绘制好的路径，这时链条会依附到路径上，通常会出现偏短或偏长的情形，可以通过调整拉伸和旋转数值的方法予以矫正。传动链的宽度可用缩放工具沿着Z轴进行调整，效果如图3-47所示。

图3-47

（6）制作路径变形（PathDeform）动画。使用链接工具将坦克所有部件都链接到顶部对象。打开自动关键点记录按钮，在第0帧和第25帧，分别设置坦克传动链路径变形参数中的百分比。移动坦克顶部一段距离，可以得到链条随坦克移动的动态传动的效果，如图3-48所示。

图3-48

3.11 自由变形修改（FFD）动画

（1）打开配套光盘中的范例场景文件“自由变形修改（FFD）—初始场景”。本例中需要通过自由变形修改（FFD）命令制作老鹰翅膀上下扇动的运动效果，如图3-49所示。

（2）复制多个老鹰模型。选择老鹰模型，按住Shift键使用移动工具水平向右拖动模型，以复制的方式复制出1个相同的模型，如图3-50所示。

图3-49

图3-50

（3）老鹰翅膀添加自由变形（FFD）修改器。选中复制出来的第一个老鹰模型，即

laoying001模型，右键执行孤立当前选择命令。在修改面板进入点⁚⁚层级编辑，使用套索选择方式，圈选一侧翅膀上的矢量点。同样的方法选择另一侧翅膀上的点，在修改器列表中执行FFD长方体修改命令。在FFD参数面板点击设置点数按钮，在弹出的对话框中，长度和高度分别设为5，如图3-51、3-52所示。

图3-51

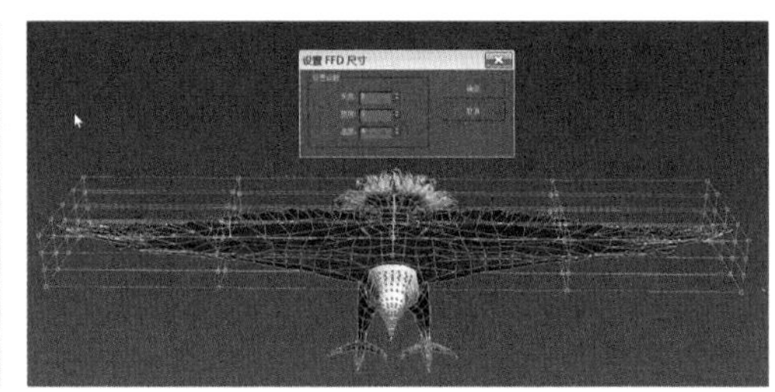

图3-52

（4）调整老鹰翅膀点线面。展开FFD修改器（长方体）的“+”号，选择控制点层级，框选两侧翅膀上的所有控制点。使用移动工具向上拉起翅膀，调整翅膀的形态，如图3-53所示。

（5）调整老鹰翅膀形态。在FFD修改器（长方体）中再次点击控制点层级，按住Shift键使用移动工具水平向右拖动模型，以复制的方式复制出两个相同的模型。按照03中的方法，配合缩放工具，继续调整其他模型的翅膀形态，如图3-54所示。

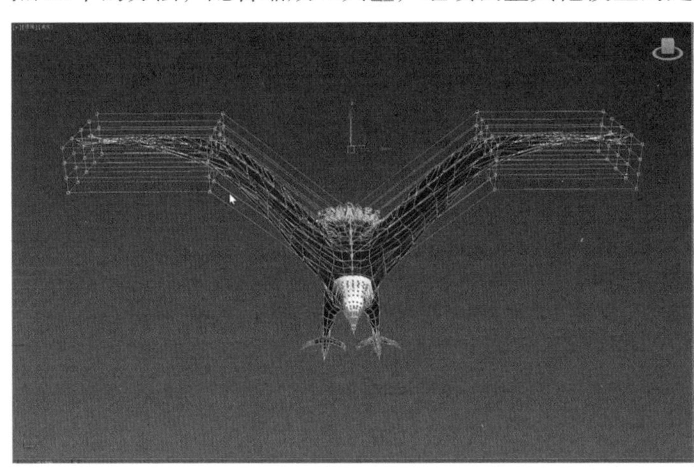

图3-53

图3-54

（6）对翅膀模型的变形器修改。选择最原始的老鹰模型，在修改器列表中执行变形器命令，在通道列表中分别载入变形后的3个模型，如图3-55所示。

自由变形修改FFD

（7）老鹰飞行动画制作。打开自动关键点记录按钮，在不同关键帧位置调节原始的老鹰模型翅膀形态，之后右键隐藏其余3只老鹰模型。

将老鹰模型放置于左上角，手动设置关键帧，再拖到第100帧，将老鹰模型放置于右下角，制作老鹰飞行动画。需要注意的是，运动过程中，最好对老鹰模型的身体位置根据运动规律进行上下适当调整，避免动作过于死板。如果时间允许，还可以对其他3只模型的头部、尾部等位置和形状变化也作出调整，这样效果将会更加逼真，如图3-56所示。

图3-55

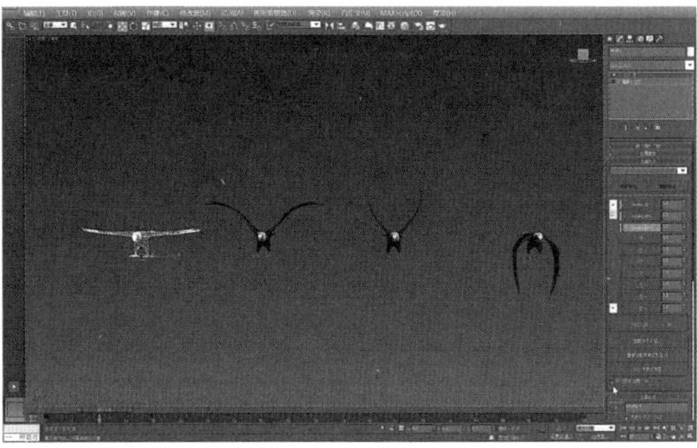

图3-56

3.12 思考与练习

1. 在修改器列表中，哪些命令能直接用于动画制作？
2. 请用柔体（Soft body）命令制作动物触须摇摆的动画效果。
3. 请综合运用变形、弯曲等所学知识制作翻书动画效果。

3.13 单元测试

试题

第4章 摄像机及灯光动画

概述

4.1 本章概述

本章主要学习如何利用摄像机和灯光制作动画。通常情况下，摄像机用来拍摄固定的场景、角色等，这种功能与传统相机比较相似，但在3ds Max中，摄像机除具有传统摄像机的功能外，还具有一些传统摄像机所无法比拟的功能，比如“剪切平面”功能等，传统拍摄中经常运用的推、拉、摇、移、跟、甩、升、降等技术在3ds Max摄像机中同样适用。灯光在传统应用领域中用于照明，在3ds Max中的灯光，除可以设计模拟各种照明功能外，还可以模拟“灯”与“光”相关的各种动作、现象及特效，这些主要通过记录灯光自身动作和调节各种灯光参数来实现。本章将通过具体实例对3ds Max中摄像机和灯光的运用进行实例解析。

4.2 摄像机制作漫游动画

4.2.1 配置动画时间

打开配套光盘中的范例场景文件“摄像机制作漫游动画—初始场景”。首先重新设定动画记录时间。打开时间配置对话框，将时间轴动画长度设置为300帧，如图4-1所示。

图4-1

4.2.2 绘制漫游路径

利用创建面板中的画线工具，在顶视图会议桌周围拖动绘制一条供摄像机漫游用的路径曲线，插值方法选择自适应的方式，如图4-2所示。在左视图中将该路径提高到略高于椅子的高度。如图4-3所示。

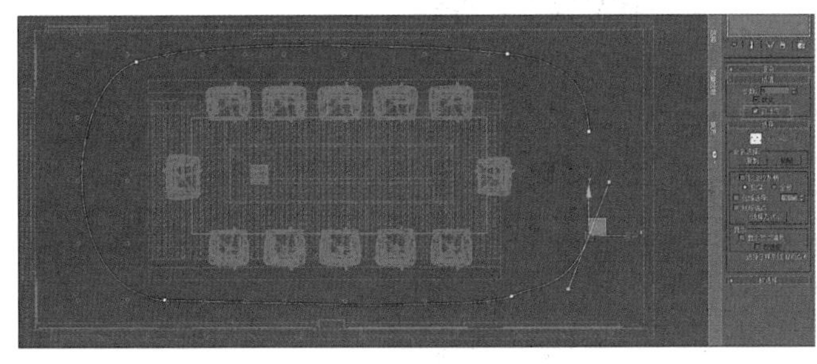

图4-2

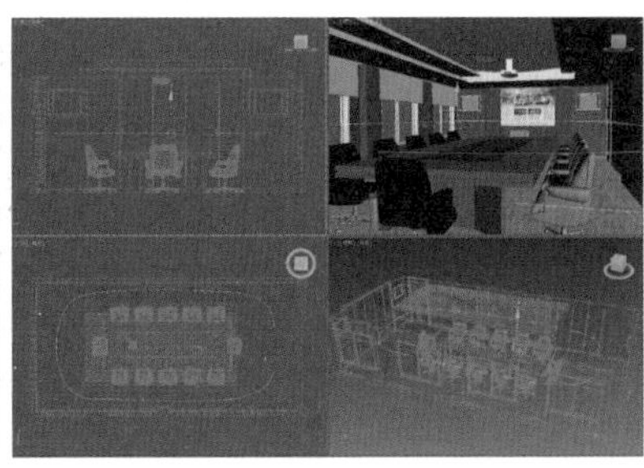

图4-3

4.2.3 设置摄像机跟随

在创建摄像机面板中选择【自由摄像机】，在视图中靠近路径的位置单击架设一部自由摄像机。接着打开运动面板，在【指定控制器】一栏中选择【位置】，在【指定位置控制器】中选择【路径约束】，在【路径参数】中单击【添加路径】，拾取场景中绘制完成的曲线，勾选【路径选项】中的【跟随】，并确定正确的轴，如图4-4所示。

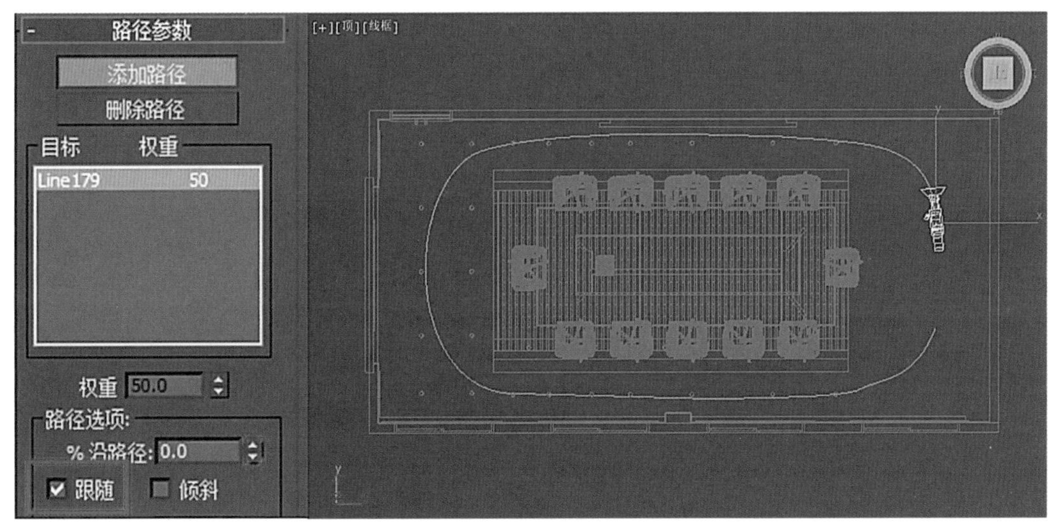

图4-4

4.2.4 摄像机跟随动画微调

打开动画记录【自动关键点】按钮，播放动画，观察漫游视点是否合适与顺畅，在转角等处用旋转工具对摄像机的拍摄角度进行适当微调，以保证整体浏览动画的流畅性，如图4-5所示。

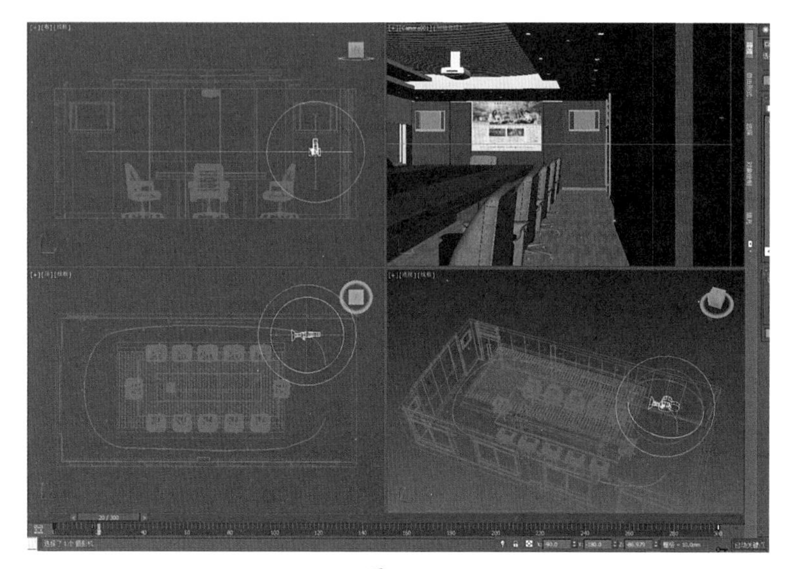

图 4-5

摄像机制作漫游动画

摄像机的推拉摇移动画

4.3 摄像机的推拉摇移动画

4.3.1 概念阐释

3ds Max 中摄像机在使用过程中同样存在着推、拉、摇、甩、升、降、移或跟等拍摄手法。

推、拉动作是焦距的改变过程，而不是摄像机本身向前移动或向后移动。推的过程可以实现由大场景向局部小场景连续聚焦的效果，可以突出局部或细节。拉的过程正好相反，是从小范围向大场面过渡的手法。

摇、甩镜头都是摄像机位置固定，以摄像机为轴心做角度的变化，只是快慢速度不同而已。“摇”属于正常转角速度，目的是让观者能够清楚地观察到摄像机扫过画面的人物与场景。而“甩”的动作则非常快，镜头快速扫过两个不同场景，目的是让观众在无意识中（视觉暂留）过渡到另外一个场景，其实就是快速转场效果。

升、降、移或跟镜头都是摄像机本身在运动，不同之处在于，“升、降、移”三种手法在运用时，景物不动，摄像机动；而“跟”镜头是摄像机和景物（或场景）一起动。

4.3.2 摄像机画面表现

案例中的场景是模拟山脚下的一个军营，初始场景中摄像机处于俯瞰全景的状态。

（1）推、拉镜头。拾取场景中的摄像机，在修改面板中修改目标摄像机的镜头参数到190mm。随着视野逐渐变窄，场景局部随之放大，有摄像机向前推进的效果，营房逐渐以放大的方式展现在我们面前。

（2）摇镜头。摄像机位置不变，按下【自动关键点】记录按钮，选择摄像机目标点，并将其移动到左侧，将时间指针拨动到第50帧，再将摄像机目标点移动到右侧，如图4-6所示。

图4-6

（3）升、降镜头。同时选中摄像机及其目标点，打开动画自动记录按钮，在第0帧、第50帧和第100帧，分别调整摄像机的高度位置，如图4-7所示。

图4-7

（4）移或跟镜头。保持场景不动，选中摄像机目标点，使用链接工具，将其链接到直升机机身上，然后打开动画自动记录按钮，在第50帧将直升机上移到空中，在第100帧，将其移出画面。选中摄像机机身，打开运动面板，在【指定变换控制器】中选择【链接约束】，在第0帧将其链接到世界，第50帧将摄像机链接到机身上。这样从第50帧开始，摄像机会跟随飞机一同移动，如图4-8所示。

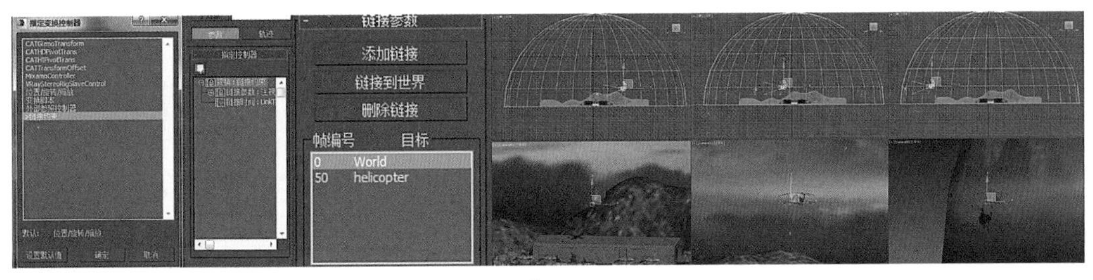

图4-8

4.4 摄像机鸟瞰动画

（1）打开“摄像机鸟瞰动一初始场景”文件。四视图模式下显示，本例是要通过架设摄像机并设置动画关键帧，以实现从空中鸟瞰猩猩的动画效果，如图4-9所示。

（2）架设摄像机。将透视图调节到一定角度，贴近鸟瞰效果时，按下键盘上的【Shift + C】键，这时透视图会变成摄像机视图，如图4-10所示。

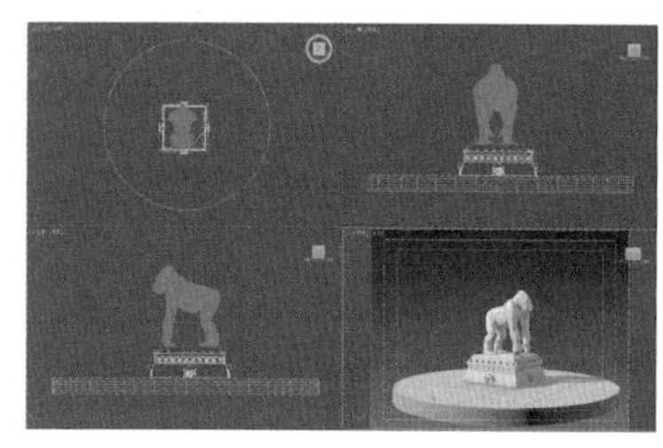

图4-9

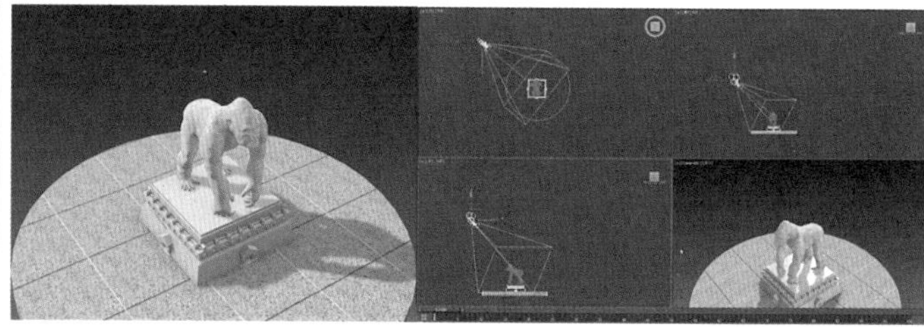

图4-10

（3）调节摄像机运动状态。将摄像机提高到一定高度，可以通过手动调节并设置关键点的方式，比如在第0帧、第30帧、第60帧以及第100帧处分别设置关键点，并移动摄像机的位置，如图4-11所示。当然，也可以绘制圆形路径，通过路径约束的方法，使摄像机在高空中围绕猩猩运动。

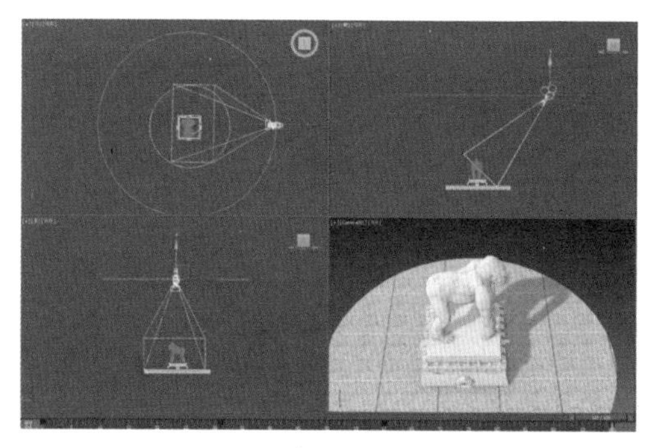

图4-11

摄像机
鸟瞰动画

4.5 摄像机注视动画

（1）场景分析。打开“摄像机注视动画一初始场景”文件，场景中放置了一架直升机，直升机会逐渐盘旋着飞向高空，画面中需要架设摄像机和环绕路径，形成注视约束的效果，如图4-12（左）所示。

（2）创建虚拟物体。选中直升机机身各个部分，使用链接工具，全部链接到虚拟物体上，这样我们只需要控制虚拟物体的运动，就可以控制整个直升机的运动，如图4-13所示。

图 4-12

图 4-13

（4）创建螺旋线。单击创建面板创建图形子面板，选择【螺旋线】命令，在顶视图中创建一条螺旋线，并调节其顶点，为飞机飞行做好路径准备，如图4-14所示。

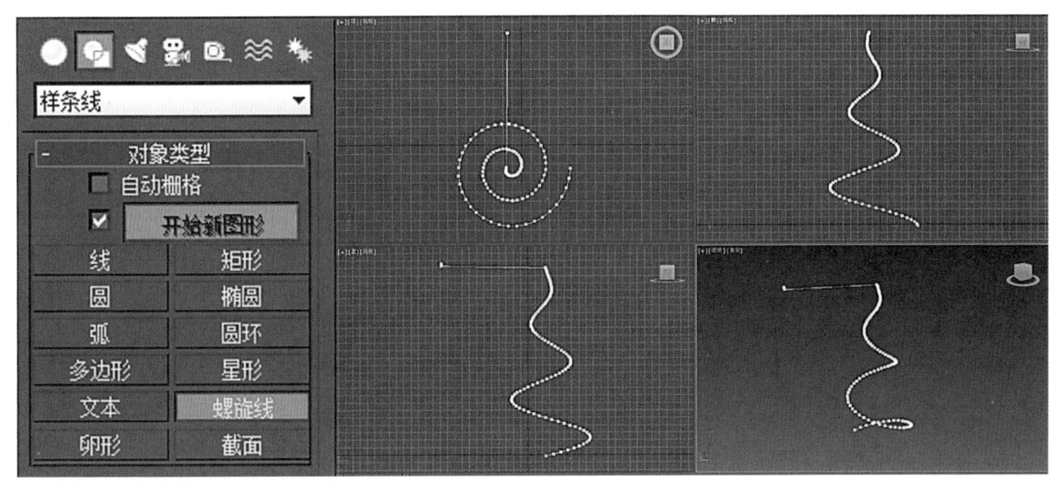

图 4-14

（5）摄像机目标点控制。在前视图中架设一部目标摄像机，目标点对准直升机，选中摄像机目标点，在运动控制面板选择【路径约束】控制器，在【路径参数】中选择【添加路径】，在视图中单击螺旋线。播放动画，效果如图4-15所示。

摄像机注视动画

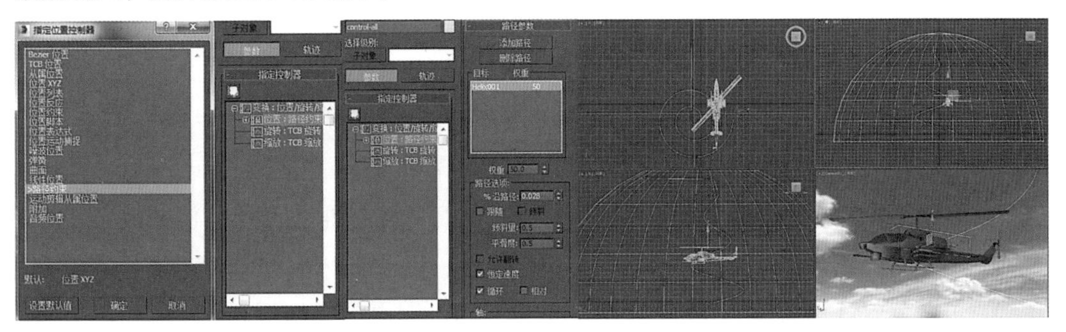

图 4-15

4.6 摄像机做模型展示动画（穿行助手）

摄像机做模型展示动画（穿行助手）

穿行助手是3ds Max高版本新增加的功能，能够方便用户以最快捷的方式创建展示动画。用户只需要绘制一条环绕路径即可。

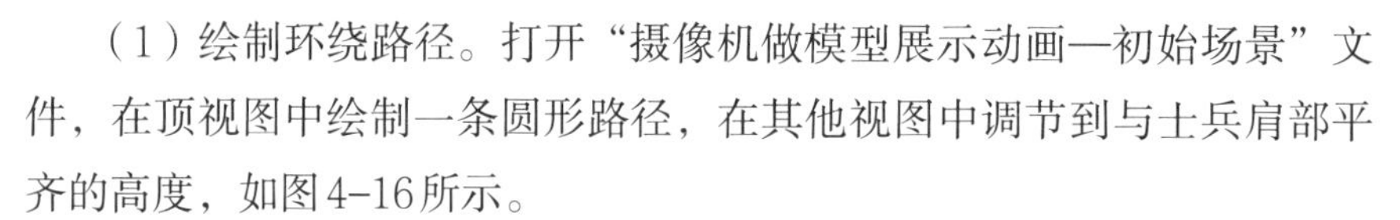

（1）绘制环绕路径。打开“摄像机做模型展示动画—初始场景”文件，在顶视图中绘制一条圆形路径，在其他视图中调节到与士兵肩部平齐的高度，如图4-16所示。

（2）在【动画】菜单打开【穿行助手】。在【摄像机创建】中创建一部目标摄像机，在路径控制中选择【拾取路径】，拾取刚刚创建完成的路径曲线，同时选择【移动路径到视点水平高度】，大概1.65米，如图4-17所示。

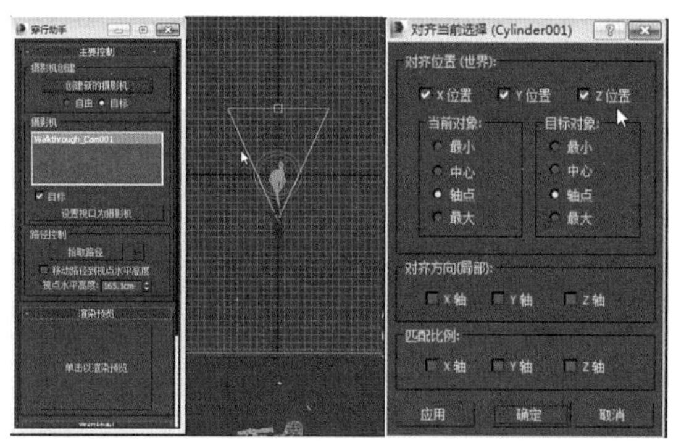

图4-16

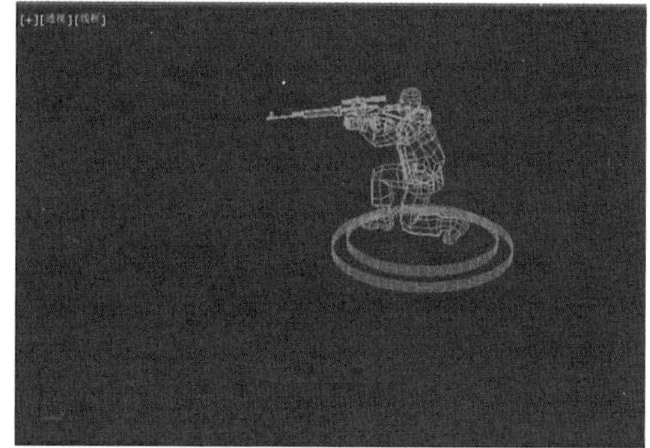

图4-17

（3）将摄像机目标点与士兵肩部对齐，播放动画观察动画效果，同时调整圆形路径大小，以获得最佳视觉效果。

4.7 灯光摇曳及闪烁动画

灯光摇曳及闪烁动画

（1）设置场景灯光。打开“灯光摇曳及闪烁动画—初始场景”文件，在场景中创建一盏目标聚光灯，同时在各个视图中调节其位置。灯光起始位置与灯罩对齐，并用链接工具与灯罩链接，灯光目标点对准书的大致中心位置，如图4-18所示。

（2）调节台灯支架轴心并链接。点击台灯支架，打开层级面板，选择【仅影响轴】命令，调节支架轴心位置。同时，建立目标聚光灯、灯罩、支架之间的父子层级链接关系，如图4-19所示。

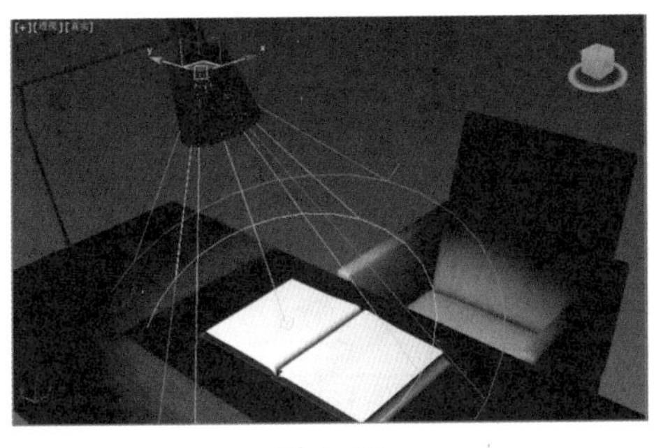

图 4-18

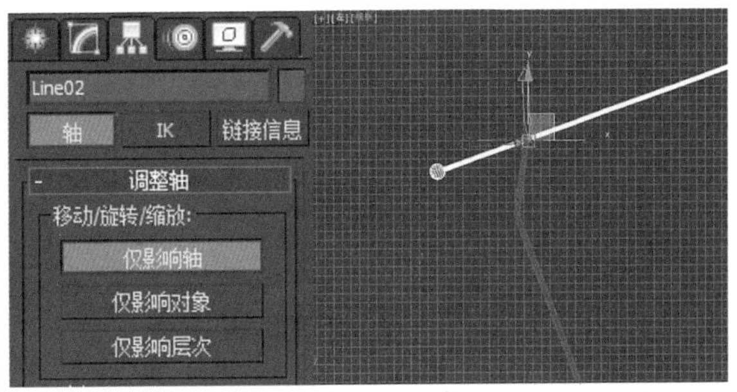

图 4-19

（3）增加体积光及辅光。在任意视图中的书桌斜上方创建一盏泛光灯，作为辅助光源。然后选择目标聚光灯，在大气和效果中选择【体积光】，如图4-20所示。

（4）动画制作。灯光闪烁动画的制作方法：选择聚光灯，调节其倍增值，如在数值为0时为黑，数值为1时灯亮。可以交替闪烁，但值得注意的是明暗之间一般不要产生渐变过渡。方法是在关键帧上点击右键，将其变化改为突变方式，如图4-21所示。灯光摇曳的效果只要适当转动支架角度并记录成关键帧动画即可。

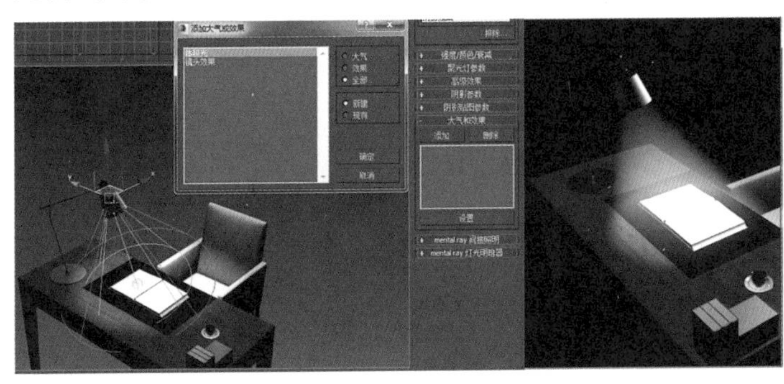

图 4-20

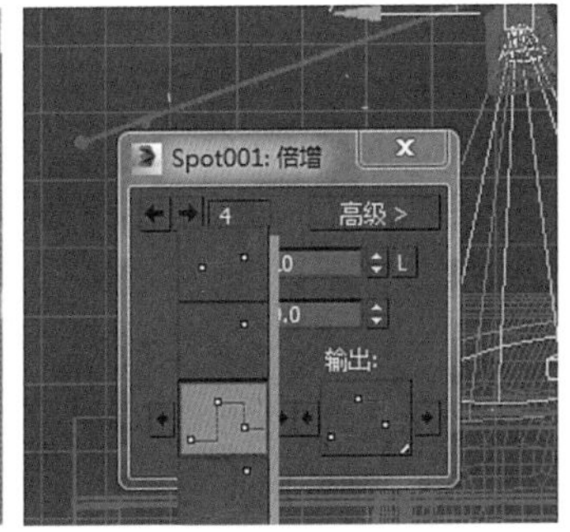

图 4-21

4.8 海上日出动画

海上日出动画

（1）制作过程分析。打开“泛光灯制作海上日出动画—初始场景”文件。场景中需要预先设置完成的要素有：天空、海面、摄像机以及一盏泛光灯。制作海面日出效果，只需着重调节泛光灯的参数及位置即可，效果如图4-22所示。

（2）泛光灯关键参数解析。泛光灯虽然参数众多，但在本例中，有几个参数对显示效果的优劣至关重要，比如倍增值、颜色、对比度、大气效果中的镜头效果运用等。在日出前，泛光灯的倍增值要小，颜色尽量趋向中间调或暗调，镜头效果中的镜头光

图 4-22　日出前后对比（日出前左图，日出后右图）

晕和射线效果不能过强，而在太阳渐渐升起的过程中，这些参数很显然要逐渐增大或增强。本例中，泛光灯在起始位置，即第0帧的关键参数的参考数值为：倍增值为0.3、颜色为（R185，G78，B26）、对比度为0，镜头光晕元素大小为30，强度值为5；射线元素大小为5，强度值为10；第100帧的关键参数的参考数值为：倍增值为5、颜色为（R248，G158，B114）、对比度为70，镜头光晕元素大小为60，强度值为30；射线元素大小为10，强度值为15。

4.9 思考与练习

1. 什么是灯光的衰减？如何进行控制？

2. 目标聚光灯和自由聚光灯的使用场合有什么不同？

3. 请根据给定场景和视频素材，综合运用摄像机、体积光调节技巧，设计如图4-23所示电影放映动态效果，并导出能够播放的动画视频文件。

4.10 单元测试

试题

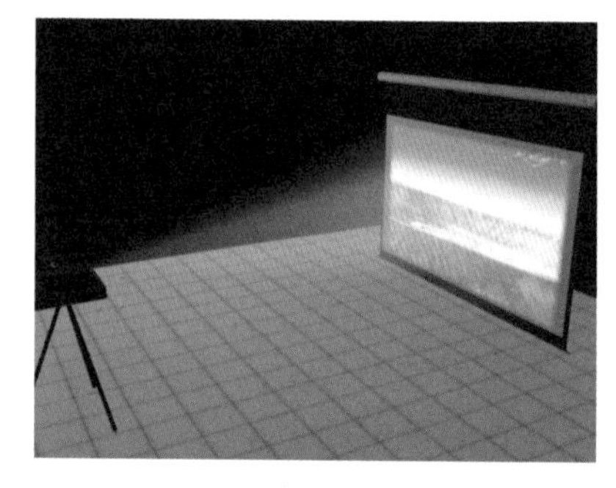

图 4-23

第5章 物理动力学（MassFX）动画

5.1 本章概述

MassFX是一个强大的动力学物理引擎，能够更加真实地模拟物体之间的碰撞、滑落、坍塌等物理现象。它的功能优于3ds Max 2012之前版本的Reactor动力学系统，减少了运算错误和卡机等问题，并且模拟结果可以直接在场景中生成关键帧。MassFX支持刚体、软体、布料以及破碎玩偶和流体的模拟，拥有真实世界中的重力、质量、加速度、摩擦力和弹力等诸多参数设置。本章通过链条、碰撞和布料动画制作实例具体讲解MassFX的使用方法和技巧。

概述

5.2 链条动画

5.2.1 实例简介

本实例主要运用3ds Max 2016中MassFX中提供的动力学刚体以及静态刚体，创建一段链条带动物体自由摆动的动画效果，其中涉及刚体约束的使用技巧，以及诸多参数的测试修改技巧，最终达到自然状态效果。

链条动画

5.2.2 实现步骤

（1）创建初始场景。利用创建几何体面板中的【圆柱体】和【圆环】工具，利用【布尔运算】等命令，创建出图5-1所示场景。

（2）设置几何体动力学属性。选择经过布尔运算的圆柱物体①，在MassFX工具栏中点击【将选定项设置为动力学刚体】，同时在修改面板中，将【刚体属性】中的【刚体类型】设置为【静态】，在【图形类型】中选择【原始的】，以保证圆环穿过圆柱体空洞不与网格发生交叉。分别选择大圆环②和小圆环③，在修改面板中，将【刚体属性】

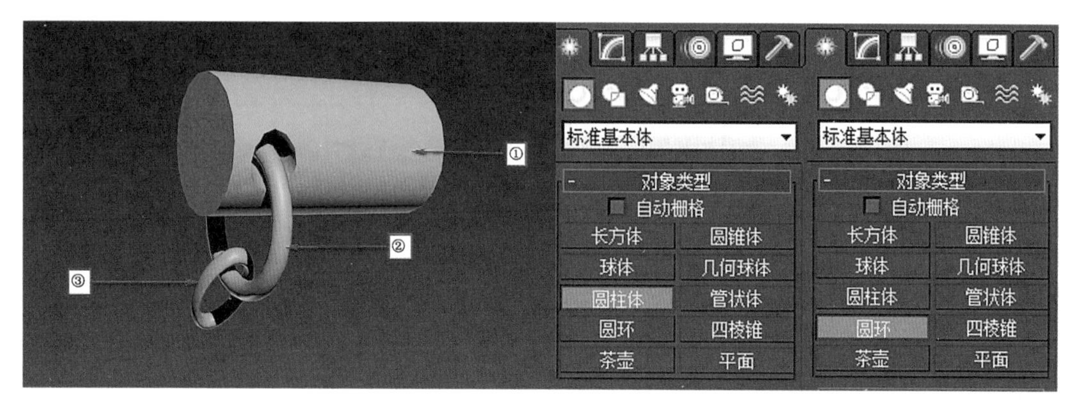

图 5-1

中的【刚体类型】设置为【动力学】，在【图形类型】中选择【凹面】，如图5-2所示。

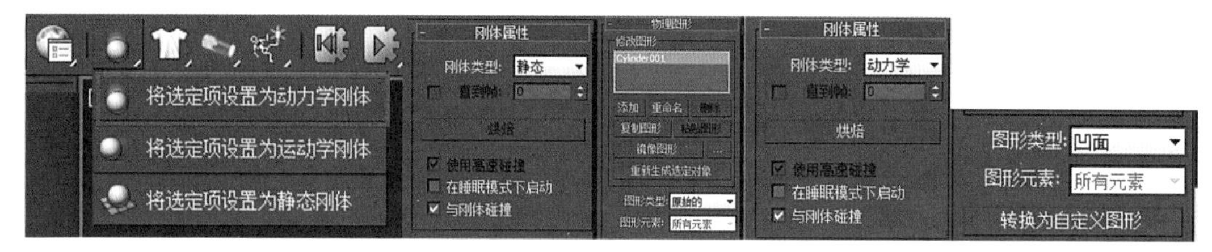

图 5-2

（3）复制链条并测试。采用【局部坐标系】复制小圆环③，并旋转90°。选择嵌套在一起的2个小圆环，在【局部坐标系】下复制出6组，并点击MassFX工具栏中的播放按钮进行效果测试，如图5-3所示。

（4）完善场景。进一步完善上述场景，并调入“小熊”模型，在小熊头部嵌入一个圆环，并将模型塌陷。将“小熊”模型与链条最末端圆环嵌套在一起。然后将“小熊”模型的刚体类型设置为【动力学】，图形类型选择【凹面】，如图5-4所示。

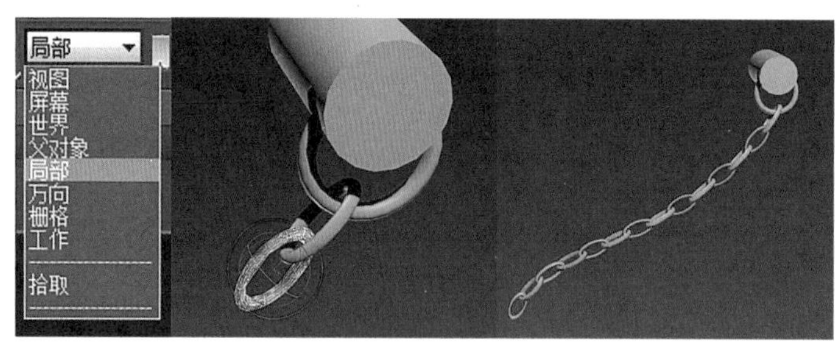

图 5-3

图 5-4

（5）动力学测试并修正。点击MassFX工具栏中的播放按钮进行效果测试，会发现效果出现偏差，小熊在运动过程中经常会与链条脱离掉落在地面上，并且链条也发生散落现象。解决这种问题通常用的办法有：①调节物体的重力加速度，如图5-5所示。

②改变刚体运算的迭代步数。③减小物体的密度，从而降低物体的质量等。经过认真反复的调整，能够达到理想的效果，但耗工耗时。

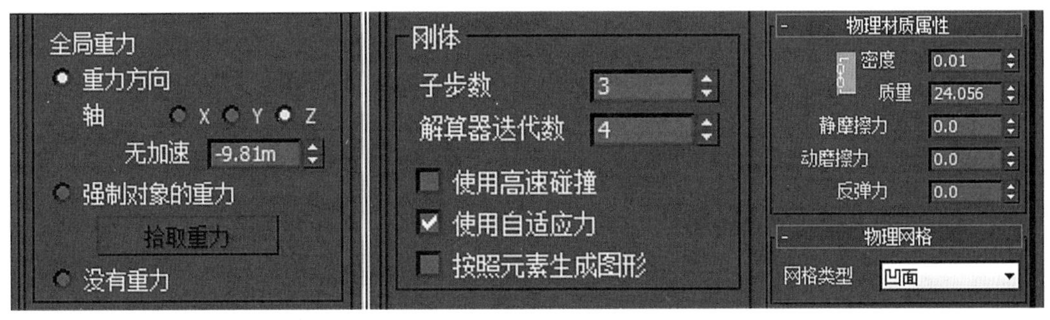

图 5-5

（6）创建刚体约束，减少调试时间。为了能够更加快捷地将“小熊”模型固定到链条的底端，可以先使用刚体约束作为辅助手段。拾取场景中的“小熊”模型，单击 MassFX 工具栏中的【创建刚体约束】，会发现小熊头部出现一个白色的方块，利用缩放工具使之缩小。这时在修改面板中会出现【Uconstraint】，即刚体约束的参数设置面板，会看到小熊已经成为刚体约束的子对象，只需再单击【父对象】下方灰色按钮，然后在场景中拾取末端链条圆环即可。再次进行效果测试，会发现链条带动小熊可以自由摆动而不会坠落。最后，隐藏刚体约束白色方块即可，如图5-6所示。

图 5-6

5.3 墙壁坍塌动画

墙壁坍塌动画

5.3.1 实例简介

本实例主要运用3ds Max 2016中MassFX中提供的动力学刚体和运动学刚体，创建一段卡车撞击墙面的动画效果，其中在搭建墙壁过程中还涉及如何恰当设置捕捉变换方法，以及如何设置精细计算子步数等设置技巧，以实现最终效果。

5.3.2 实现步骤

（1）赋予几何体运动学属性。在任意视图中创建球体模型，并调整其高度，使其位于地表面之上。选中球体，在MassFX工具栏中的点击【将选定项设置为运动学刚体】，为球体添加刚体运动学属性。这样，在修改面板中会增加MassFX刚体修改器，如图5-7所示。

图5-7

（2）测试几何体运动学效果。打开【自动关键点】记录，在第5帧将球体向前移动一段距离，然后关闭动画记录按钮，回到起始帧。点击MassFX工具栏中的播放按钮，会看到球体开始移动，说明运动学属性设置成功。

（3）创建墙壁并设置属性。在创建面板中【扩展基本体】中选择【切角长方体】命令，在前视图中创建砖块模型，在MassFX工具栏中点击【将选定项设置为动力学刚体】，为球体添加刚体动力学属性。配合【Shift】键复制多个砖块，并使用对齐工具对齐接缝处，如图5-8所示。

（4）测试球体与墙面碰撞效果。点击MassFX工具栏中的播放按钮，会看到球体在运动过程中与墙体发生碰撞，砖块散落到地面，如图5-9所示。

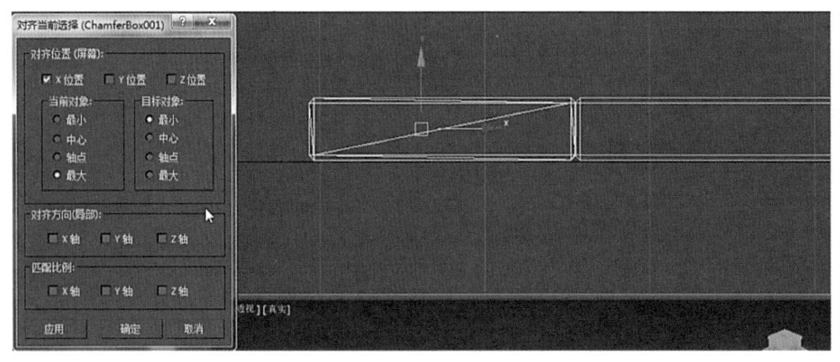

图5-8

图5-9

（5）调入卡车模型并赋予墙面贴图。在配套光盘中导入“卡车”FBX模型，调整其大小，使之与墙壁大小相呼应，使用镜像工具调节车头方向，并在MassFX工具栏中为其赋予运动学属性，在图形类型中选择【凸面】。为墙壁模型赋予砖墙材质，如图5-10所示。

图5-10

（6）调节碰撞参数，模拟卡车穿越墙壁动画。打开【自动关键点】记录，按照（2）的方法记录卡车第0帧和第5帧的运动状态。在MassFX工具栏中设置刚体运算【子步数】为3，点击播放测试按钮，观看动画效果，如图5-11所示。

图5-11

5.4 布料动画

5.4.1 实例简介

布料动画

本实例主要运用3ds Max 2016中提供的【mCloth】布料功能制作一段动画效果，其中涉及【mCloth】布料模拟诸多纺织品物理特性调节技巧，以及如何通过Mass FX工具栏进行精细化参数设置，以期达到最佳视觉效果，实例效果如图5-12所示。

图5-12

5.4.2 实现步骤

（1）设置玉佛的刚体属性。选中玉佛模型，在MassFX工具栏中为其添加【将选定项设置为静态刚体】命令，在图形类型中选择【原始的】，这样运算网格会贴紧在模型表面，运算会更加精确，如图5-13所示。

（2）布料物理属性设置。在顶视图当中绘制一平面，长度和宽度分段数均设为100，大小能遮盖住玉佛即可，在其他视图中提升其高度，高度超过佛头即可，不可过高，否则会加大运算量，影响运算速度，如图5-14所示。

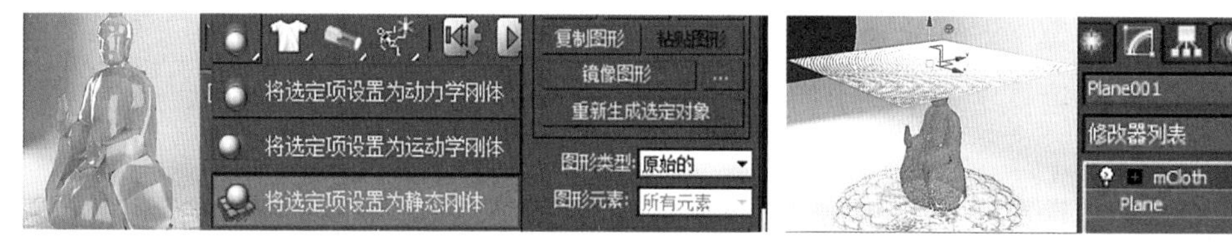

图5-13　　　　图5-14

（3）测试布料动画。加载【mCloth】后，在默认状态下，我们进行动画测试，会发现运算速度很慢，并且佛头穿过了布料而露在外面，褶皱显得很不细致，很显然不符合自然规律。为了加快运算速度，可以将【使用正交弯曲】勾选去掉，弯曲度提高到1.0，刚度降低到0，在MassFX工具栏中将刚体【子步数】设置为3或4，再次测试动画效果时，布料下落覆盖的结果已经正确，如图5-15所示。

（4）布料掀开动画——建立小球与布料的节点链接。选择布料，在MassFX工具栏中点击【捕捉变换】，使布料形态定格到最佳形态，再次点击模拟播放按钮，会发现布料不会产生任何变化。在创建面板创建球体作为掀开布料的牵引物体，同时复制球体作为另一侧的牵引物体。选择布料，在修改面板中，点开【mCloth】左侧的加号，单击【顶点】层级，向上推动修改面板，勾选【软选择】，选择布料方角处的几个顶点，然后调节衰减值在30～40，在【组】卷展栏中点击【设定组】，跳出对话框后直接点击确定，然后点击【节点】，拾取球体，这样便建立了球体与节点之间的链接。按照同样的方法，建立另一侧小球与节点之间的链接，如图5-16所示。

图5-15　　　　图5-16

（5）布料掀开动画——绘制球体动画运动轨迹。选择小球，在【显示】面板【显示属性】中勾选【轨迹】，同时打开【自动关键点】记录按钮，在左视图中移动小球，视图中会显示出弧形运动轨迹。按照同样的方法，建立另一侧小球的运动轨迹。点击模拟播放，会看到布料被2个小球向后拖动的动画效果，如图5-17所示。

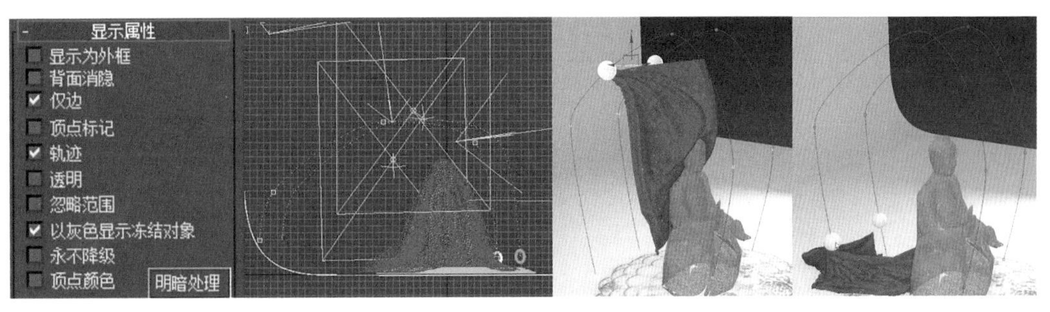

图5-17

5.5 思考与练习

1. 动力学系统MassFX中提供了几种刚体类型？

2. 在MassFX中图形类型选项中的凸面、凹面和原始的三种方式有什么不同？

3. 请搭建保龄球娱乐场局部模型，恰当设置MassFX动力学中的动力学刚体、运动学刚体等参数，设计如图5-18所示的物体碰撞效果。

图5-18

5.6 单元测试

试题

第6章 粒子流特效动画

6.1 本章概述

3ds Max 2016提供了诸多粒子特效创作工具，如粒子流源、超级喷射以及粒子云等，其中粒子流源是基于节点式的开发结构。通过粒子视图进行搭建，具有很强的可操控性，能够制作出传统粒子系统无法表现的动画特效，更加灵活便捷。本章通过具体实例对粒子流源、超级喷射、暴风雪以及粒子阵列等动画特效进行详细讲解。

概述

6.2 物体散落动画

6.2.1 实例简介

本实例主要讲解粒子系统中一种非常灵活的粒子创建方式，即粒子源流。通过在粒子视图中一系列可视化编辑，三维模型以粒子的方式展现出来，效果新颖别致。

6.2.2 实现步骤

（1）添加导向板和风力。打开“物体散落动画—初始场景”文件，在创建面板空间扭曲卷展栏下选择【力】，在【对象类型】中选择【风】，在场景中创建风力图标，并调整其方向使其对准恐龙模型，如图6-1所示。

（2）粒子视图编辑——创建粒子事件。创建面板选择【粒子系统】，在【设置】一栏点击【粒子视图】，会弹出粒子视图设计窗口，在下方窗口列表中选择【标准流】并拖动到视窗顶部，相当于创建了一个粒子系统发射器，这个发射器已经具备了出生、位置图标、速度、旋转、形状以及显示等6组操作符，如图6-2所示。

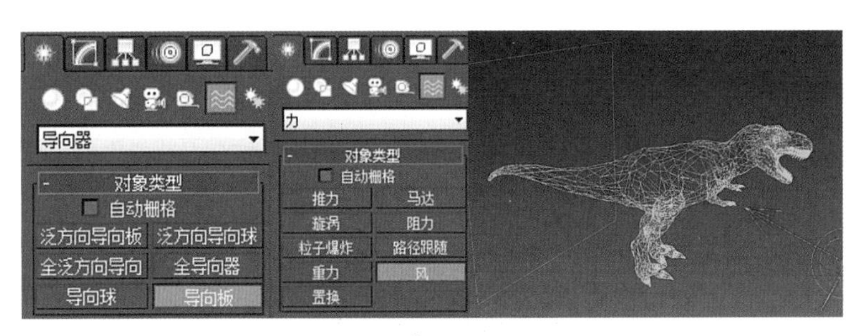

图6-1

图6-2

（3）粒子视图编辑——粒子事件替换与调整。加入【标准流】以后，恐龙模型本身并未发生任何改变，这时需要对相关参数做调整。首先用【位置对象】替换【位置图标】，并在发射器对象栏中将恐龙模型添加进来。点击【出生】，在参数修改中将【发射开始】和【发射停止】时间均设为0帧，数量设为10000，以观看整体效果。点击【形状】，在3D效果中选择【数字Times】，大小设为0.3m。单击【显示】，设置【可见】为100%，如图6-3所示。

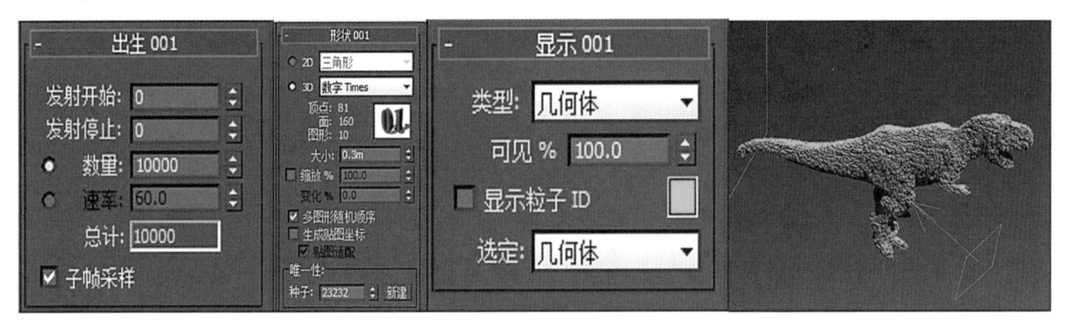

图6-3

（4）粒子视图编辑——设置物理碰撞。在操作符列表中将【碰撞】拖动到事件001当中，在右侧参数修改器中，点击【添加】，然后在任意视图中将导向板添加到列表当中。添加【mP图形】到事件001的下方，创建事件002，并链接到【碰撞】操作符上。添加【mP World 001】到【mP图形】的下方，并在修改栏中单击【创建新的驱动程序】，单击【访问驱动程序参数】按钮，在mP World修改面板中勾选【应用重力】和【地面碰撞平面】选项，将重力值提高到980，如图6-4所示。

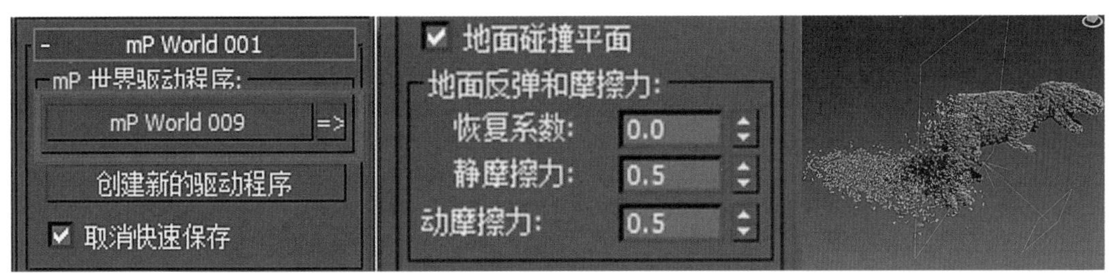

图6-4

（5）粒子视图编辑——加入风力。首先将重力值调到98，在操作符列表中将【mP力】拖动到事件002中，在【力空间扭曲】中添加风力，在右侧风力参数修改器中，设置强度值为830，湍流值为20。在操作符列表中将【旋转】拖动到事件002当中，如图6-5所示。

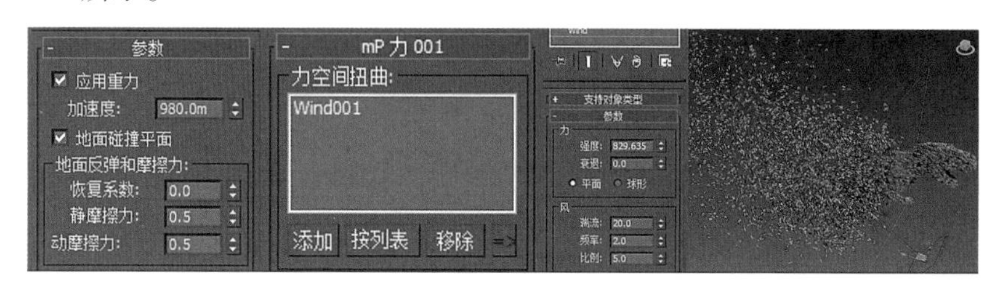

物体散落动画

图 6-5

6.3 超级喷射动画

6.3.1 实例简介

本实例将利用3ds Max超级喷射功能制作一段花朵被吹出进而散开的效果。相比于3ds Max的喷射功能，其超级喷射功能更加强大，最重要的是能够在粒子类型中实现模型替代，使其在效果呈现方面表现出独特的优势。

6.3.2 实现步骤

（1）创建超级喷射。在创建面板【粒子系统】选项组中选择【超级喷射】，在左视图绘制超级喷射图标，对其进行Z轴镜像，使其与小猴吹的方向一致，拨动时间滑块，会看到超级喷射已经有粒子射出，且呈直线状态，如图6-6所示。

（2）调节粒子显示参数。首先调节粒子基本参数，使粒子被吹出以后状态更加自然一些。调节参数主要集中在粒子分布中，其中参数设置为，轴偏离为0度，扩散为20度；平面偏离为20度，扩散为180度，如图6-7所示。

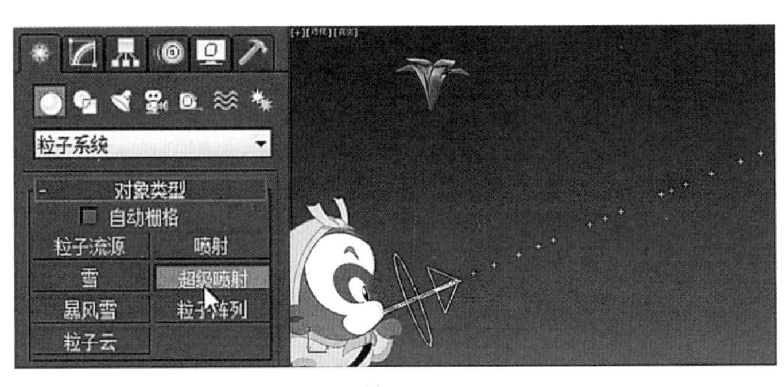

图6-6

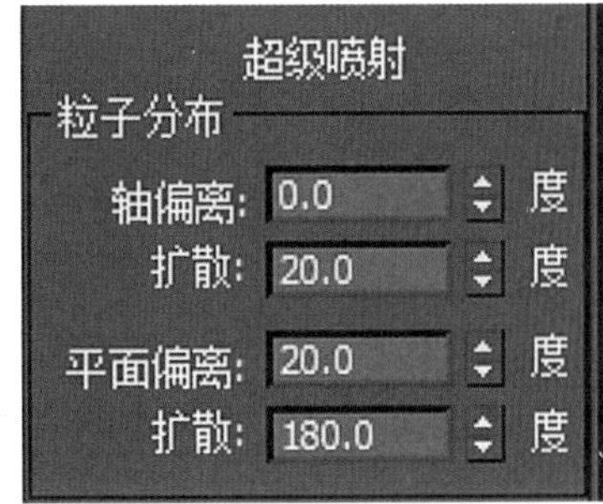

图6-7

（3）赋予粒子以花朵形状。设置【视口显示】点选【网格】,【粒子类型】选择【实例几何体】，在【实例参数】中点击【拾取对象】按钮后，点击花朵模型，在【材质贴图和来源】中选择【实例几何体】，然后点击【材质来源】。拨动时间滑块，可以观察到花朵从粒子发射源不断发射出来，如图6-8所示。

粒子喷射动画

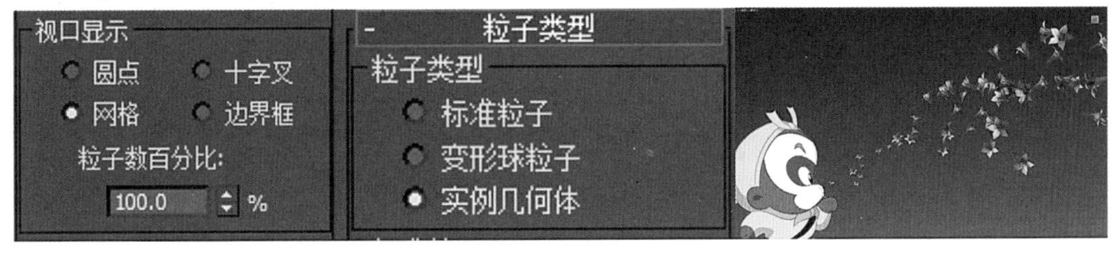

图6-8

6.4 钱币下落——暴风雪动画

6.4.1 实例简介

3ds Max粒子系统中的暴风雪粒子功能强大，可以轻松做出下雪、五彩粒子等效果，运用粒子替换的方法可以实现许多不同类型的精彩动画效果。本实例中将粒子用硬币替换，实现诸多硬币纷纷落下并滚动的效果。

6.4.2 实现步骤

（1）创建暴风雪粒子系统。在创建面板粒子系统中点击【暴风雪】，在顶视图布袋位置创建暴风雪图标，同时使用移动、旋转和比例缩放工具调整其位置和大小，使其置于布袋模型内部，方向线微微向下倾斜，对准斜坡板材。拨动时间滑块，会发现发射器发出的粒子直接穿过板材，如图6-9所示。

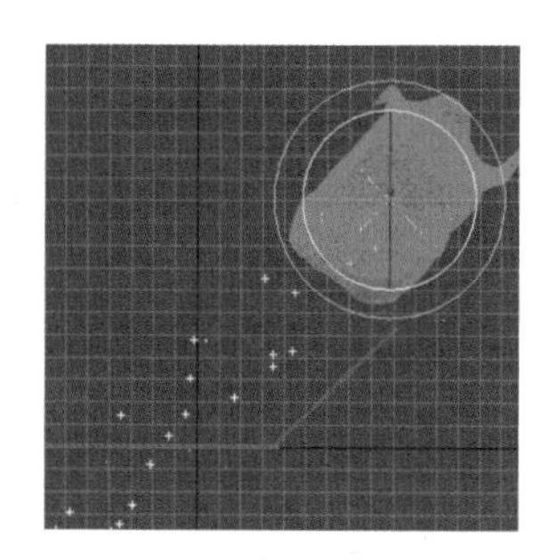
图6-9

（2）创建导向板。在创建面板空间扭曲下拉列表中选择【导向器】，选择【导向板】，在顶视图参照挡板大小绘制2块导向板，并使用旋转工具使一侧的导向板与斜坡处挡板平行，2块导向板应略高于挡板平面，然后使用【绑定到空间扭曲】命令，将粒子系统绑定到导向板上，如图6-10所示。

（3）加入重力，并调节导向板参数。在创建面板空间扭曲下拉列表中选择【力】，选择【重力】，在顶视图绘制重力图标，使用【绑定到空间扭曲】命令，将粒子系统绑定到重力上。调节导向板参数设置，反弹为0.7，变化为40%，混乱为60%，摩擦力为48%，重力强度为25，如图6-11所示。

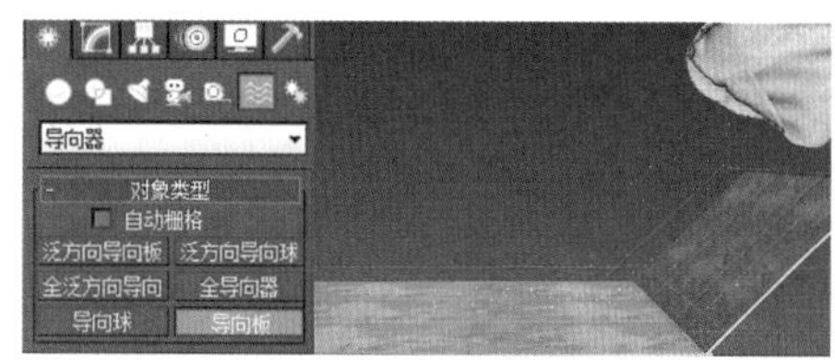

图6-10

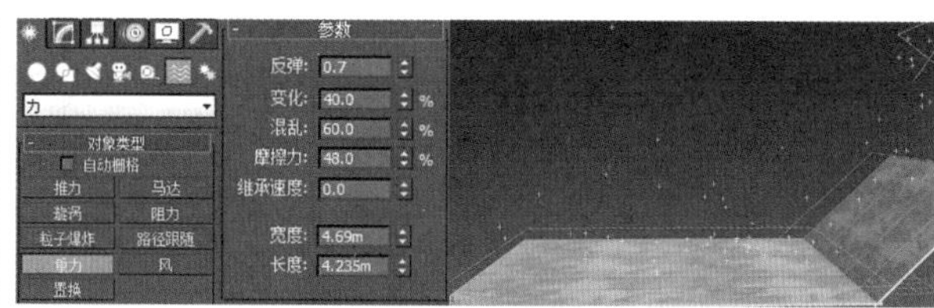

图6-11

（4）改变粒子类型。全部取消隐藏，场景中有一枚硬币，选择粒子，在参数修改面板【粒子类型】一栏中选择【实例几何体】方式，在【实例参数】中点击【拾取对象】，然后点击场景中的硬币模型，在【视口显示】中选择【网格】。点击硬币模型，点击右键选择【隐藏选定对象】，通过调节粒子大小，可以调节硬币尺寸，如图6-12所示。

超级喷射动画

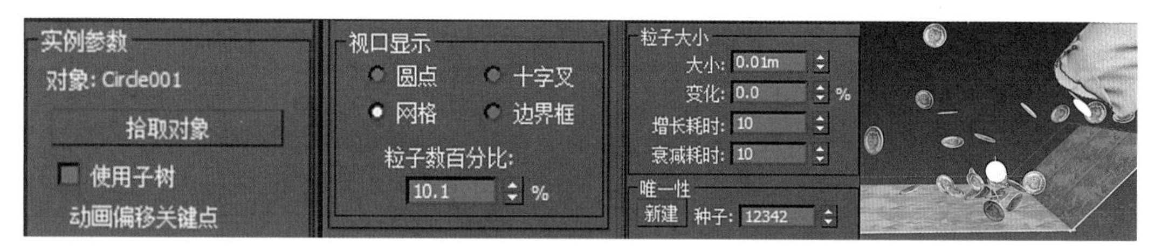

图6-12

6.5 粒子阵列动画

6.5.1 实例简介

粒子阵列可以创建出基于任何几何模型对象的粒子发散效果，如球体、长方体、平面或不规则几何模型，经常被用于创建爆炸效果。本实例中将以平面对象为发射媒介，并配合重力，创建出伞兵从空中纷纷落下的效果。

6.5.2 实现步骤

（1）在配套光盘中打开“粒子阵列—初始场景”文件。在顶视图创建平面，并在其他视图调节其高度，使其位于人物模型上方。在创建面板【粒子系统】中点击【粒子阵列】，在视图中创建粒子阵列图标，如图6-13所示。

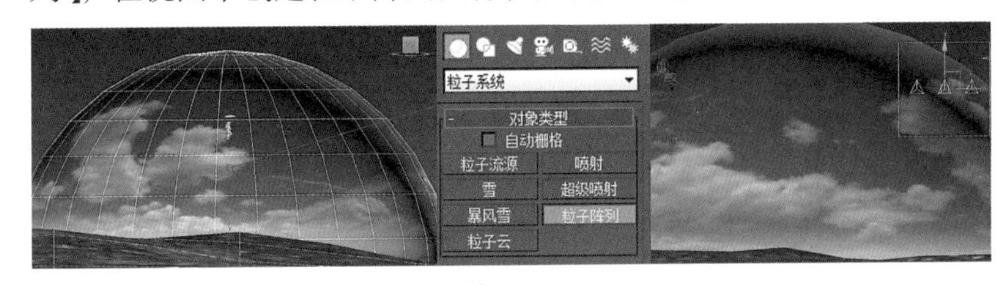

暴风雪动画

图 6-13

（2）设置并调整发射器。在视图中选择粒子阵列图标，在【基于对象的发射器】一栏中点击【拾取对象】按钮，然后点击视图中的平面物体，拨动时间滑块，会观察到有粒子从平面上发出，但方向向上。点击【镜像】按钮，将平面沿Z轴镜像，使粒子发射方向垂直向下，如图6-14所示。

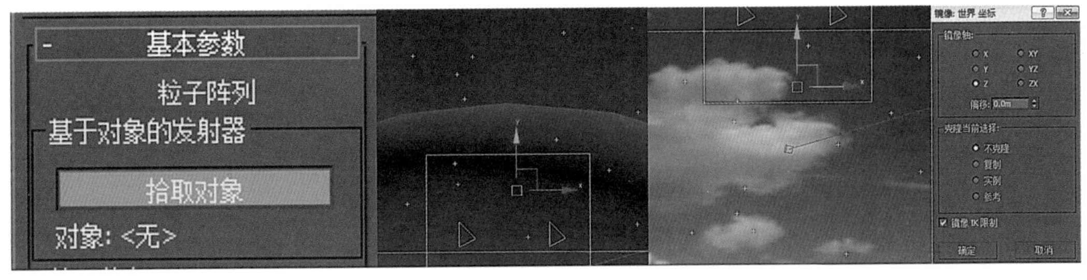

图 6-14

（3）设置粒子类型。在视图中选择粒子阵列图标，在【视口显示】中选择【网格】方式，在粒子类型中选择【实例几何体】，在视图中点击右键，在弹出菜单中选择【取消全部隐藏】，将伞兵模型显示出来。再次选择粒子阵列图标，在材质贴图和来源卷展栏中选择【实例几何体】，点击【材质来源】，然后在视图中点击伞兵模型，将作为发射器平面对象隐藏，拨动时间滑块，效果如图6-15所示。

粒子阵列动画

图6-15

6.6 思考与练习

1. 粒子喷射和超级喷射有什么不同？
2. 如何使粒子流受控于空间扭曲？
3. 请用粒子阵列创建一段爆炸动画效果。

6.7 单元测试

试题

第7章 大气特效与空间扭曲动画

7.1 本章概述

大气特效属于三维动画制作中的环境元素，是三维场景中烘托气氛的重要手段。3ds Max中的大气特效主要包括火效果、体积雾、体积光以及镜头光晕等，通过这些特效，可以模拟出火焰、云雾、烟尘以及爆炸等多种效果。而空间扭曲则可以通过恰当设置力、导向器、变形参数等，能创造出各种逼真的造型和动画效果。本章通过具体实例对这些内容加以介绍。

概述

7.2 火焰动画

7.2.1 实例简介

火焰动态效果的调节涉及的关键步骤主要有大气装置类型选择以及火焰参数的细致调节。本实例中将利用大气装置，通过调节火焰类型，火焰特性以及相位等参数，创建出火焰燃烧的动态效果。

7.2.2 实现步骤

（1）创建大气装置。打开“火焰动画—初始场景”文件，在创建面板辅助对象打开大气装置面板组，点击【球体Gizmo】，在任意视图中绘制一球形Gizmo线框，勾选球形Gizmo参数中的【半球】选项；同时利用选择并均匀缩放工具，在透视图中将半球沿Z轴方向拉伸，如图7-1所示。

（2）添加大气效果。选择球形Gizmo，进入修改面板，在大气和效果卷展栏中点击【添加】，在弹出的添加大气对话框中选择【火效果】，点击【设置】，在弹出的【环境和效果】卷展栏下点击【拾取Gizmo】；然后在场景中选择球形Gizmo，右键激活透视图，

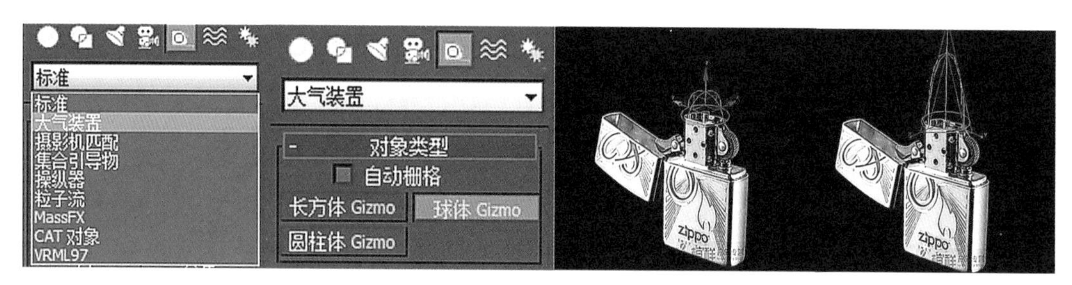

图 7-1

进行渲染测试，如图7-2所示。

图 7-2

（3）制作火焰动画。打开自动关键点记录，进入火效果参数设置面板，火焰类型设置为【火舌】，其余参数保持默认状态。将时间指针波动到第50帧，修改拉伸值为4.4，火焰大小40.75，火焰细节3.0，密度值40.5。拨动时间滑块到第100帧，修改拉伸值为50.9，火焰大小38，密度值20，火焰细节3.4，相位1.0，漂移0.5。打开渲染设置对话框，对活动时间段进行对话渲染，如图7-3所示。

火焰动画

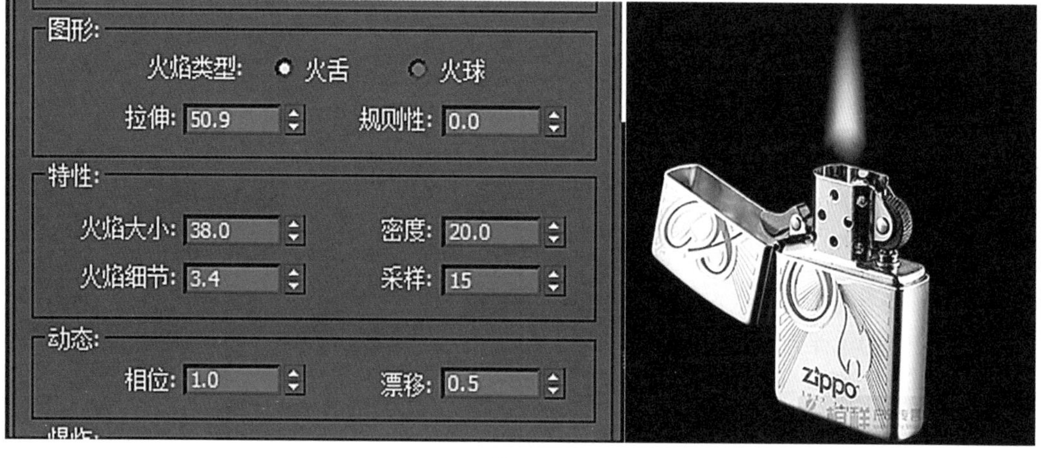

图 7-3

7.3 体积光动画

7.3.1 实例简介

体积光是灯光与其传输介质所共同形成的一种光照效果，尤其是灯光在空气或水中传播时，能形成光柱的视觉效果。体积光也经常被运用于投影机投射的仿真效果。本实例将利用3ds Max大气装置中体积光的功能制作出阳光透过窗格投射到地面的动态效果。

7.3.2 实现步骤

（1）场景常规布光。打开“体积光动画—初始场景”文件，会发现场景非常昏暗。在创建面板灯光选项组选择【泛光灯】，在场景中创建一盏泛光灯，在【强度/颜色/衰减】卷展栏中设置倍增值为0.3，颜色为白色，然后再以复制的方式，复制出另外2盏泛光灯，位置摆放如图7-4所示。

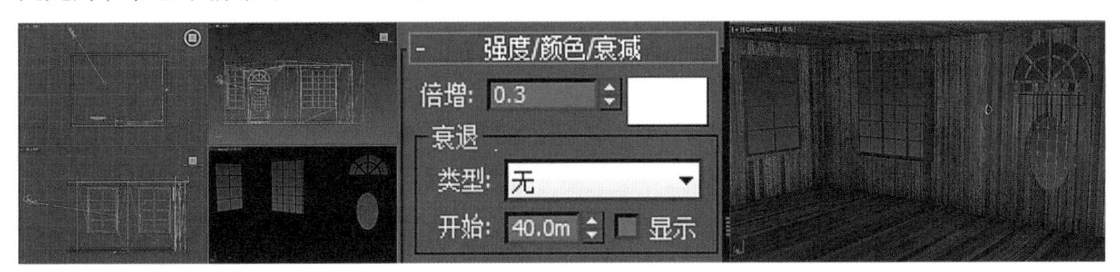

图 7-4

（2）创建目标平行光。在灯光创建面板，选择标准【目标平行光】，在视图中创建一盏目标平行光，设置强度倍增值为2.3；在【平行光参数】卷展栏中设置聚光区/光束为40m，衰减区/区域为50m，默认圆形光柱，如图7-5所示。

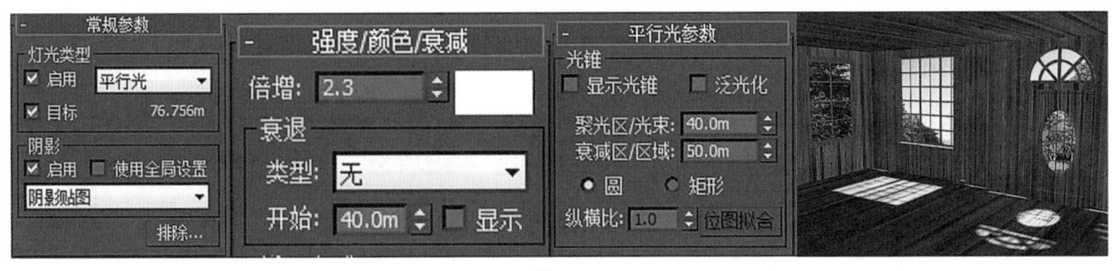

图 7-5

（3）加入体积光。在【大气和效果】卷展栏中点击【添加】按钮，在弹出的对话框中选择【体积光】并确定。在弹出的【设置】对话框中，展开【体积光参数】卷展栏中单击【拾取】按钮，然后在场景中拾取目标平行光，并将【密度】值调整为6.0。如图7-6所示。

体积光动画

（4）体积光动画制作。打开动画自动记录按钮，在第0帧、第50帧、第100帧分别将目标平行光高度移动3个不同位置，并对活动时间段进行动画渲染，如图7-7所示。

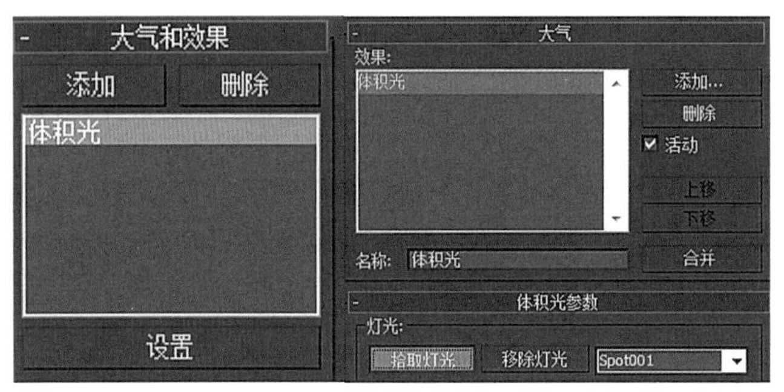

图7-6

图7-7

7.4 镜头光晕动画

7.4.1 实例简介

镜头光晕动画也称镜头效果动画，是3ds Max一直保留的一种环境设置特效。实现步骤与体积光类似，但具体镜头效果参数调节更加复杂，涉及光晕、光环、射线、光斑以及星形等多种参数，每个参数中又有强度、厚度等多个参数，更加精细的调节还涉及材质通道等内容。本实例将以参考图片为背景，在树冠缝隙间创建一处闪耀的光斑效果。

7.4.2 实现步骤

（1）打开“镜头光晕动画—初始场景”文件，单击灯光创建面板的【泛光灯】按钮，在透视图中创建一盏泛光灯，如图7-8所示。

（2）添加镜头效果。选择泛光灯，进入修改面板，展开【大气和效果】卷展栏，单击【添加】按钮，在弹出的对话框中选择【镜头效果】确定，如图7-9所示。

（3）【大气和效果】卷展栏中单击【设置】按钮，进入“环境和效果”设置界面，并勾选【交互】选项，如图7-10所示。

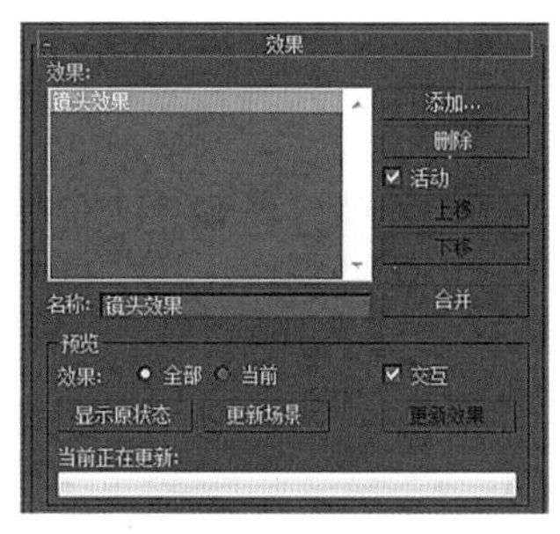

图7-8

图7-9

图7-10

（4）添加光晕效果并调节参数。进入“镜头效果参数”设置界面，选中【光晕】，单击添加■按钮，将光晕元素添加到右侧列表中。再进入【光晕元素】卷展栏，参照实时更新的渲染效果，调整光晕“大小”“强度”及“径向颜色”等参数，如图7-11所示。

（5）添加光环效果并调节参数。进入“镜头效果参数”设置界面，选中【光环】，单击添加■按钮，将光晕元素添加到右侧列表中。再进入【光环元素】卷展栏，参照实时更新的渲染效果，调整光环“大小”“强度”及“径向颜色”等参数，如图7-12所示。

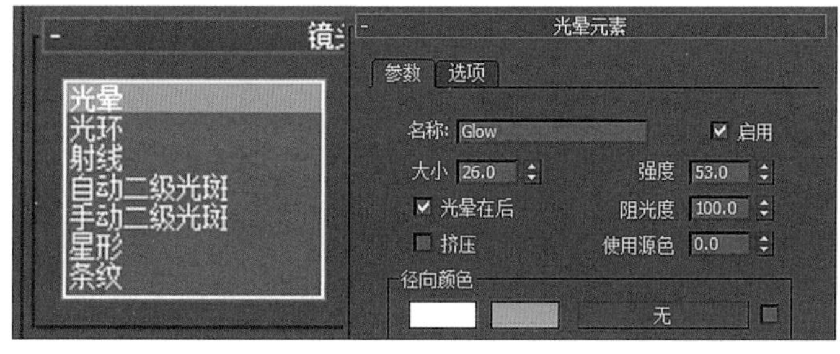

图7-11

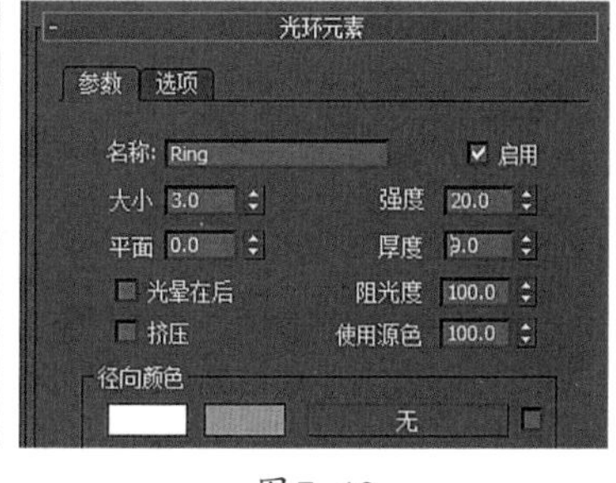

图7-12

（6）添加其他效果并调节参数。同上述方法类似，进入“镜头效果参数”设置界面，选中【射线】【星形】【条纹】等元素，单击添加■按钮，将其元素添加到右侧列表中。再进入各自卷展栏，参照实时更新的渲染效果，调整光环“大小”“强度”及“角度”“厚度”等参数，如图7-13所示。

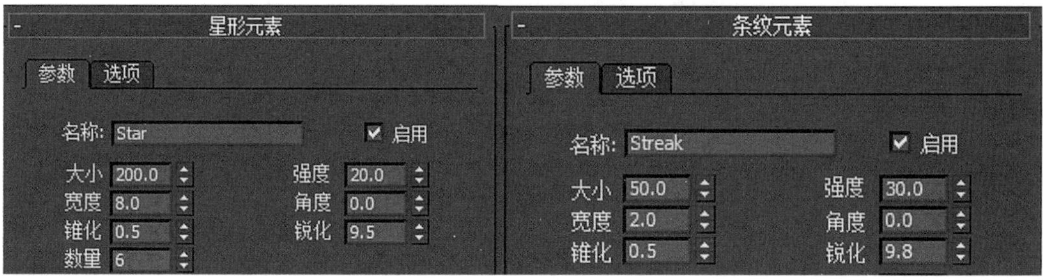

图7-13

（7）制作动画效果。打开动画自动记录按钮，在第0帧和第100帧手动设置关键帧，以保持上述参数设置效果，在第50帧更改各个效果参数，以达到光晕变换的绚丽效果，如图7-14所示。

镜头效果动画

图7-14

7.5 风力空间扭曲动画

7.5.1 实例简介

风力空间扭曲能够模拟日常生活中常见的多种自然现象，如风吹动旗帜、烟尘飘散、花草树木摇动等，甚至可以配合动力学工具制作出逼真的动力学仿真效果。本实例将以点带面地介绍如何将空间扭曲中的风力与柔体相结合，制作出小草被风吹动的效果。

7.5.2 实现步骤

（1）创建风力。打开“风力空间扭曲—初始场景”文件，在空间扭曲创建面板，展开下拉列表，选择【力】，单击【风】按钮，在左视图创建风力图标，使用镜像工具调整风力方向，如图7-15所示。

图7-15

（2）创建柔体。选中grass01小草模型，进入修改面板，点击柔体命令，为小草添加柔体修改，保持参数为默认，如图7-16所示。

（3）绑定风力空间扭曲。单击“绑定到空间扭曲”按钮，点击风力图标Wind001并拖动到小草grass01模型上释放鼠标，将二者绑定，如图7-17所示。

（4）添加风力到柔体修改器。单击小草grass01模型进入修改面板，在【力和导向器】卷展栏中“力”小窗口下点击添加按钮，然后在场景中单击风力Wind001图标，使小草受到风力影响，如图7-18所示。

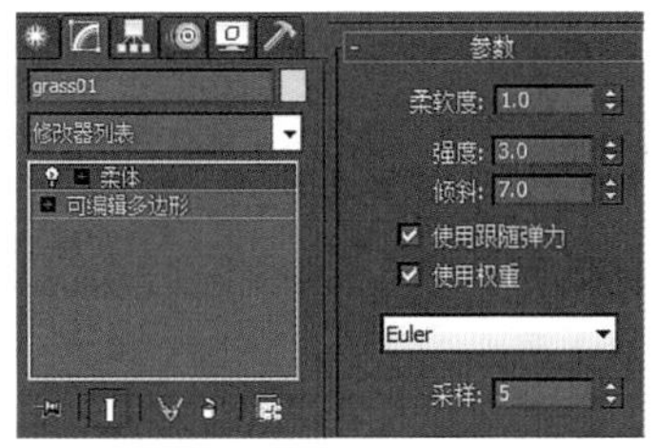

图7-16

图7-17

图7-18

（5）修改柔体参数。拨动时间滑块进行初步测试，能够观察到小草grass01有了微微的摇动，进入柔体【参数】卷展栏，设置柔软度为0.1，强度为0.2，倾斜为2.0，如图7-19所示。

（6）修改风力参数。打开动画记录按钮，在场景中单击风力Wind001图标，在第0帧、第50帧和第70帧，分别对强度、湍流和频率3个参数进行修改，如图7-20所示。

爆炸空间扭曲动画

（7）渲染动画。以同样的方法对小草grass02进行设置完成后，进入“渲染设置”面板，点选“活动时间段”，选择800×600渲染尺寸，对动画进行渲染，如图7-21所示。

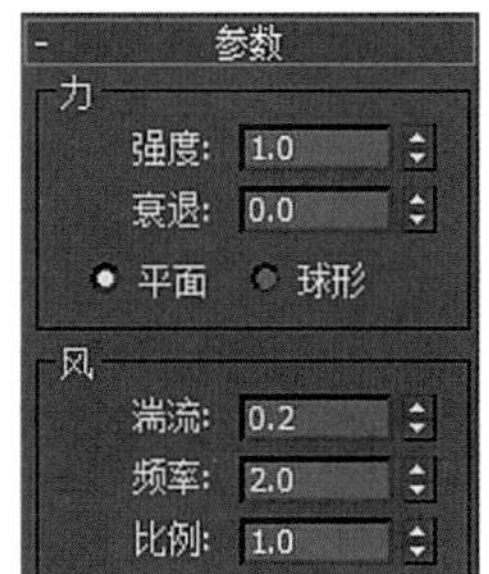

图7-19

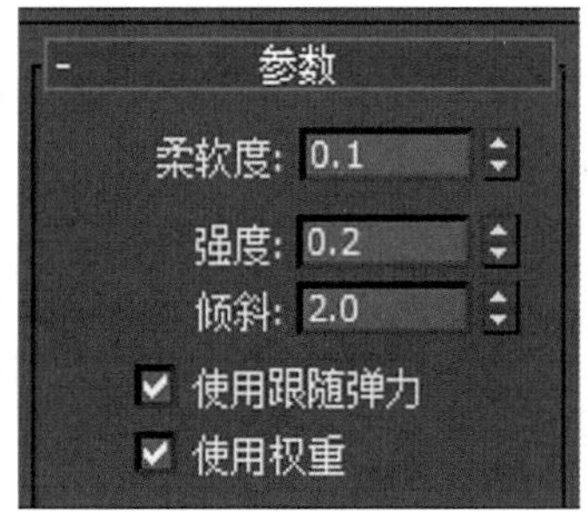

图7-20

图7-21

7.6 思考与练习

1.大气特效主要包括哪些效果?

2.空间扭曲中的几种导向器有什么差异?

3.请根据给定图片素材，通过创建大气装置，结合体积雾特效，合理设置其密度、噪波类型和阈值等参数，设计如图7-22所示效果，并导出动画视频文件。

图 7-22

导向板空间扭曲动画

7.7 单元测试

试题

第8章 Bone骨骼系统搭建

8.1 Bone骨骼系统简介

Bone骨骼系统简介

Bone骨骼是3ds Max的基本骨骼系统。自6.0版本以来，3d Max整合了Character Studio 中的Biped骨骼，并且后来又整合了CAT骨骼系统。Bone骨骼因其使用方便灵活的特性保留并延续至今。任何生物及非生物的模型都可以用Bone骨骼来搭建。Bone骨骼链之间存在着父子层级关系，可以使用正向或反向运动学的IK解算器为物体或角色设置层级动画。

8.2 Bone骨骼控制机械动画

8.2.1 实例简介

本实例根据机械模型形态，创建Bone骨骼，并对骨骼添加HI解算器，恰当设置父子链接关系和动画关键点，实现机械臂推拉动画。

8.2.2 实现步骤

（1）创建骨骼。打开模型场景文件，在【创建】面板中点击【系统】，再点击选择【骨骼】。场景切换到【顶视图】，首先创建机械夹子柄的骨骼，如图8-1所示。

场景切换到【左视图】，选中所有的骨骼，在左视图中调整一下创建的骨骼位置。场景再切换到【前视图】，首先点击手柄的骨骼关节处开始创建上夹子骨骼，在上夹子处创建两根骨骼，然后新创建的上夹子根骨骼会自动链接到手柄第二根骨骼关节处，将骨骼与模型准确对位，如图8-2所示。

点击手柄的第二根骨骼关节处，然后在这关节处创建下半部分夹子的两根骨骼。然后场景切换到透视图，观察所有骨骼位置是否与对应模型的位置相对位，如图8-3所示。

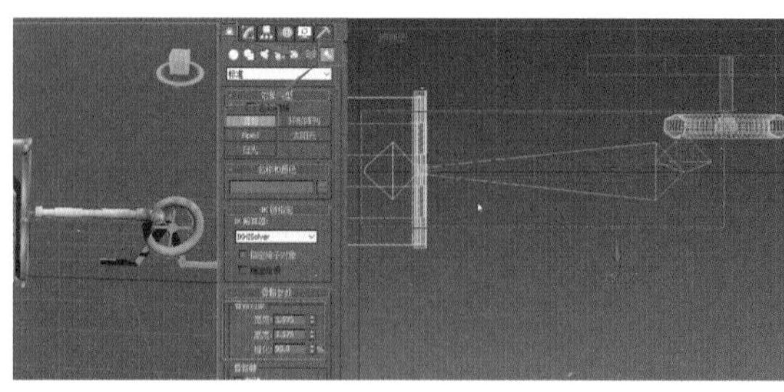

图 8-1

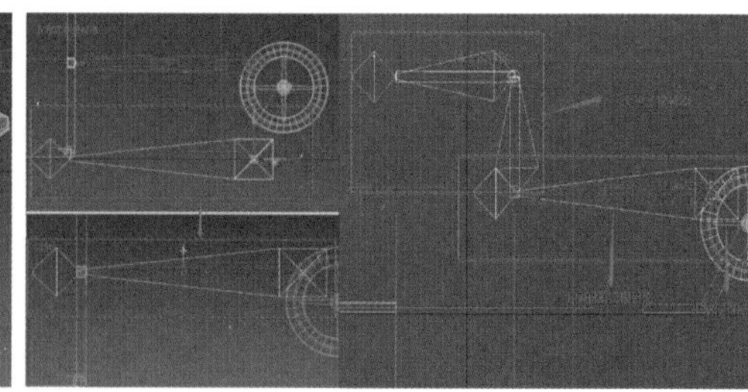

图 8-2

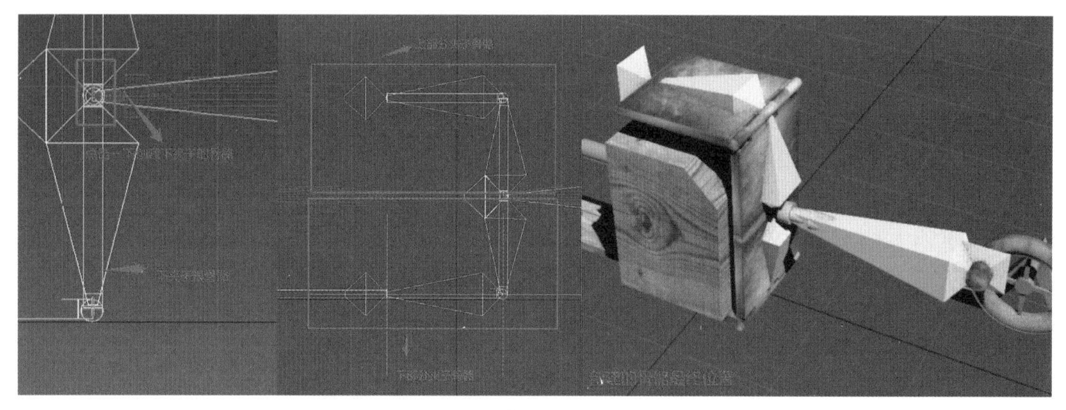

图 8-3

提示：Bone骨骼的总控制器是手柄的根骨骼。

（2）调整时间配置。在透视图中，首先在界面右下角，点击打开【时间配置】，在时间配置弹窗中把【结束时间】改为50，这样时间轴的时间就变为50帧。打开时间轴右下方的【自动关键点】，把时间滑块拖到第0帧，选中小圆盘的模型，按键盘上的K键，在第0帧给小圆盘打上一个关键点，如图8-4所示。

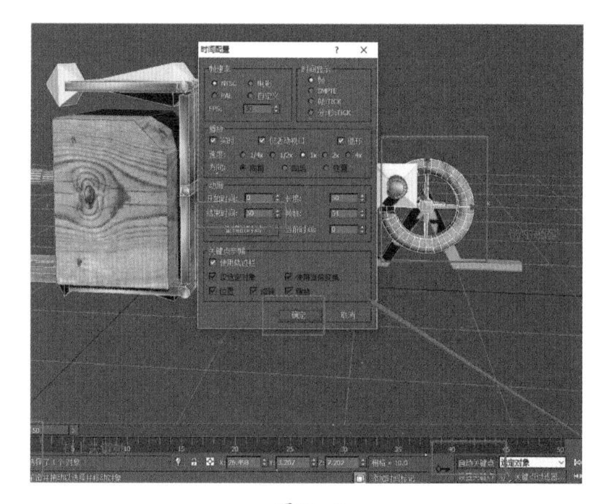

图 8-4

（3）制作小圆盘旋转动作。在工具栏中首先打开【角度捕捉切换】，单击右键出现角度捕捉弹窗，把角度改为360°。然后把时间滑块拖到第50帧位置，使用旋转工具把小转盘向右旋转一次，旋转一次就是旋转360°。这样在第50帧就生成一个关键点，旋转动画完成，如图8-5所示。

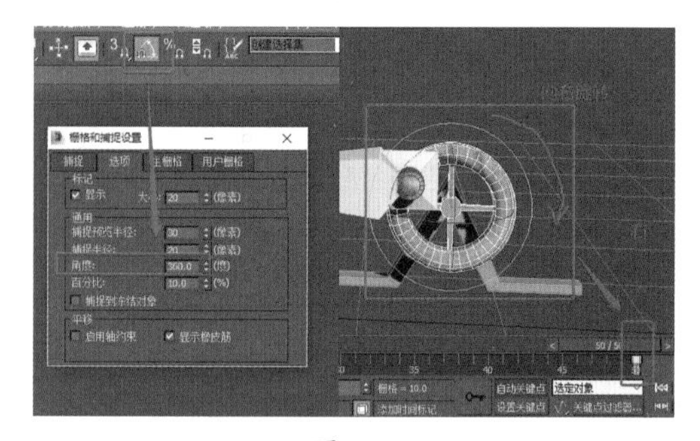

图 8-5

虽然旋转动画已经完成，但是它是一个减速的旋转。我们需要做的是一个匀速的旋转动画。因此，打开工具栏中的【曲线编辑器】，出现曲线编辑器弹窗，选择旋转的Y轴旋转，选中第50帧的关键点，然后选择曲线编辑器中的工具栏，点击【将切线设置为线性】，这样第50帧的曲线就变为直线了。同样操作修改第0帧的关键点，也将曲线变为直线。这样，小圆盘的匀速旋转动画就做好了，如图8-6所示。

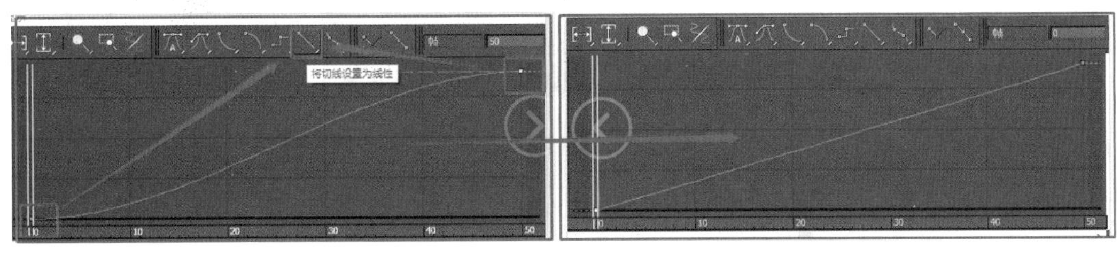

图 8-6

（4）创建虚拟对象。在【创建】面板中点击【辅助对象】下的【虚拟对象】，然后在场景中创建一个虚拟对象。把创建的虚拟对象对准小圆盘和手柄的连接处，对好手柄的根骨骼位置，如图8-7所示。

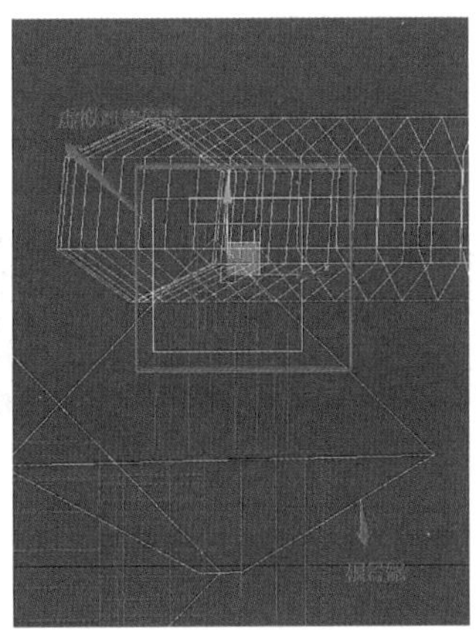
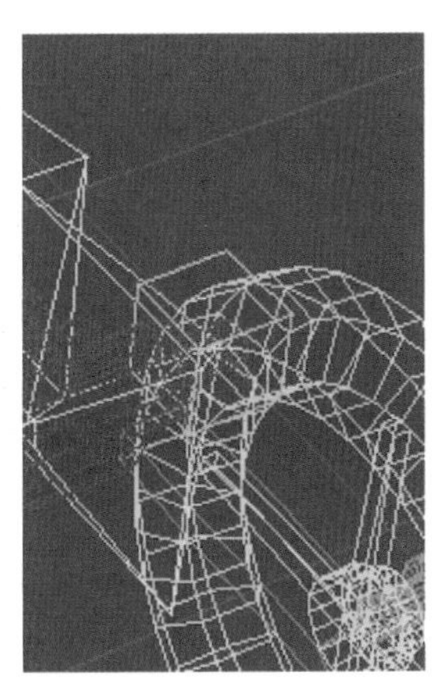

图 8-7

（5）链接骨骼。场景切换到左视图，在【左视图】中，依次选中每个模型，把相对应的模型链接给相对应的骨骼，让骨骼控制机械模型运动，如图8-8所示。

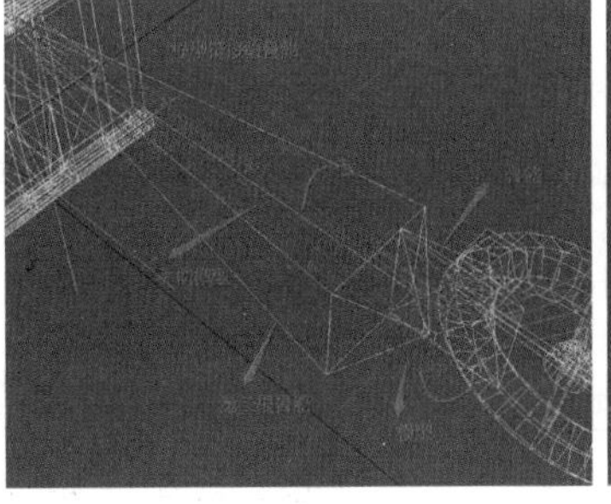
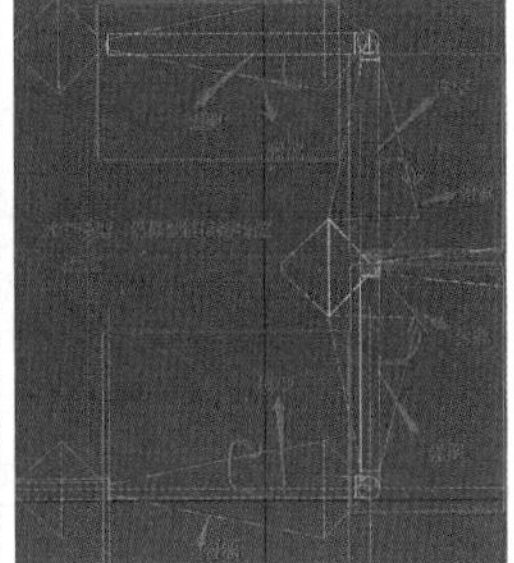

图 8-8

在工具栏中点击【选择并链接】，把手柄的根骨骼链接给虚拟对象，让虚拟对象控制整个机械夹子的运动。然后移动一下虚拟对象，如果整个骨骼跟着虚拟对象一起移动，代表链接已经绑定好了。最后再把总控制器的虚拟对象链接给小圆盘。让小圆盘控制整个机械夹子的运动，如图8-9所示。

提示：链接的关系是父级物体控制子级物体，所以在链接的时候是先选中子级物体，把子级物体链接给父级物体。而小圆盘就是最终的父级物体，它控制着整个机械夹子的运动。

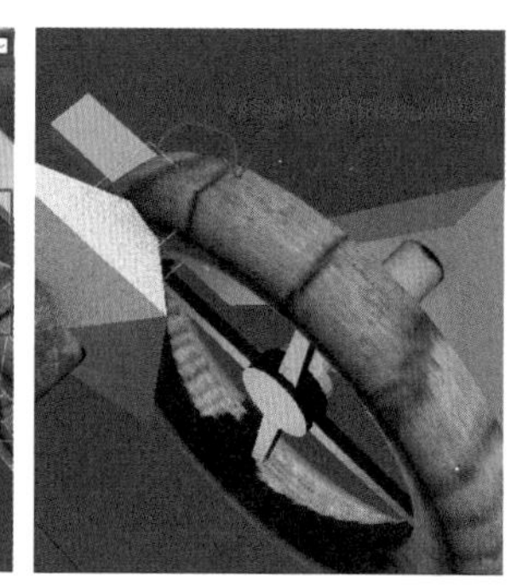

图8-9

链接完所有的模型和骨骼之后，把时间滑块拖到第0帧的位置。先在场景中选中下夹子的第三根骨骼，然后在菜单栏中选择【动画】，点击【IK解算器】中的【HI解算器】。接着，在场景中把下夹子的第三根骨骼链接给下夹子的第二根骨骼，这时会出现一个十字的虚拟对象，代表链接成功。再选中下夹子的第二根骨骼，把下夹子的第二根骨骼链接给手柄的第二根骨骼，这样机械夹子的IK就绑定好了，如图8-10和图8-11所示。

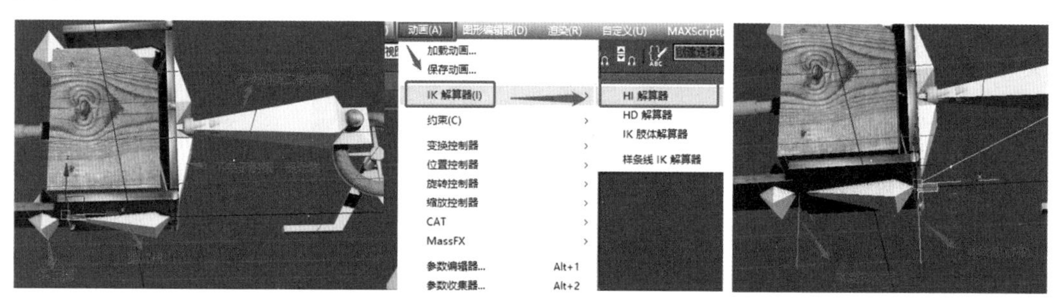

图8-10　　　　图8-11

（6）制作木头移动动作。在场景中选中木头和木头支架，然后选择【组】，给木头和支架打一个组。打组的目的是方便做移动动画。选择木头组，打开自动关键点，把时间滑块拖到第0帧，在第0帧给木头组打上一个关键帧；然后把时间滑块拖到第15帧，机械夹子向右运动旋转，这时候木头向左移动一定距离，让上部分机械夹子模型不会穿到木头模型上。在第35帧时，机械夹子张开到最大，木头又向前移动到夹子内。第50帧时，木头回到初始状态，第50帧和第0帧的关键帧是相同的，如图8-12所示。

Bone骨骼控制机械动画

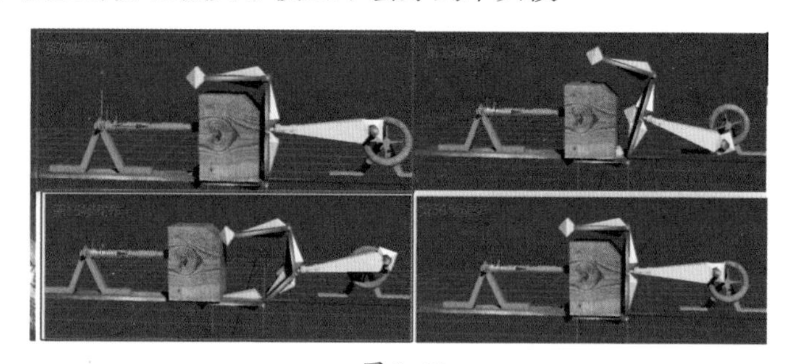

图8-12

8.3 Bone骨骼控制肢体动画

8.3.1 肢体Bone骨骼搭建

（1）打开肢体模型文件，场景切换到左视图。在【创建】面板中点击【系统】，然后再点击【骨骼】。在左视图中，鼠标移动到手臂的根部位置，在手臂根部的位置开始创建三根手臂骨骼，如图8–13所示。

场景切换到【透视图】，选中根骨骼，使用移动旋转工具对位好肢体模型。为了方便后期做动画，骨骼关节处需要对准模型关节处，如图8–14所示。

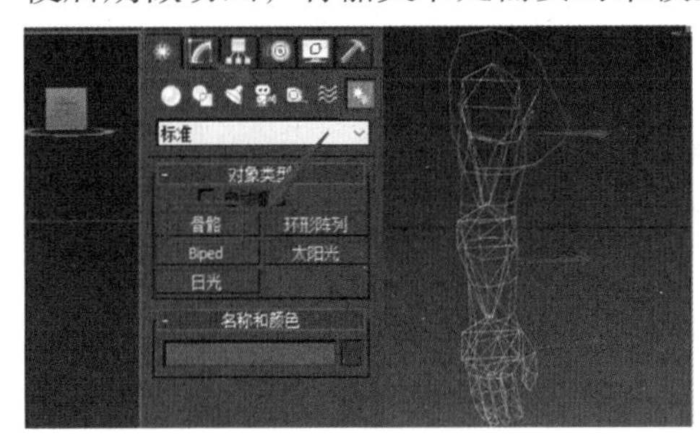

图8–13

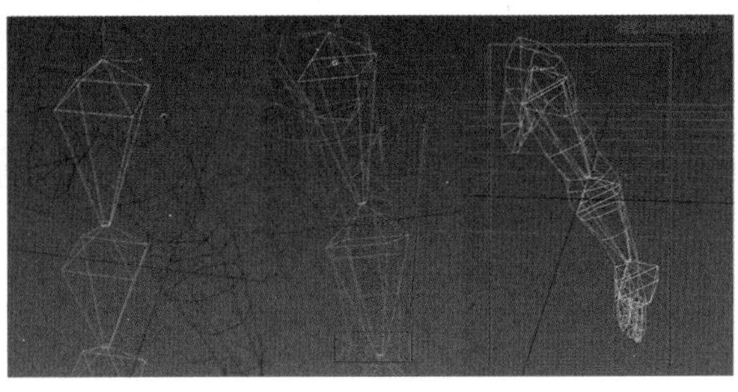

图8–14

（2）添加蒙皮。选中肢体模型，在软件右边选择【修改】面板，点击【修改】面板的下拉按钮找到【蒙皮】选项，再点击鼠标左键确定。然后在【修改】面板中就出现了蒙皮选项。这样蒙皮就加载完成了，如图8–15所示。

（3）给蒙皮添加骨骼。选中肢体模型，在【修改】面板中的蒙皮列表下面找到【骨骼】，点击【添加】，出现【选择骨骼】弹窗。按住键盘上的Ctrl + A全选所有骨骼，再点击【确定】。蒙皮列表下出现Bone001到Bone003骨骼，手臂模型的初始蒙皮就做好了，如图8–16所示。

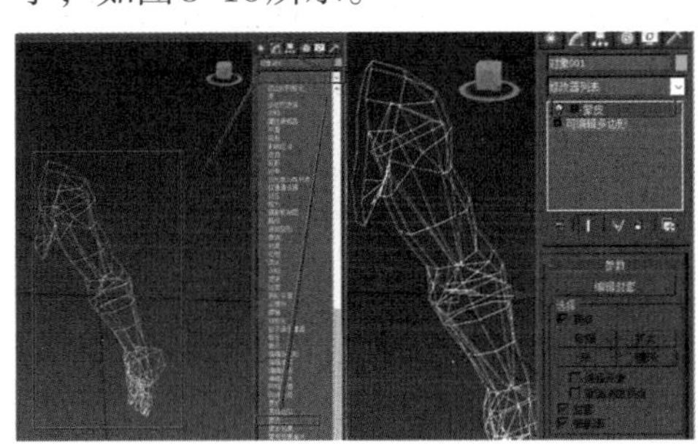

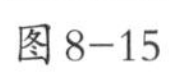

图8–15

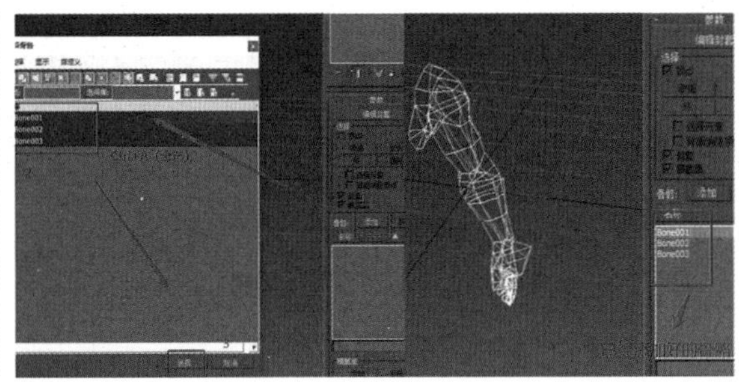

图8–16

（4）检查权重。打开蒙皮加号下拉选项，点击【封套】；然后在【参数】下勾选顶点，接着打开【权重工具】，会出现权重工具弹窗，如图8–17所示。

选中Bone001的骨骼线，检查上臂是否完全受Bone001控制。首先在【显示】面板中勾选骨骼对象，暂时隐藏所有骨骼，这方便观察蒙皮权重。然后回到【修改】面板中点击【封套】，选择Bone001骨骼线，看到上臂有一个红色到蓝色的渐变颜色。这说明红色部分是完全受Bone001骨骼控制，权重值为1，而蓝色部分控制的程度最少，没有颜色代表不控制。观察Bone001的初始蒙皮，发现初始蒙皮状态很好，基本不用调整权重，如图8-18所示。

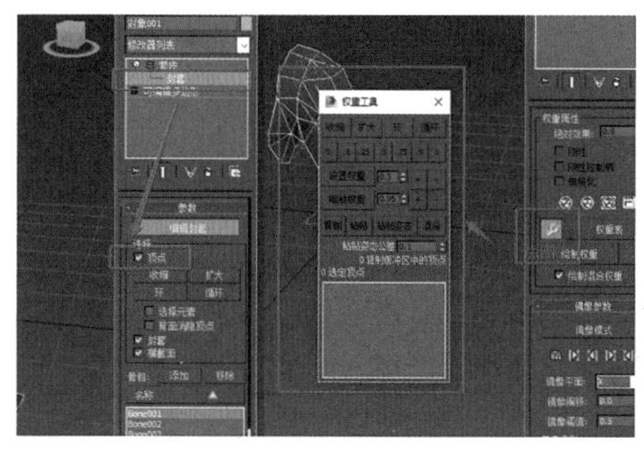

图8-17

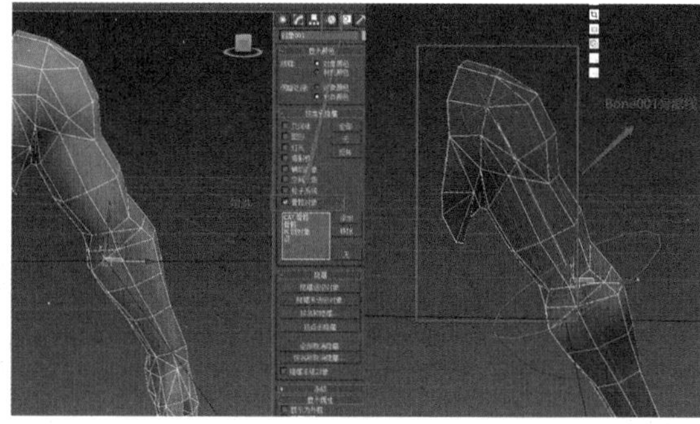

图8-18

选中Bone002骨骼线，Bone002也是渐变控制，但其骨骼封套控制到手掌的位置，属于越界控制。因此，选中手掌部分的顶点，将手掌顶点部分的权重设置为0，这样手掌就不受Bone002骨骼控制，如图8-19所示。

调整完Bone002骨骼权重后，选中Bone003手掌处的骨骼线，此时，手掌基本完全受Bone003骨骼控制。但是Bone003仍然控制到Bone002手臂位置的顶点，因此选中受控制的Bone002处顶点，给予权重为0，这样所有的权重就都分配好了，如图8-20所示。

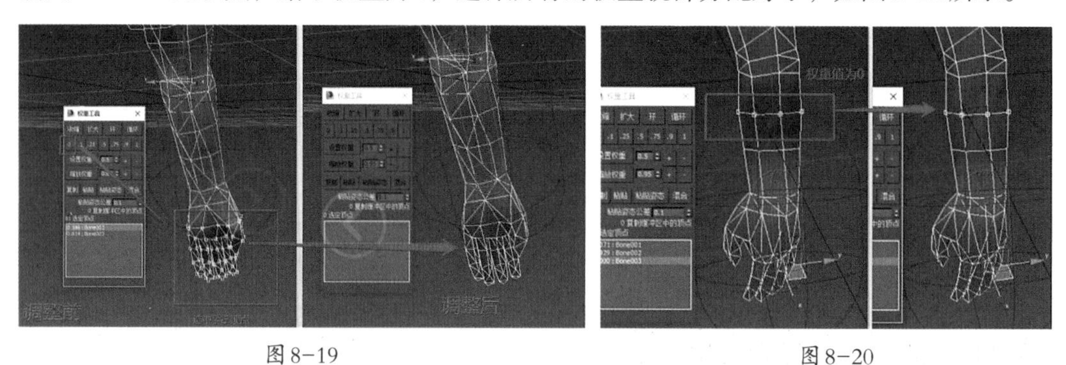

图8-19　　图8-20

8.3.2 设置IK链接约束

（5）添加IK链接约束。首先在【显示】中去掉骨骼对象框勾选，以显示骨骼。然后在场景中选中Bone001骨骼，在菜单栏中点击【动画】，再选择【IK解算器】中的【HI解算器】。接着，回到场景中把Bone001链接给Bone003骨骼，在Bone003骨骼关节处会出现一个十字叉的虚拟对象，这样就完成了IK链接约束，如图8-21，8-22所示。

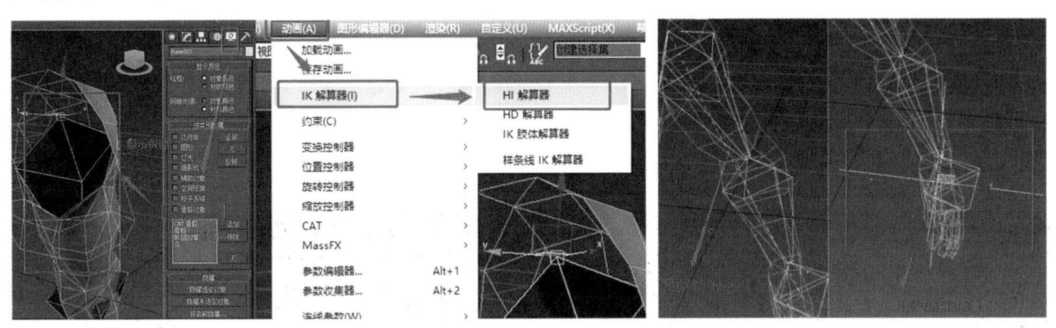

图8-21　　图8-22

8.3.3　制作肢体动作动画

（6）制作肢体动画。首先打开【自动关键帧】激活时间轴。在时间轴上把时间滑块移动到第0帧，时间轴的帧数可以默认为100帧。在场景中选中IK十字叉，在第0帧处按键盘上的K键给十字叉打上一个关键帧。然后把时间滑块拖到第20帧，在第20帧处将肢体微微抬起向前。在第35帧处将整个手臂抬起弯曲向后移动。在第50帧处手臂开始向后落下，在第70帧处向前伸展，在第85帧向后运动，第100帧回到初始状态，如图8-23所示。

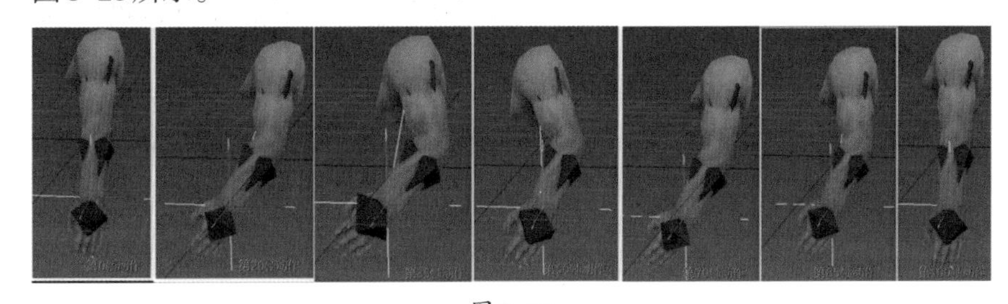

图8-23

Bone骨骼控制肢体动画

8.4　设置步行关键帧动画

8.4.1　建立肢体骨骼

（1）创建骨骼。打开模型文件，可以看到场景中有一个卡通角色。首先将场景切换到【左视图】，在【创建】面板中点击【系统】，然后再点击【骨骼】。在左视图中，鼠标移动到大腿位置，在大腿根部位置开始创建Bone001、Bone002、Bone003骨骼。创建的骨骼关节处必须对准模型的关节处，如图8-24所示。

提示：创建Bone骨骼的腿，在Bone001和Bone002的关节处应略微向前弯曲一点，如果是笔直地创建骨骼，大腿膝盖的方向在后期做动画的时候会发生改变。

（2）骨骼对位模型。在左视图创建完骨骼之后，按键盘上的P键，场景切换到【透视图】，首先选中Bone001根骨骼，整体移动骨骼位置，骨骼对位左腿模型，如图8-25所示。

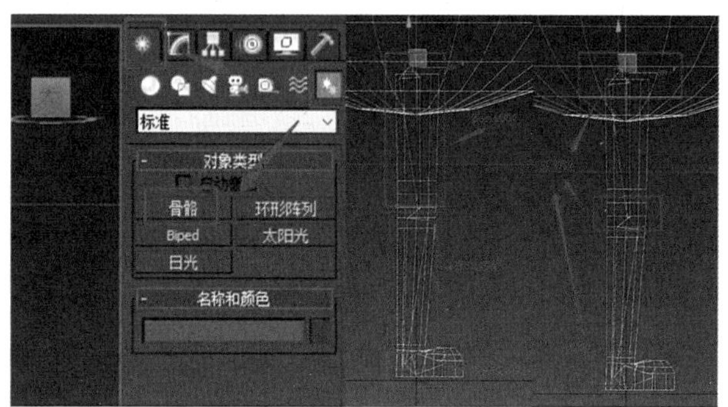

图8-24

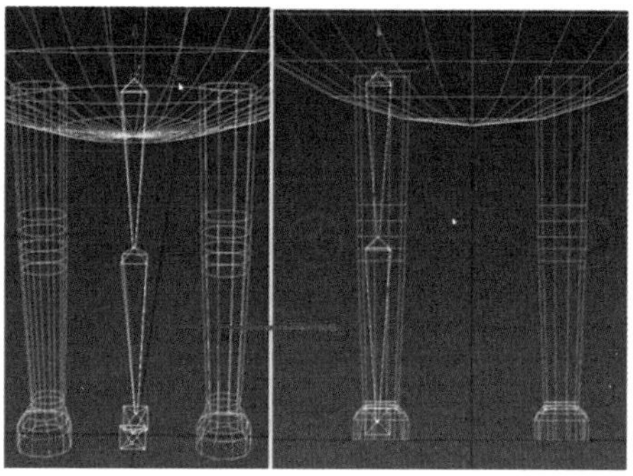

图8-25

（3）复制骨骼。选中左腿的Bone001根骨骼，双击鼠标左键全选所有骨骼，按键盘上的Shift键不放，出现【克隆选项】弹窗。选择【复制】，副本数为1，然后点击确定复制骨骼，最后选中复制的骨骼，把复制的骨骼对位好右腿模型，如图8-26所示。

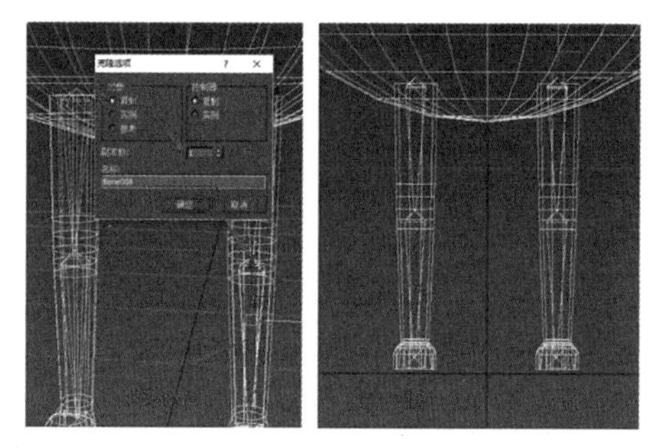

图8-26

8.4.2 制作控制器

（4）创建虚拟对象。选择【创建】面板，点击【辅助对象】中的【虚拟对象】，将场景切换到【左视图】，在角色的腿部创建一个和脚掌差不多大小的Dummy001虚拟对象。然后场景再切换到透视图，把Dummy001虚拟对象对准左腿的脚掌位置。选中Dummy001虚拟对象，复制Dummy001虚拟对象。选中复制的Dummy002虚拟对象，把Dummy002虚拟对象对位到右腿上。最后在圆形身体创建Dummy003虚拟对象，把Dummy003虚拟对象对位在身体位置，如图8-27所示。

（5）链接虚拟对象。首先选中身体模型，在工具栏中点击【选择并链接】，然后在场景中把模型链接给Dummy003虚拟对象，这样身体模型就会跟随Dummy003虚拟对象运动。然后选中左腿的Bone001根骨骼，按键盘上Ctrl键不放，加选右腿的Bone005根骨骼，把Bone001和Bone005骨骼链接给Dummy003虚拟对象。这样就完成了腿和身体的链接控制。

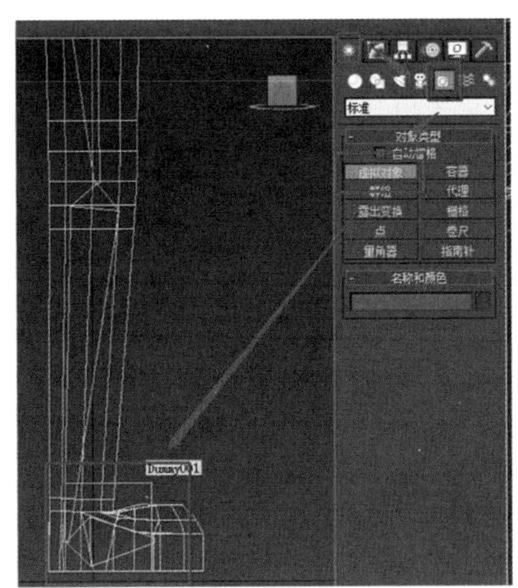
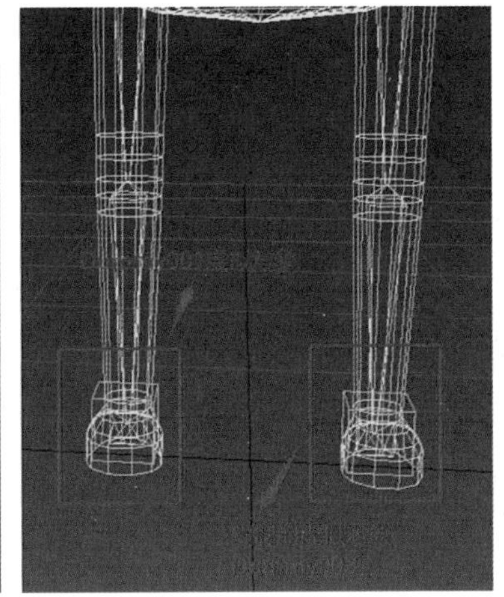
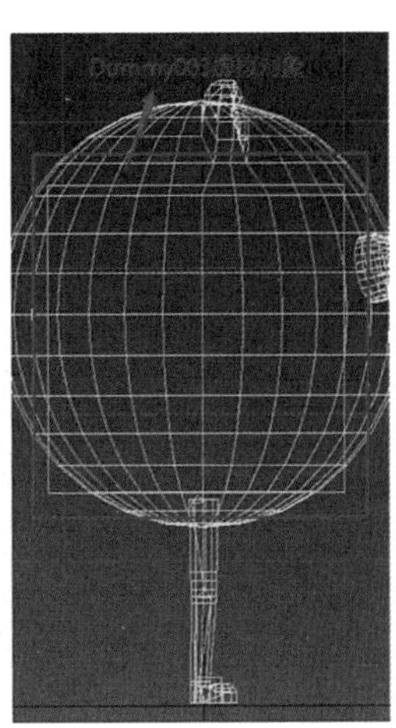

图8-27

提示：Dummy003虚拟对象是控制身体和腿的总控制器，即身体重心，如图8-28所示。

（6）添加IK链接约束。按键盘上的F3，以线框显示场景中所有的物体，选中左腿的Bone003骨骼。然后在菜单栏中点击【动画】，再选择【IK解算器】中的【HI解算器】。在场景中把Bone003骨骼链接给Bone001骨骼后，在Bone003的位置生成一个十字虚拟对象IK Chain001。同理，选中右腿的Bone007骨骼，把Bone007骨骼链接给Bone005骨骼，在右腿的Bone007骨骼位置出现一个十字虚拟对象IK Chain002。这样两条腿的IK链接就都完成了，如图8-29所示。

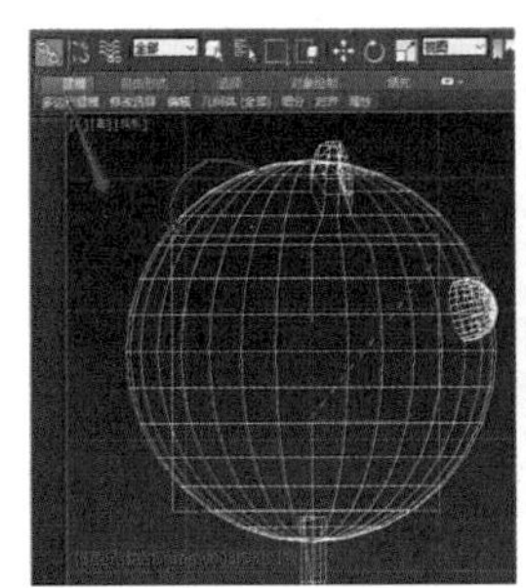
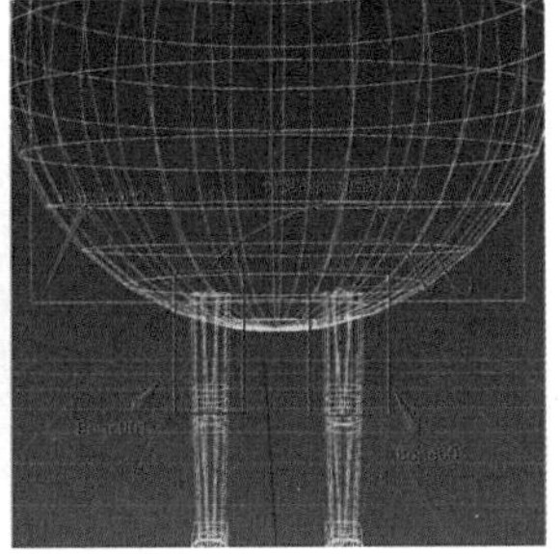

图8-28

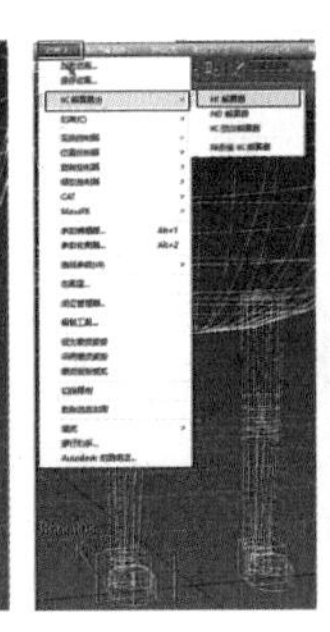
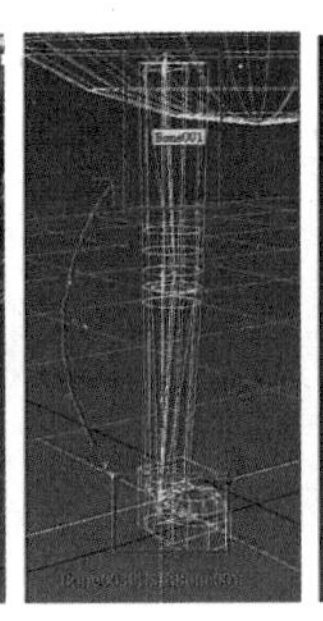
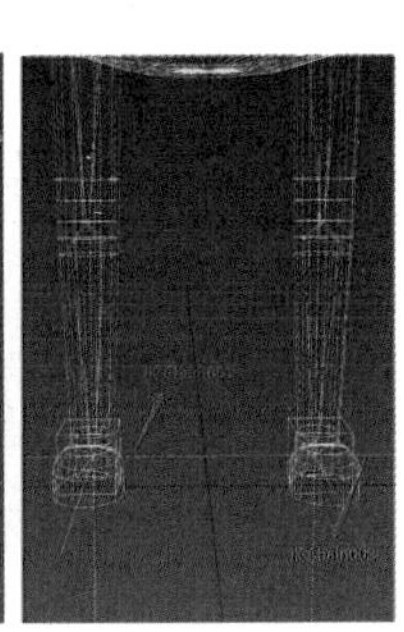

图8-29

8.4.3 利用关键帧制作肢体动画

（7）添加蒙皮。选中腿的模型，在软件右边选择【修改】面板，点击【修改】面板的下拉按钮找到【蒙皮】选项，再点击鼠标左键确定。然后在修改面板中就出现了蒙皮选项。这样蒙皮就加载完成了，如图8-30所示。

（8）给蒙皮添加骨骼。选中腿部模型，在【修改】面板中的蒙皮列表下面找到【骨骼】，点击【添加】，出现【选择骨骼】弹窗。按键盘上的Shift键不放，选择Bone001到Bone007骨骼，再点击【选择】，蒙皮列表下便出现Bone001到Bone007的骨骼。这样就完成了两条腿的初始蒙皮，如图8-31所示。

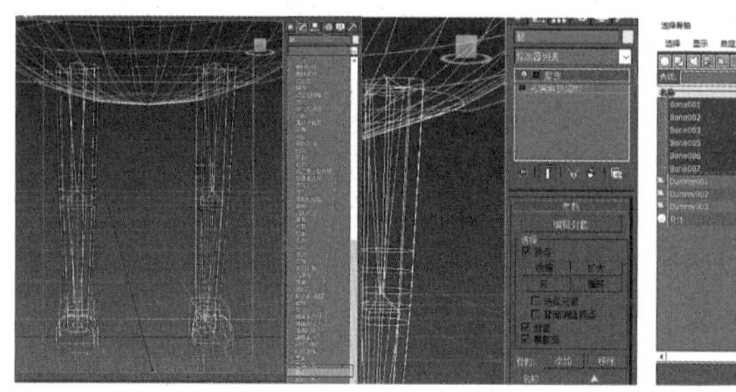

图 8-30

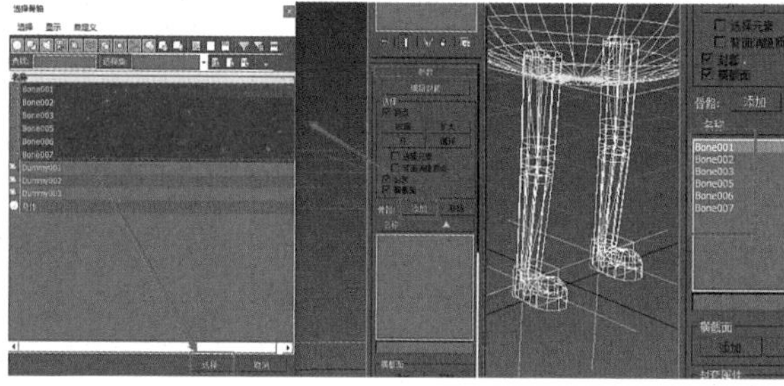

图 8-31

（9）检查权重。打开蒙皮加号下拉选项，点击【封套】，然后在【参数】下勾选【顶点】。然后打开【权重工具】，出现权重工具弹窗。选中左腿的Bone001骨骼，观察Bone001的权重，发现Bone001骨骼的蒙皮不用调整，初始蒙皮蒙得很好，如图8-32所示。

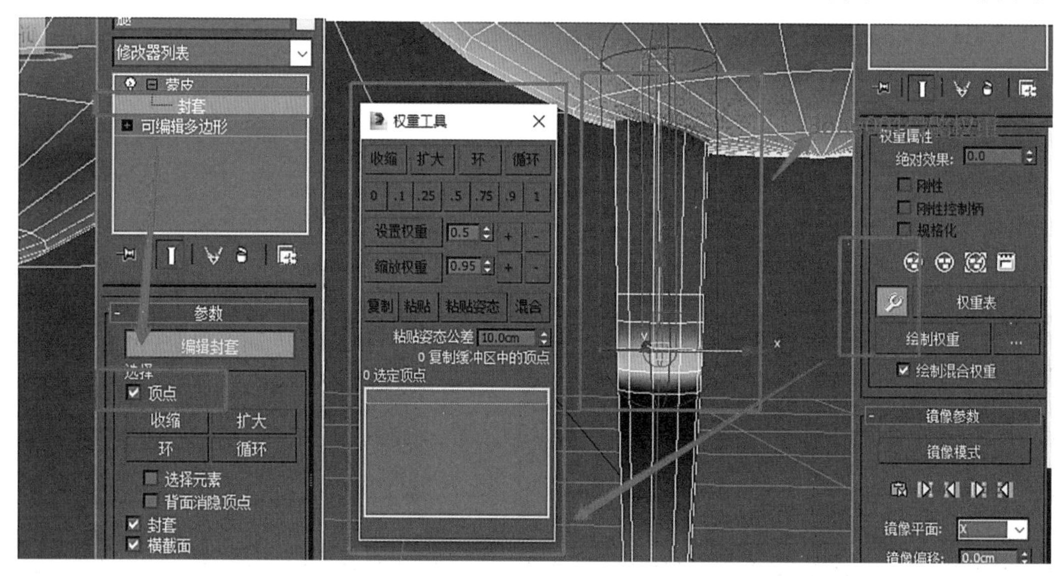

图 8-32

选中Bone002骨骼，Bone002骨骼需要调整一下权重值，选中小腿的上下两处顶点，把权重值指定为1，如图8-33所示。

选中左腿的Bone003骨骼，将Bone003位置的脚掌顶点的权重值也变为1。选中右腿的Bone005骨骼，Bone005的骨骼权重不用调整，如图8-34所示。

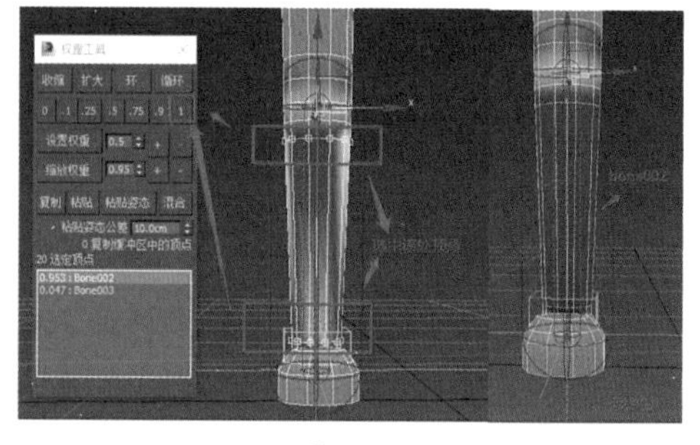

图 8-33

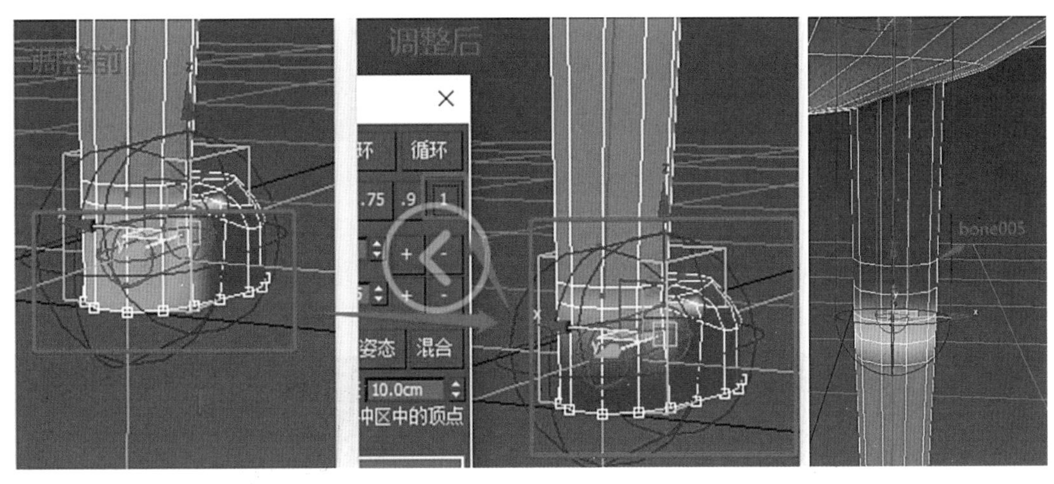

图 8-34

选中Bone006骨骼，将Bone006骨骼处的小腿顶点权重值也指定为1。再选中Bone007骨骼，同样给Bone007处的右腿脚掌权重值设为1，其他权重不变，如图8-35所示。

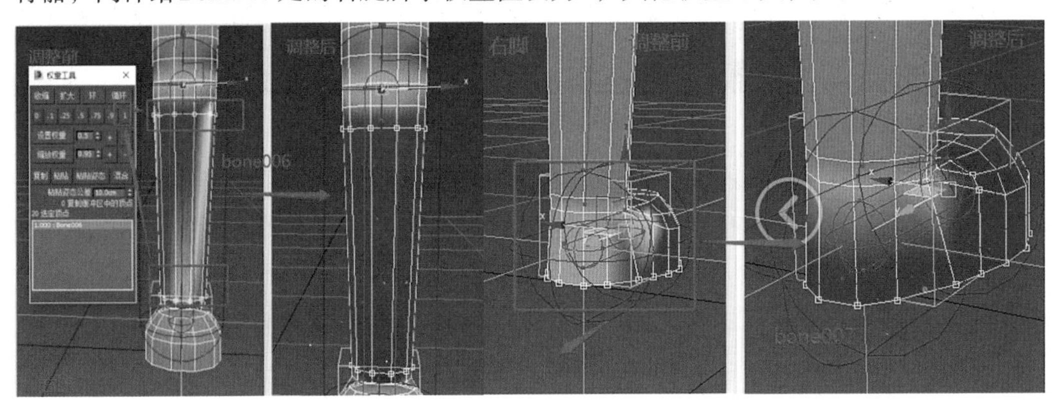

图 8-35

（10）制作带位移的走路动作。打开【自动关键点】，激活时间轴。把【时间配置】中的结束时间改为50，然后点击确定。选中Dummy001、Dummy002、Dummy003虚拟对象，把时间滑块移动到第0帧，按键盘上的K键在第0帧给所有的虚拟对象打上一个关键帧。第0帧的腿就保持直立不变，如图8-36所示。

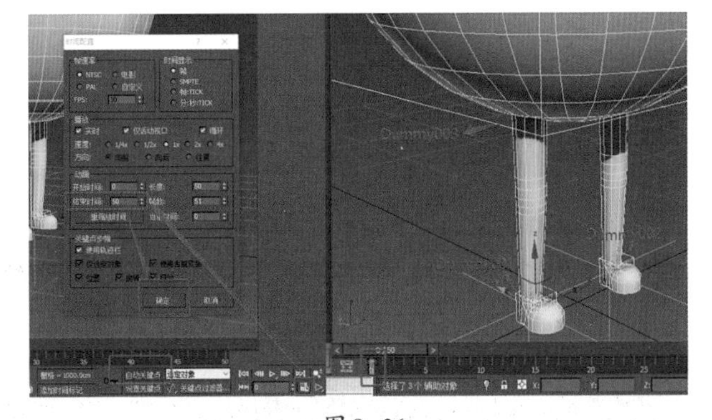

图 8-36

场景切换到左视图，把时间滑块移动到第5帧。选中左脚的Dummy001虚拟对象，左脚向前抬起一点高度，右脚原地直立不变。把时间滑块移动到第10帧，卡通角色的重心向前移动一点。左脚继续向前抬起，重心向前；右脚向前略微弯曲。把时间滑块移动到第15帧，重心向下，且再向前移动一点。此时左脚向前，脚跟落地，脚尖抬起，腿略微弯曲；右脚根据重心向前弯曲且脚尖踮起踩在地面上，脚跟抬起。把时间滑块移动到第20帧，重心向前移动一点。左脚弯曲向前，完全踩踏地面；右脚抬起向前移动，如图8-37所示。

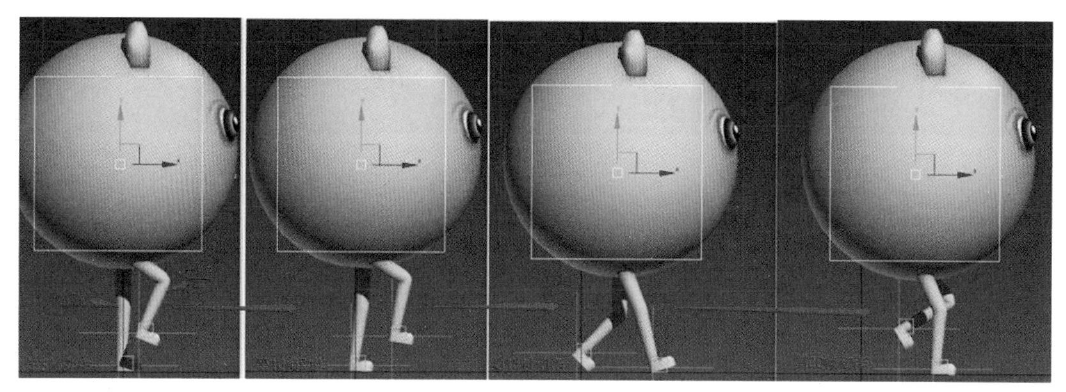

图8-37

把时间滑块移动到第25帧，第25帧的动作和第5帧相反。此时左腿直立踩踏地面，右腿抬起向前移动一点。重心向前和左腿位置保持一致，重心的高度和第0帧相同。把时间滑块移动到第30帧，重心向前向下一点，右腿继续抬起向前移动，左腿重心向前略微弯曲。把时间滑块移动到第35帧，第35帧的重心和第15帧相同，重心向前向下。此时重心处于最低点，右腿弯曲向前，脚跟踩踏地面，脚尖踮起；左腿抬起向前，脚尖点地，脚跟抬起，如图8-38所示。

把时间滑块移动到第40帧，重心向前移动，抬起一点高度。右腿向前踩踏地面，微微弯曲，左腿向前抬起一定高度。把时间滑块移动到第45帧，重心向前抬起，右腿微微弯曲直立踩地，左脚向前抬起并且向下一点。把时间滑块移动到第50帧，重新向前，重心高度和第0帧一样，整个身体的动作也和第0帧一样。两只脚都直立踩踏地面，如图8-39所示。

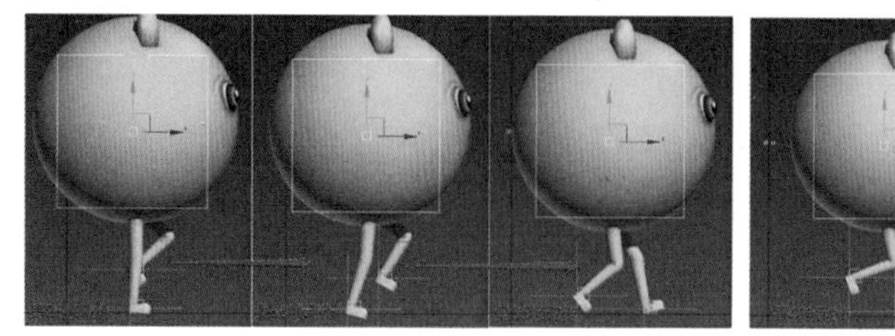

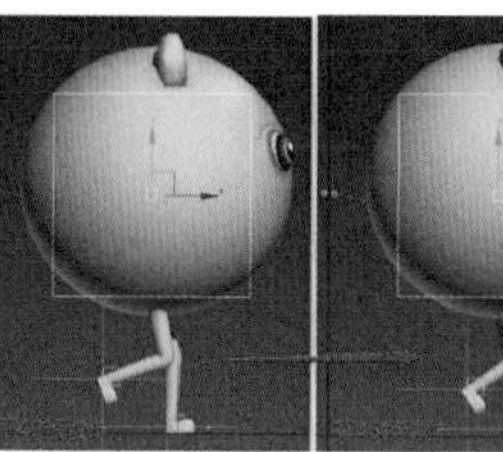

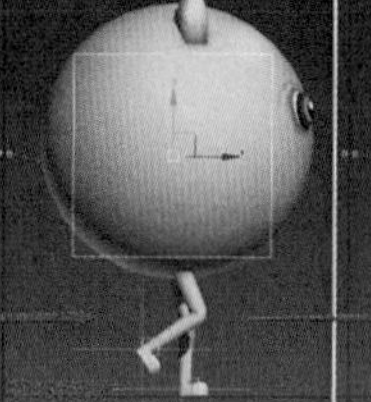

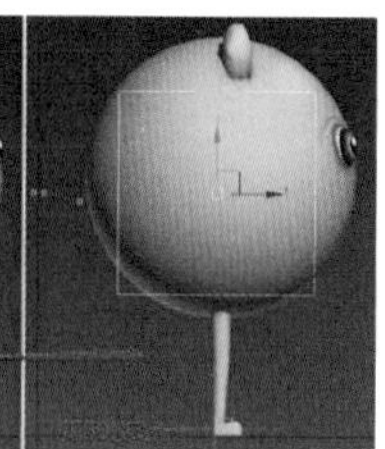

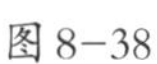

图8-38

图8-39

（11）重心运动轨迹变化，如图8-40所示。

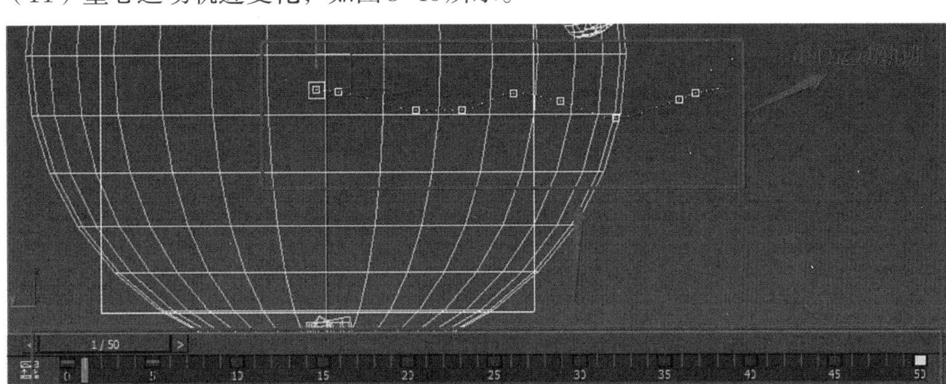

图8-40

（12）制作身体的起伏变化。选中身体的模型，在第0帧打上一个关键点。然后把时间滑块拖到第10帧，选择缩放工具，在左视图中把身体向下压扁一点点。把时间滑块拖到第20帧，身体在第10帧的基础上拉高一点，到第30帧再压扁，第40帧拉高。复制第0帧到第50帧，这样卡通角色的身体就有了一个Q弹的变化，如图8-41所示。

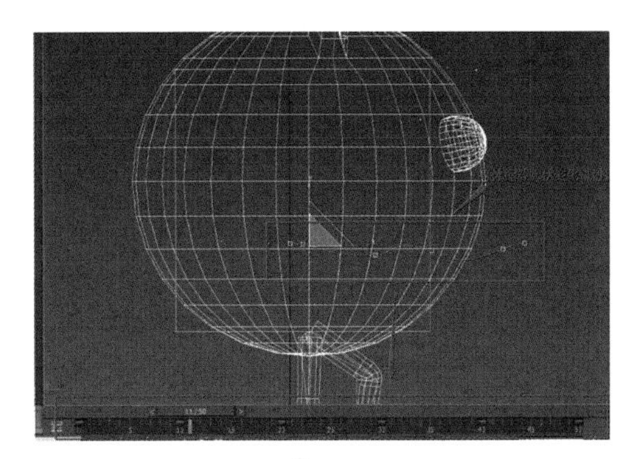

图8-41

设置步行
关键帧动画

8.5 思考与练习

1. 请简述Bone骨骼的特点。
2. Bone骨骼与IK有什么关系？
3. 试用Bone骨骼制作一段抓举动画。

8.6 单元测试

试题

第9章 Biped骨骼蒙皮

9.1 本章概述

概述

如前文所述，Bone骨骼在3ds Max诞生不久就被集成到软件内部，但Bone骨骼在骨骼架设、调节等方面的操作非常烦琐，需要花费大量的时间和精力。CS（Character Studio的简写）骨骼系统在6.0版本之前仅作为外部插件使用，由于其在两足动物骨骼调节方面的出色表现，最终被3ds Max正式整合。此后，诸多游戏和三维动画在角色调节时多使用CS骨骼系统。然而，CS骨骼系统并非尽善尽美，在面对多足或是更为复杂对象的骨骼设定时，CS骨骼系统便显得力不从心。这时，Bone骨骼的便捷优势又再次显现出来。例如，角色的裙摆、饰物、装备等需要辅助性骨骼动作来完成，就需要增加外部骨骼。两套系统各有优点。

3ds Max提供了两套蒙皮修改器，分别是Skin蒙皮和Physique蒙皮修改器。Skin蒙皮可以视为传统意义上的蒙皮工具，主要用于Bone骨骼，也可以用于CS骨骼蒙皮。Physique蒙皮修改器直接对应CS骨骼系统，不能对Bone骨骼进行蒙皮，其调节参数也与Skin蒙皮有所不同。从行业应用来看，二者的效率并没有太大差别，主要取决于个人使用习惯。本章将介绍Biped骨骼的使用方法和Physique蒙皮技巧。

9.2 Biped骨骼创建及对位

9.2.1 调整轴心位置

在3ds Max中打开人物的模型文件，在【层次】的【调整轴】中选择【仅影响轴】，调整模型的坐标，使其落于场景网格的中心位置。此外，还需要把坐标移至脚底的同一条水平线上，如图9-1所示。

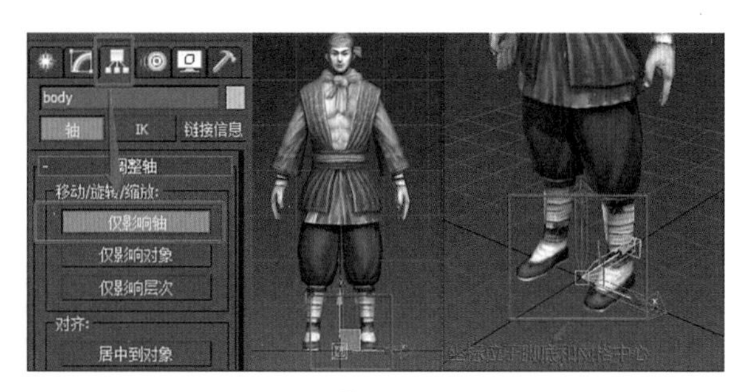

图9-1

9.2.2 冻结模型

单击鼠标左键选中模型，单击鼠标右键，出现选择列表，选择【对象属性】。出现对象属性弹窗，勾选【冻结】，去掉【以灰色显示冻结对象】勾选，再点击确定。这样人物角色模型就冻结起来，鼠标就不会在创建骨骼和调整骨骼的时候误选模型，如图9-2所示。

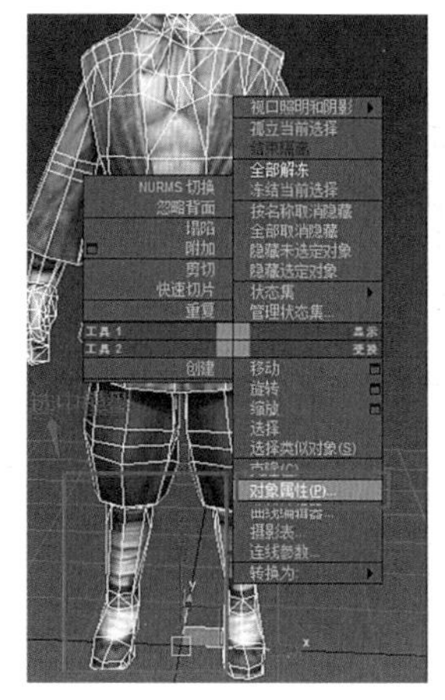
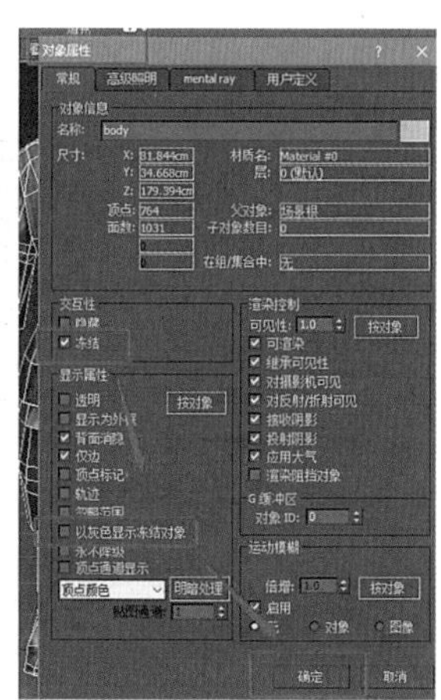

图9-2

9.2.3 创建Biped骨骼

在【创建】图标下选择【系统】，然后点击选择Biped骨骼，在前视图中按住鼠标左键不放，创建一个和人物差不多大小的骨骼。再点击右边的【运动】面板，激活【体形模式】，然后在【结构】中把【躯干类型】改为【标准】，如图9-3所示。

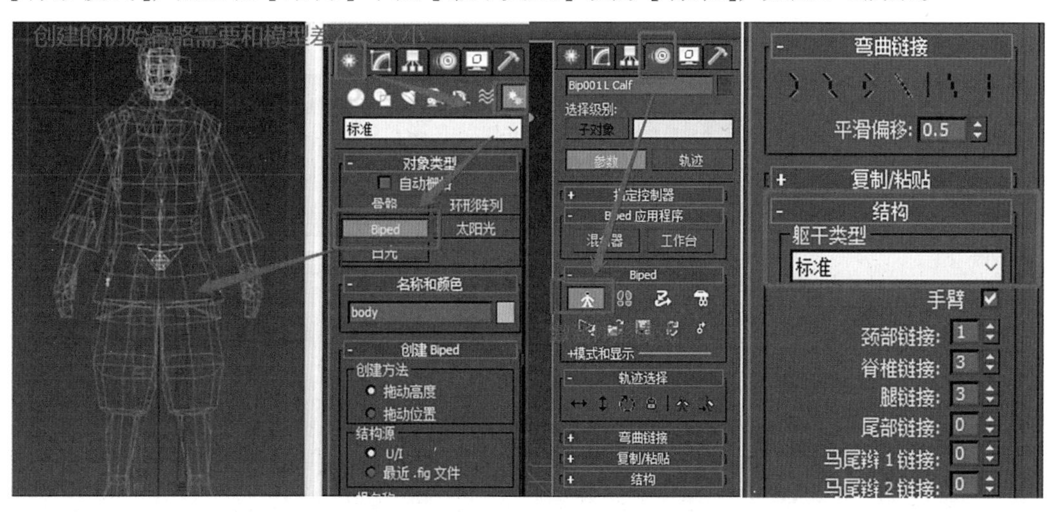

图9-3

9.2.4 骨骼对位模型

首先对位臀部重心骨骼的位置，把重心和臀部骨骼对位到人物的臀部位置。然后再对位蓝色骨骼的左腿，蓝色骨骼的左腿先从Bip001 L Thigh大腿开始对位，依次是小腿、脚和脚趾位置，如图9-4所示。

提示：因为模型的脚是一体的，所以把脚趾数量改为1，然后再调整脚趾骨骼。

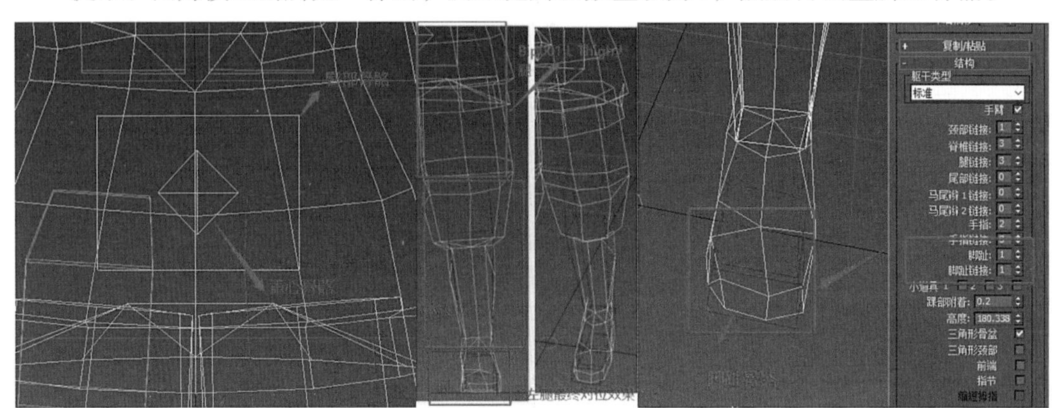

图 9-4

9.2.5 调整脊椎骨骼

首先调整【脊椎链接】数量为3，然后再从靠近臀部骨骼的Bip001 Spine脊椎骨骼开始对位，匹配好脊椎的骨骼之后，再对位左手手臂的骨骼。左手手臂的骨骼依次从锁骨开始对位到手指，在对位手指的时候需要在【结构】中调整【手指】数量为2,【手指链接】数为3。最后再将脖子骨骼和头部骨骼调整至模型大小，如图9-5所示。

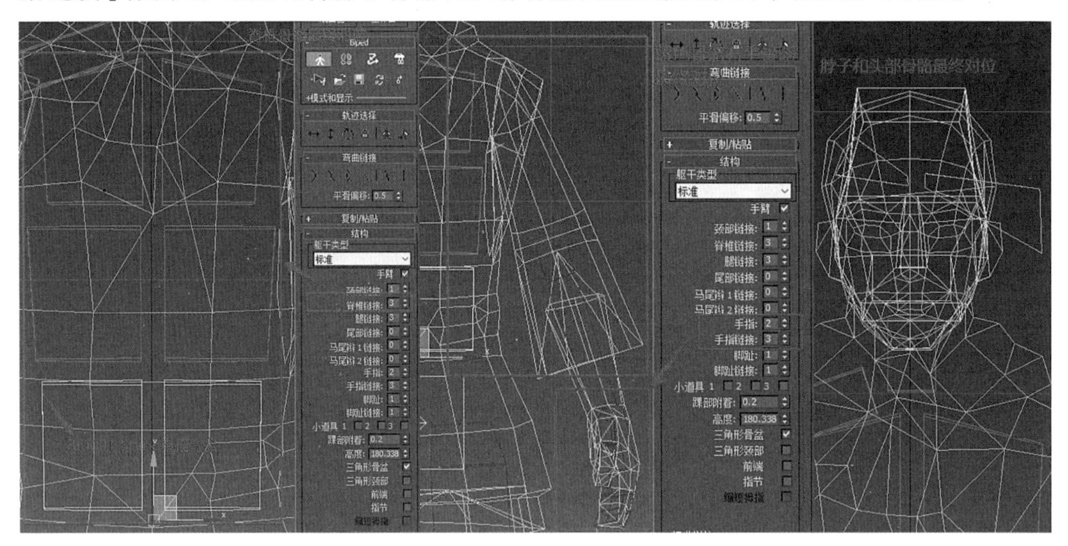

图 9-5

9.2.6 镜像骨骼

首先双击对位好蓝色左腿骨骼，然后在右边【运动】面板的【复制/粘贴】中创建

【集合】，点击【复制姿态】，再点击【对面粘贴姿态】。这样，绿色骨骼右腿就直接镜像好了。同理，绿色骨骼的右手也是相同操作，先双击选中蓝色骨骼的左手，然后镜像粘贴到绿色骨骼的右手骨骼上，如图9-6所示。

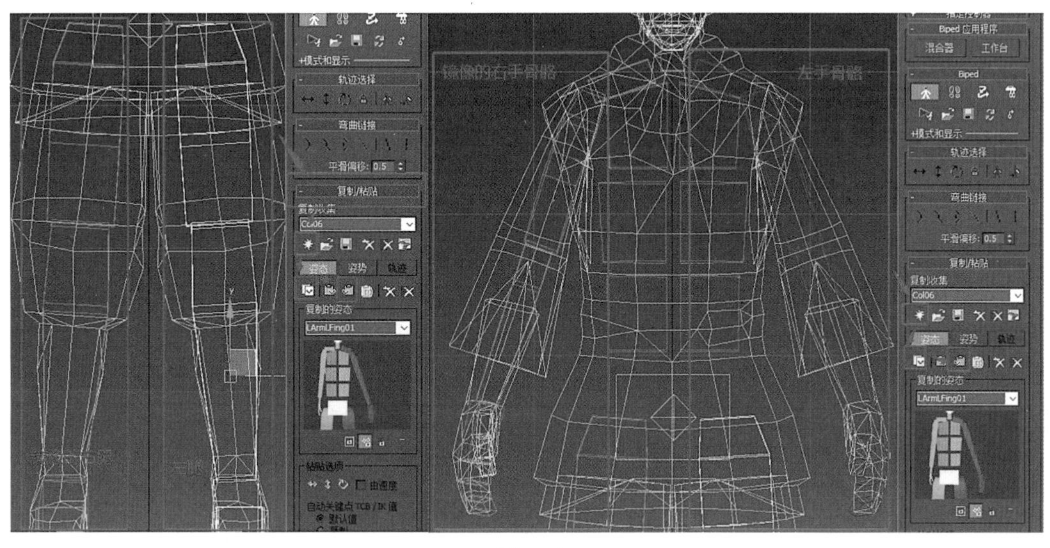

图9-6

9.2.7 为衣服添加Bone骨骼

Biped骨骼
创建及对位

先在前视图中创建一根Bone001骨骼，对位正面裙摆位置。点击工具栏里的【镜像】，出现弹窗，选择Y轴，再选择【复制】后点击确定。最后把镜像的Bone002骨骼对位到背后裙摆的模型位置，如图9-7所示。

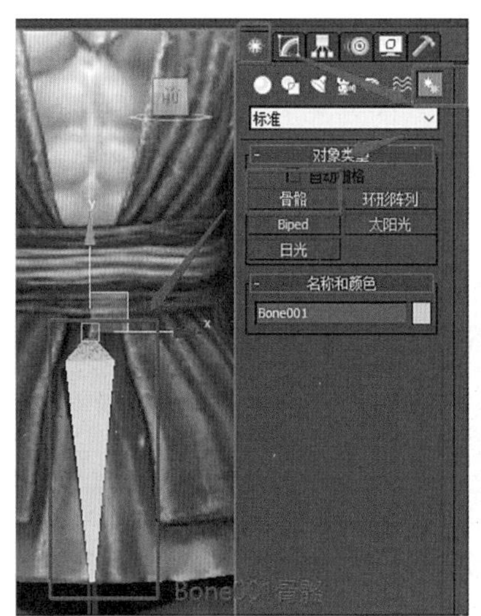

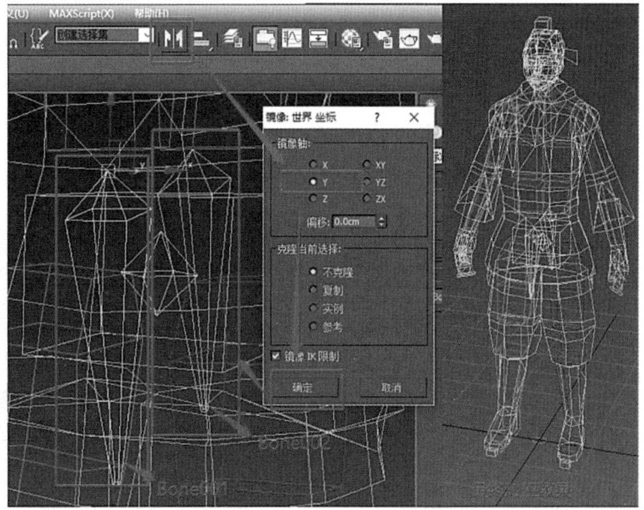

图9-7

9.3 Physique骨骼蒙皮与测试

9.3.1 初始蒙皮

选中人物模型，在【修改器】面板给模型添加【Physique】蒙皮。然后选择【修改】面板下的【Physique】中的【附加到节点】，再在场景中点击选择Bip001重心骨骼，点击完重心骨骼后在场景中会弹出一个【Physique初始化】对话框。接着点击【初始化】，场景人物中就出现一个黄色的骨骼线，观察是否对称。如果对称，这样就完成了Physique骨骼的初始蒙皮，如图9-8所示。

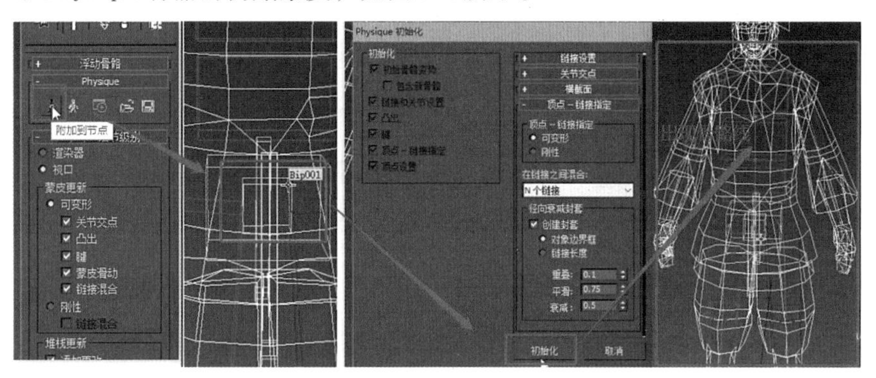

Physique骨骼蒙皮与测试

图9-8

9.3.2 调整蒙皮

调整蓝色骨骼左手手臂的权重。选中模型，在【修改】下选择【Physique】中的【封套】，点击【链接】，单击场景中的黄色骨骼链出现封套线圈。里面的线圈代表完全控制，外部线圈代表不完全控制，根据每个骨骼与模型的外部形状调整。点击【横截面】使用缩放工具在X、Y、Z轴上调整。点击【控制点】使用缩放与移动工具继续调整封套形状来控制手臂模型区域，如图9-9所示。

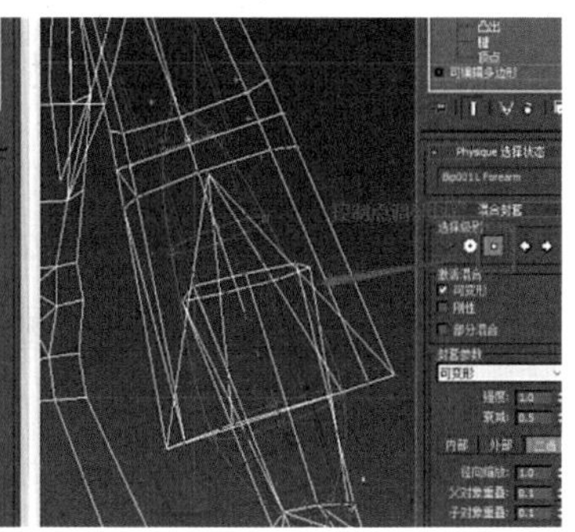

图9-9

提示:【横截面】和【控制点】的调整封套方式可以来回切换使用。

分别切换选择手掌和手指的黄色骨骼线。首先需要在【混合封套】的【选择级别】下点击选择【链接】，这样才能切换选择场景中手掌和手指的骨骼线。手掌的操作和手臂相同，选中手掌的黄色骨骼线，通过【横截面】和【控制点】的选择反复调整手掌的权重，如图9-10所示。

调整脊椎和头部的骨骼权重。点击【链接】，分别选中脊椎和头部的黄色骨骼线，在【混合封套】中，来回点击【横截面】和【控制点】来调整三根脊椎权重和头部权重。调整的权重需要控制到相对应的模型区域，这样权重才不会有问题，如图9-11所示。

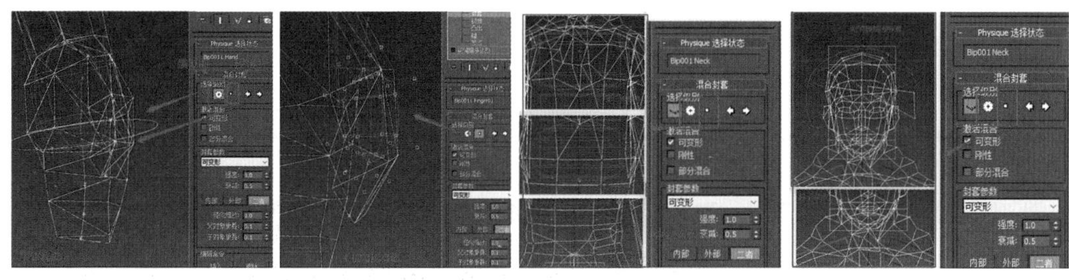

图9-10 图9-11

调整蓝色骨骼左腿蒙皮权重。点击【链接】，和之前的操作相同，依次选中大腿、小腿和脚掌处的黄色骨骼线，通过【横截面】和【控制点】来调整腿部的蒙皮权重，调整的蒙皮权重也是需要能够控制到相对应的模型。同理，臂部骨骼权重和裙摆的骨骼权重也是相同操作，如图9-12所示。

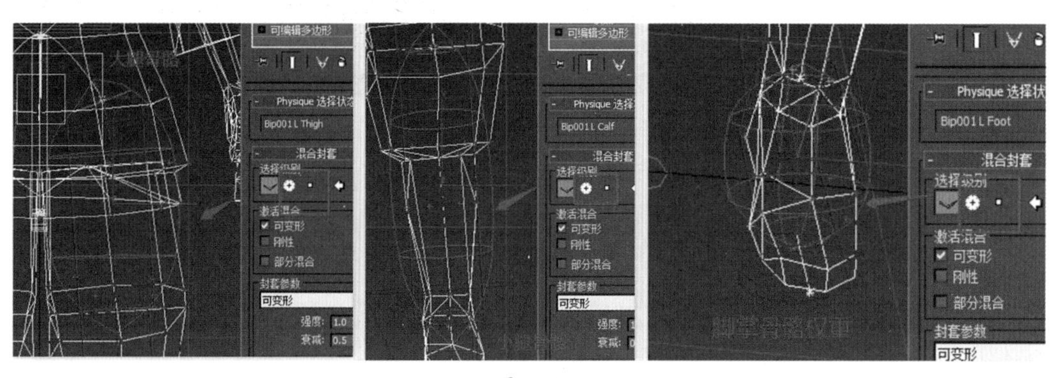

图9-12

9.3.3 复制骨骼蒙皮权重

蓝色骨骼的左手和左腿蒙皮权重调好，需要镜像绿色骨骼的右手和右腿权重，即一半的封套做完之后可以用【编辑命令】中的【复制】与【粘贴】来编辑另一半的封套。首先使用【链接】层级选项依次选择蓝色骨骼的左手和左腿骨骼线，点击【复制】，再选择另一边的相对应的同一个骨骼线点击【粘贴】，完成绿色骨骼右手和右腿的封套编辑，如图9-13所示。

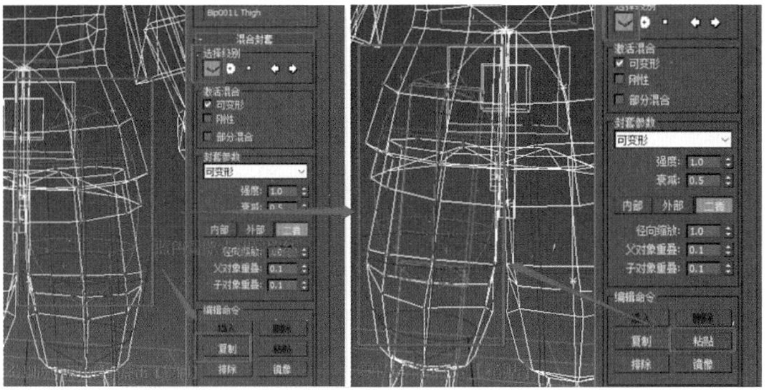

图 9-13

提示：有时可能会遇到复制的骨骼蒙皮权重没有效果，这时还需要手动调整复制的另外一个骨骼。

9.3.4 检测蒙皮权重

观察蒙皮权重有没有正确蒙皮，需要通过给模型制作简单的动作来检测蒙皮权重，如果通过动作发现，模型有拉伸和变形，代表初始蒙皮没有蒙好，那么需要手动调整蒙皮权重。首先在场景中选择任意一根骨骼，再点击【运动】面板打开【Biped】，需要摆出各种姿势去调节模型的蒙皮效果，而点击【体型】模式可以让模型回归制作时的姿态，所以此时体型模式应该为关闭状态才能开始给模型制作动作，如图9-14所示。

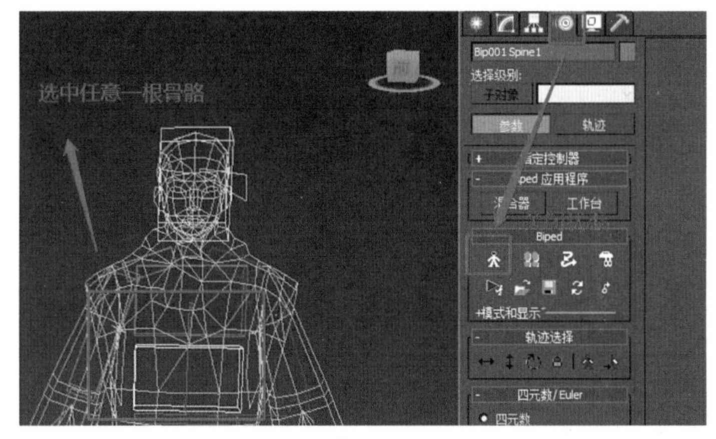

图 9-14

打开【自动关键点】，把时间滑块移动到第0帧，选中所有的Biped骨骼，在【运动】面板的【关键点信息】给所有的骨骼打上一个关键帧，再选中裙摆的Bone骨骼，按住键盘上的K键给裙摆的骨骼也打上一个关键帧，然后把时间滑块拖到第10帧，在第10帧给模型做手、腿、脊椎和头部的动作，如图9-15所示。

通过动作发现手臂和头部的骨骼权重没有正确蒙皮。选中人物模型，在【Physique】下点击【顶点】，通过【顶点】模式来调节有问题的权重。首先在【顶点操作】中点击【选择】，在场景中选择有问题的骨骼顶点，然后再在【顶点操作】中点击

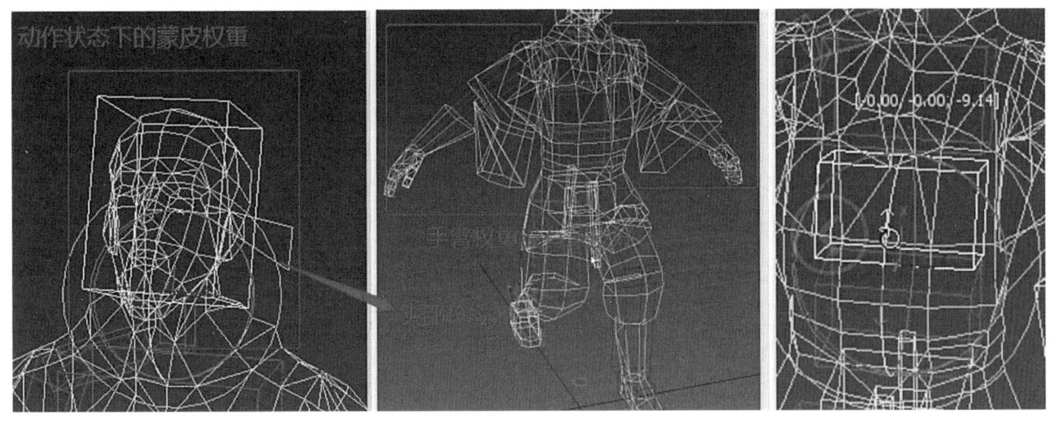

图 9-15

选择【指定给链接】，在场景中把选中的顶点指定给相对应的黄色骨骼线。如果其他骨骼有控制到有问题的顶点，在【顶点操作】中点击选择【从链接移除】，在场景中框选一下所有的无关的黄色骨骼线，那么那些骨骼线就不会影响到选中的顶点，如图9-16所示。

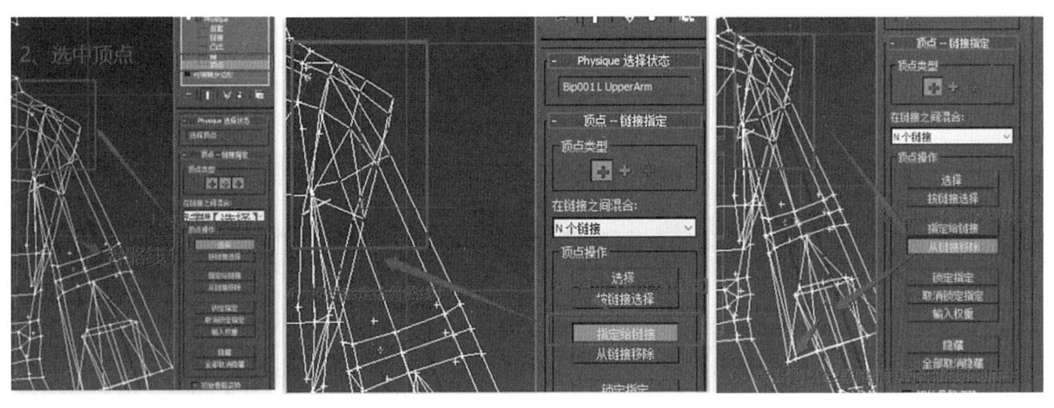

图 9-16

9.3.5 调整有问题的蒙皮权重

选中模型，点击【Physique】中的顶点，再点击选择【顶点操作】中的【选择】。先选中蓝色骨骼1的顶点，在点击【指定给链接】，把选中的顶点指定给黄色骨骼线1，再点击【从链接移除】。在场景中点击选中一下骨骼线2，移除掉骨骼线2控制到骨骼线1处的顶点。同理，骨骼线2处的顶点权重调整和骨骼线1相同，如图9-17所示。

提示：选择【顶点】来修改模型，红色越深代表控制的权重越大，红色越浅代表控制的权重越小。

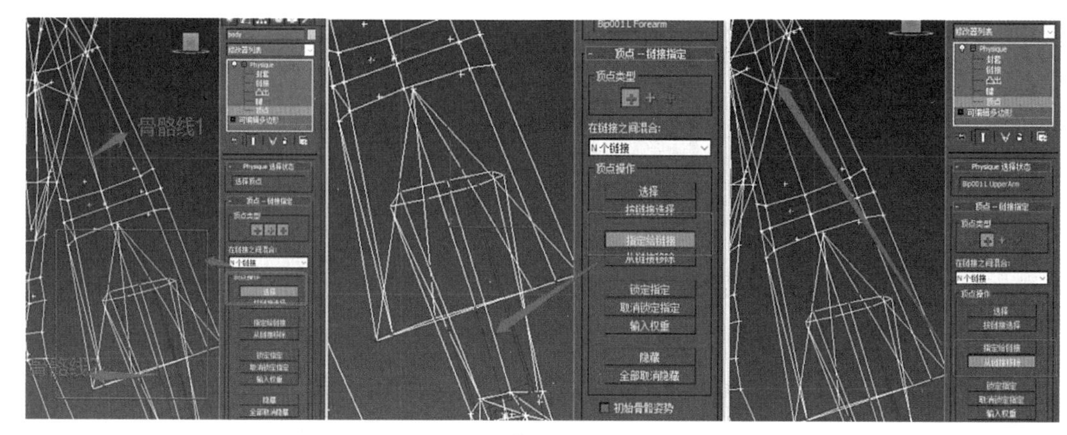

图 9-17

点击【选择】，选中手臂关节处的顶点，点击【指定给链接】分别把手臂关节处的顶点指定给骨骼线1和骨骼线2，都指定一下代表关节处的顶点受手臂的两根骨骼各控制一半。同理，绿色骨骼右手也是相同操作。再选中头部所有顶点，头部顶点不能受其他骨骼控制，所以需要在【顶点类型】中点击【刚性顶点】，然后再把头部顶点都指定给头部骨骼，并移除掉其余控制到头部顶点的骨骼。如果通过动作还发现其他有问题的蒙皮，都和以上相同操作。调整完相对应的蒙皮权重，通过动作发现模型没有拉伸情况，代表蒙皮已经蒙好了，如图9-18所示。

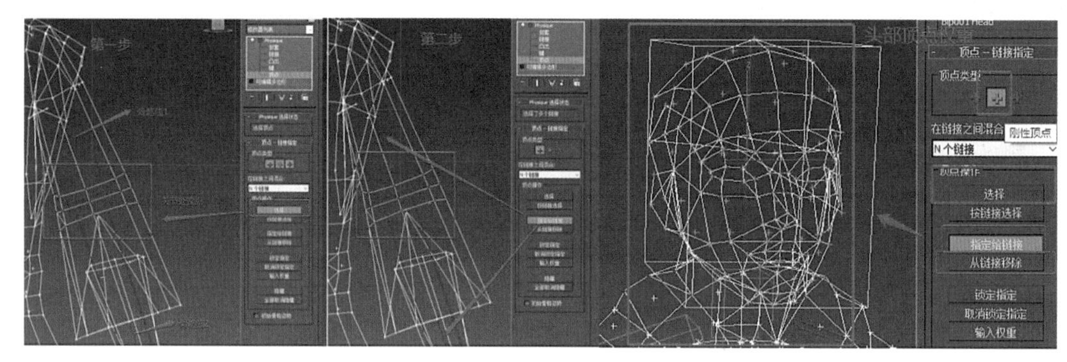

图 9-18

提示：绿色顶点代表的是刚性顶点，说明完全控制某个部分模型。

9.4 思考与练习

1. Biped骨骼和Bone骨骼有何不同?
2. Skin蒙皮和Physique蒙皮修改器有何不同?
3. 调整骨骼权重常用工具有哪些?

9.5 单元测试

试题

第10章 两足动物动画制作

10.1 本章概述

本章主要利用Biped骨骼系统介绍两足动物的骨骼搭建、蒙皮以及动作制作方法。Biped骨骼系统在模拟肢体动物运动方面提供了许多便捷的工具，如反向动力学IK系统等，能够呈现躯体与四肢的协调运动的自然姿态。除此之外，Biped骨骼还可与Bone骨骼配合运用，在角色动画制作中显现出了巨大的优势。本章将详细讲解角色足迹模式设置方法、动作调节以及与Bone骨骼的配合运用。

概论

10.2 角色行走及跑步动作

10.2.1 足迹模式设置

10.2.1.1 实例简介

本实例主要是通过绑定好的角色模型，在【运动】面板下选择【Biped】中的【足迹模式】，再通过对【足迹模式】相关参数的设置，从而可以快速地制作出走路、跑步和跳跃等简单动作。

10.2.1.2 实现步骤

（1）创建行走足迹。首先在场景中选择任意一根骨骼，然后点击【运动】面板窗口，激活【足迹模式】，在【足迹创建】中点击【行走】，然后点击【创建多个足迹】。出现多个足迹的弹窗后，在行走足迹弹窗中修改相对应的参数，这里主要需要调整【足迹数】为20。在【常规】中默认是从左脚开始，如果有需要还可以修改步幅参数等等。

注1：在这里可以直接点击【创建多个足迹】和【创建足迹】（在当前帧上）中的任何一个创建足迹都可以，如图10-1所示。

提示：在【创建多个足迹】弹窗中，只要是可以修改的参数就可以根据自己的需求

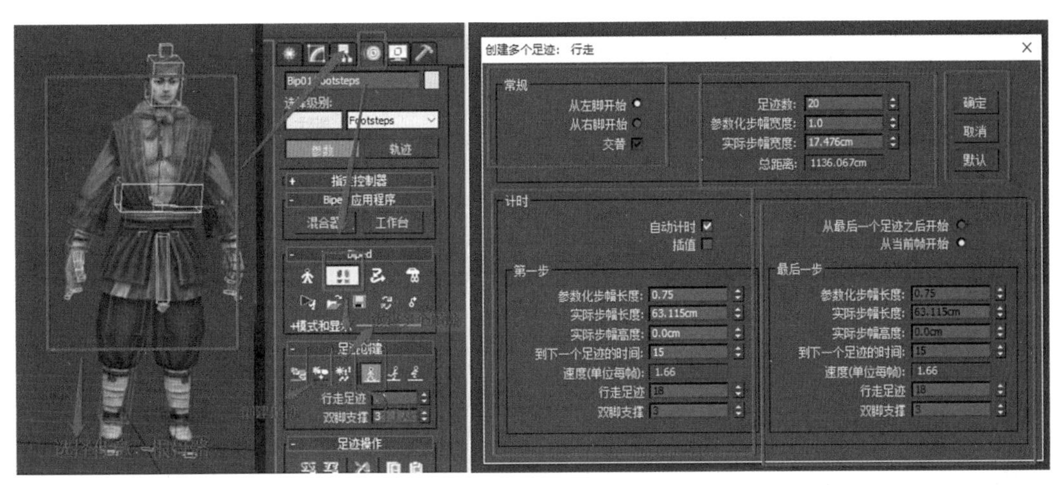

图 10-1

作出相对应的修改。

确定之后，可以看到场景中一条长长的脚印，这就是创建好的多个足迹，如图10-2所示。

图 10-2

默认创建的足迹模式是直线，如果想要角色模型弯曲或者按照环形行走，那么就需要调整【运动】面板下的【足迹操作】。在【足迹操作】中可以修改【弯曲】参数和【缩放】参数，把【弯曲】参数调整为23.75，在场景中的足迹就会弯曲成一个圆形。调整完所有的参数之后，最后点击【足迹操作】下的【为非活动足迹创建关键点】，这样就完成了足迹模式中的行走动作。在场景中播放动画的时候，可以看到角色已经在行走了，如图10-3所示。

提示：【弯曲】参数的调整最后会形成一个圆，【缩放】的参数调整是调整足迹的整体大小。

（2）创建跑步足迹。在相同的角色模型上继续创建跑步足迹，点击【足迹操作】中的【取消激活足迹】，发现在场景中的行走足迹还是存在。想要创建跑步足迹就需

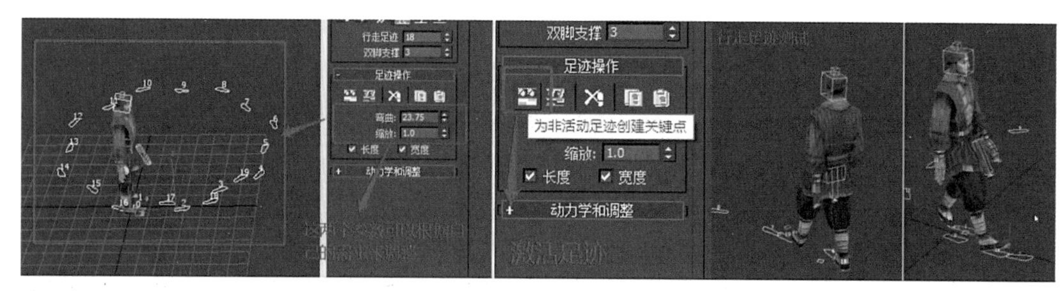

图 10-3

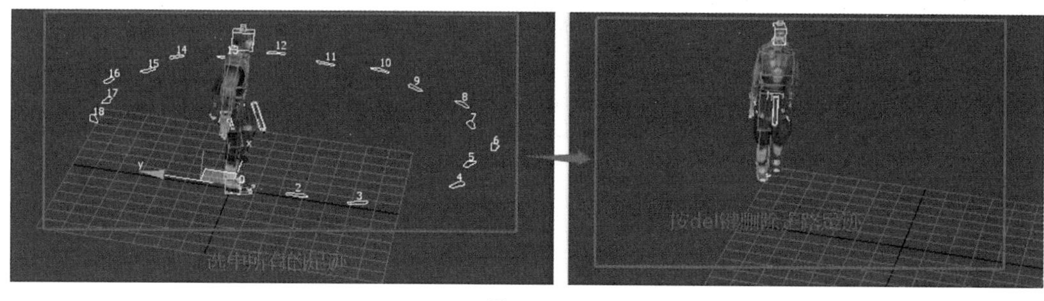

图 10-4

要手动删除走路足迹，在【为非活动足迹创建关键点】下，在场景中选中创建的所有的行走足迹，按键盘上的del键删除创建的行走足迹，如图10-4所示。

关闭【足迹模式】，然后点击激活【体形模式】，让角色模型回到初始状态。在角色模型回到初始状态之后，再取消【体形模式】，如图10-5所示。

同理，和创建步行足迹一样，跑步足迹的设置也和步行足迹设置相同。在场景中选择任意一根骨骼，然后点击【运动】面板窗口，激活【足迹模式】。在【足迹创建】中点击【跑动】，然后点击【创建多个足迹】。出现多个足迹的弹窗后，在跑动足迹弹窗中可以修改相对应的参数，修改足迹数和步幅长度等，最后点击【确定】，如图10-6所示。

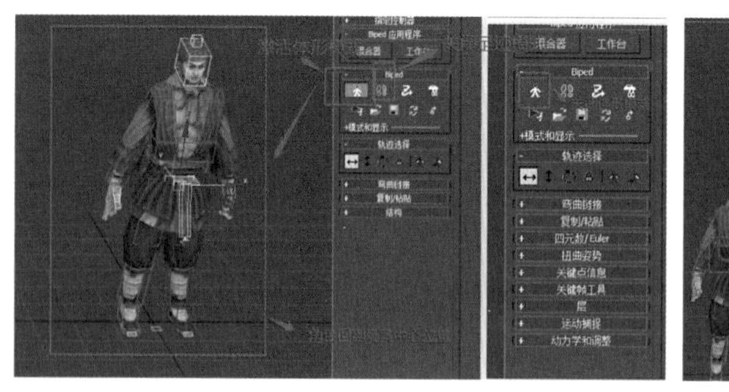

图 10-5

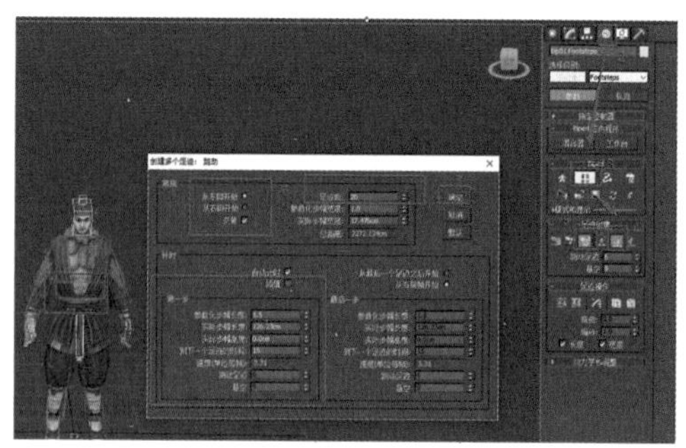

图 10-6

点击【确定】之后，可以看到场景中有形成的跑动足迹，调整【弯曲】和【缩放】，点击【足迹操作】下的【为非活动足迹创建关键点】激活足迹。这样在场景中播放动画就可以看到角色在跑动，如图10-7所示。

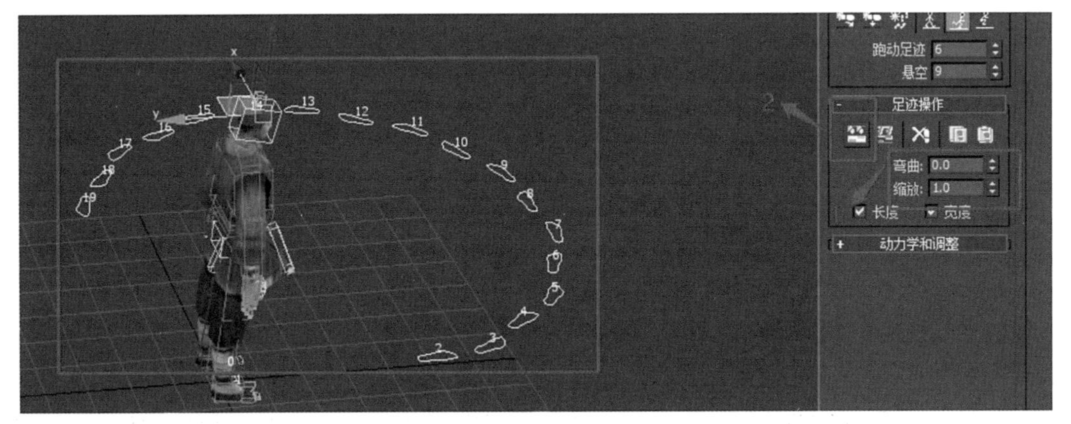

图10-7

（3）创建跳跃足迹。跳跃的足迹创建和跑动一样，如果要在原来的角色文件中创建跳跃足迹，那么就需要删除【跑动】或者【步行】的足迹才能创建【跳跃】足迹。跳跃足迹的创建也是选中一根骨骼，在【运动】面板窗口，激活【足迹模式】。在【足迹创建】中点击【跳跃】，然后点击【创建多个足迹】。出现多个足迹的弹窗后，在行走足迹弹窗中可以修改相对应的参数，最后点击【确定】。再调整【弯曲】和【缩放】，点击【足迹操作】下的【为非活动足迹创建关键点】激活足迹。这样在场景中播放动画就可以看到角色在跳跃，如图10-8所示。

足迹模式设置

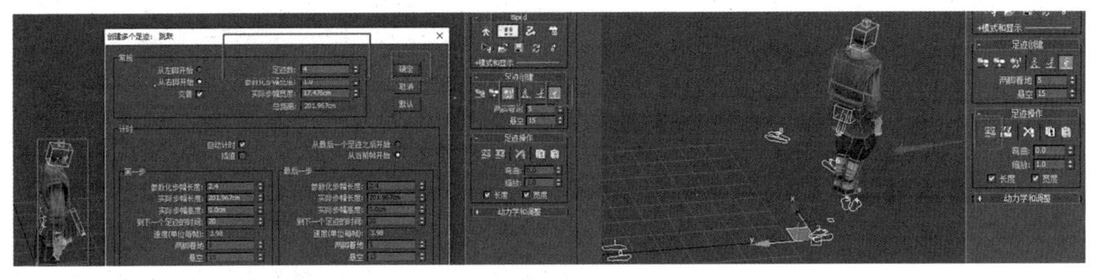

图10-8

10.2.2 行走与跑步等动作

10.2.2.1 行走动作

（1）调整时间配置。打开已经绑定好蒙皮的人物角色模型文件，在软件右下角的【时间配置】中修改时间滑块的帧数，将走路时间设置为16帧，然后在软件右下方打开【自动关键点】，如图10-9所示。

把时间滑块拖到第0帧，先选中裙摆的两根Bone骨骼，在第0帧位置按键盘上的K

键，给裙摆骨骼记录一个关键帧。然后再选中所有Biped骨骼，在【运动】面板下的关键点击【信息】，然后点击【设置踩踏关键点】，那么所有骨骼就打上了关键帧，如图10-10所示。

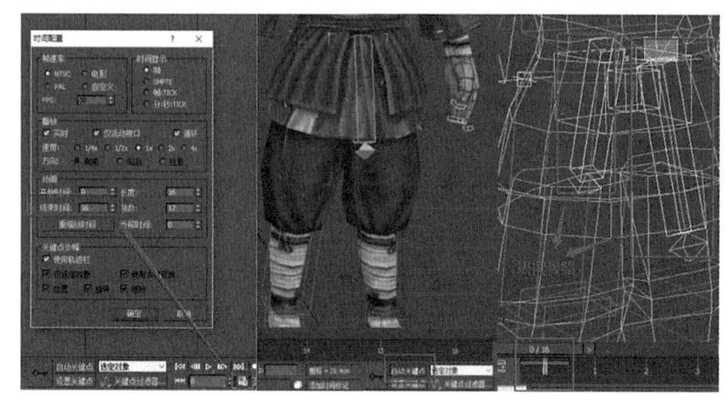
图10-9

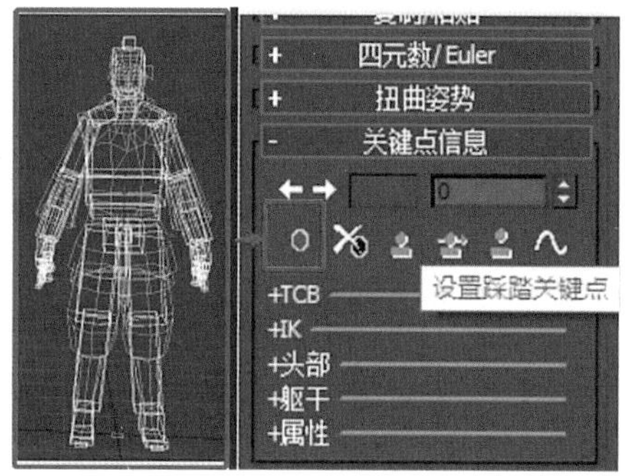

图10-10

（2）调整第0帧动作。首先选中两只脚的骨骼，给两只脚在【运动】面板下的【关键点信息】中给两只脚在第0帧记录一个【设置滑动关键点】，这样在调整重心的时候，人物的脚就不会跟随重心移动，如图10-11所示。

记录好两只脚的关键帧之后，场景切换到【左视图】，先调整绿色骨骼的左脚向后，脚尖落地，后脚跟微微抬起。蓝色骨骼的右脚向前，形成一个跨度，脚尖抬起，后脚跟落在地面上。这个时候绿色骨骼的右手向前抬起，蓝色骨骼的左手向后，在关节处的手不要太直，微微弯起，如图10-12所示。

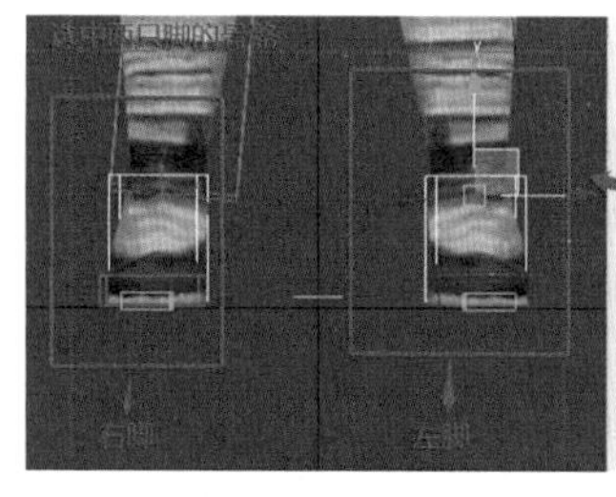
图10-11

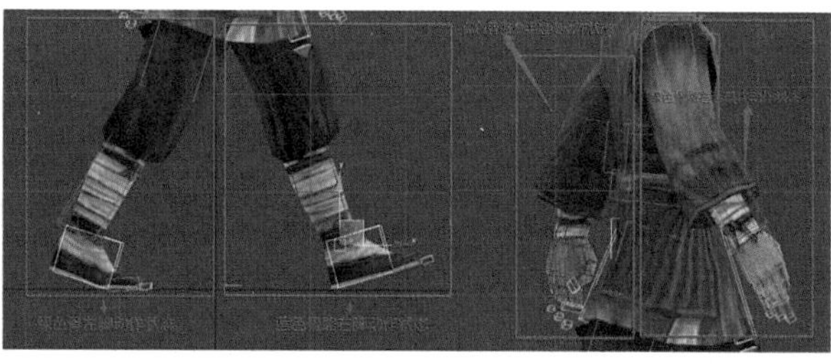
图10-12

调整完手和脚，还需要调整臀部、脊椎、头和身体的重心。在蓝色骨骼左脚向前的时候，人物臀部的黄色骨骼Bip01 Pelvis需要选择旋转工具把臀部骨骼向右方向旋转一定幅度，调整Bip01 Spine脊椎向左旋转一定角度。选中头部骨骼，让头部微微低下一个幅度。选中重心骨骼Bip01，给重心骨骼打上

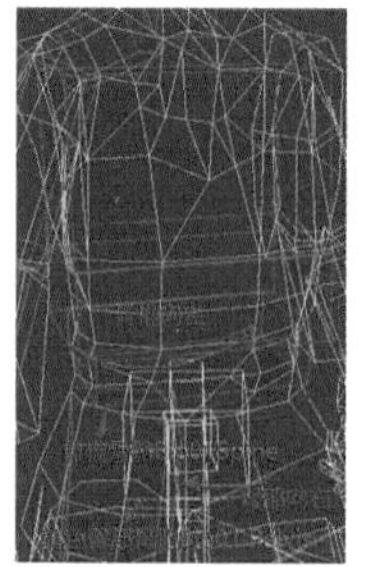
走路动作

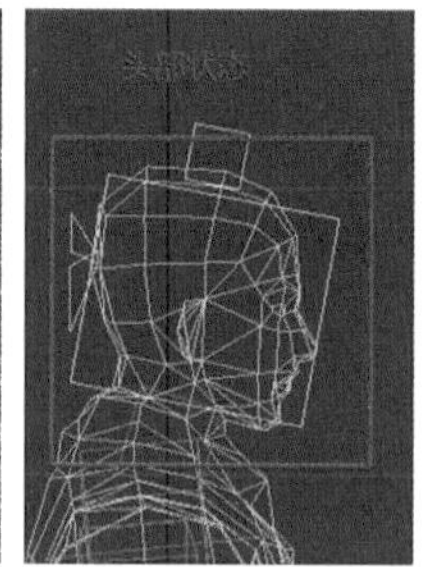
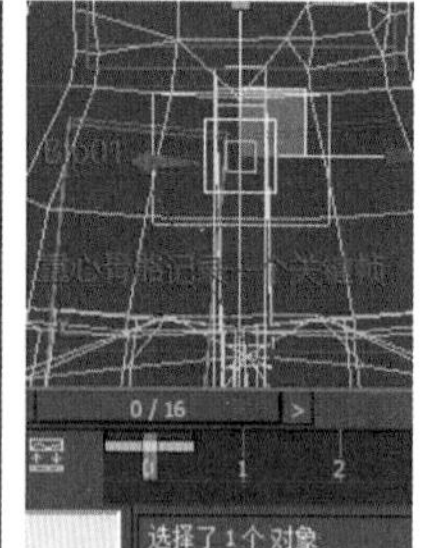
图10-13

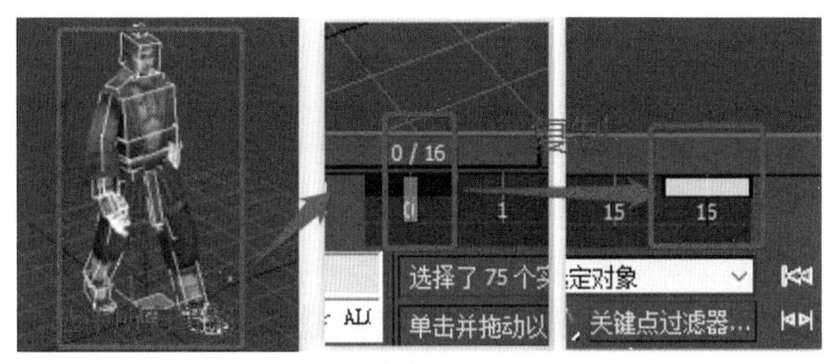

图 10-14

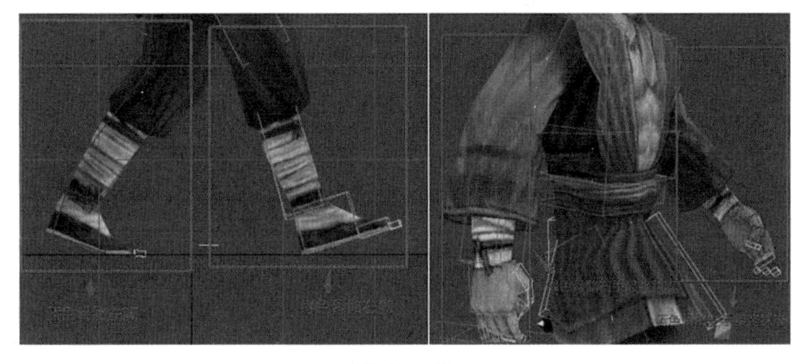
图 10-15

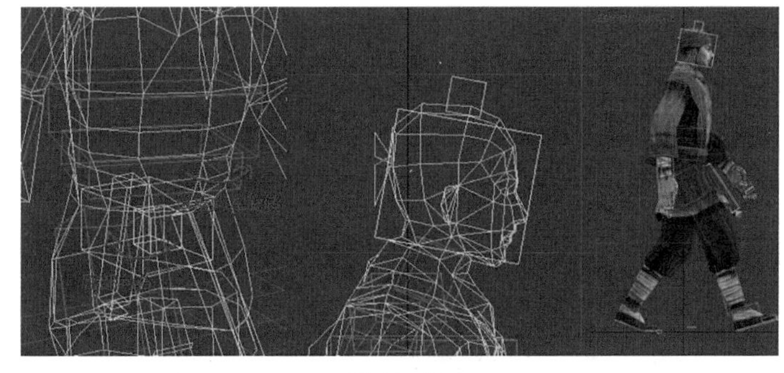
图 10-16

一个关键点，如图10-13所示。

（3）复制关键帧动作。框选所有的人物骨骼，把第0帧骨骼动作复制到第16帧。首先选中所有骨骼，再选中第0帧，按键盘上的Shift键不放，把第0帧复制到第16帧。

提示：原地走路动作，第0帧动作和第16帧动作是相同的，如图10-14所示。

（4）调整中间帧第8帧动作。第8帧的动作和第0帧动作是相反的动作。先把时间滑块拖到第8帧，场景切换到【左视图】，第8帧的绿色骨骼右脚向前，脚尖踮起，脚跟落地；蓝色骨骼左脚向后微微弯曲，脚尖踩地，脚跟抬起。绿色骨骼的右手向后弯曲一点，蓝色骨骼左手向前弯曲一点，两只手的动作和第0帧相反，如图10-15所示。

选中臀部骨骼Bip01 Pelvis，调整人物臀部向左旋转一个角度。选中脊椎骨骼Bip01 Spine，调整脊椎向右旋转一定角度。头部的动作和第0帧相同，在第8帧的重心和第0帧也相同，复制第0帧的重心到第8帧，如图10-16所示。

（5）调整第4帧动作。把时间滑块拖到第4帧。在第4帧，绿色骨骼的右脚垂直抬起弯曲，脚尖朝下；蓝色骨骼的左脚直立站起踩踏地面，这时候绿色骨骼右手和蓝色骨骼左手都贴近身体位置垂直向下一点。臀部骨骼和脊椎骨骼的方向也略微朝正前方，头向上抬起一点，这时候人物的重心向上。其站直的时候，重心处于最高点，如图10-17所示。

（6）调整第12帧动作。第12帧动作和第4帧又是相反的动作，把时间滑块拖到第12帧位置。在第12帧，绿色骨骼的右脚完全直立踩踏地面，蓝色骨骼的左脚直立抬起弯曲，膝盖向前。绿色骨骼的右手和绿色骨骼的左手垂直向下靠近腿部位置，头部动作和第4帧相同，选中脊椎骨骼和臀部骨骼，复制第4帧臀部和脊椎骨骼到第12帧。再选中重心骨骼，复制第4帧的重心到第12帧位置，如图10-18所示。

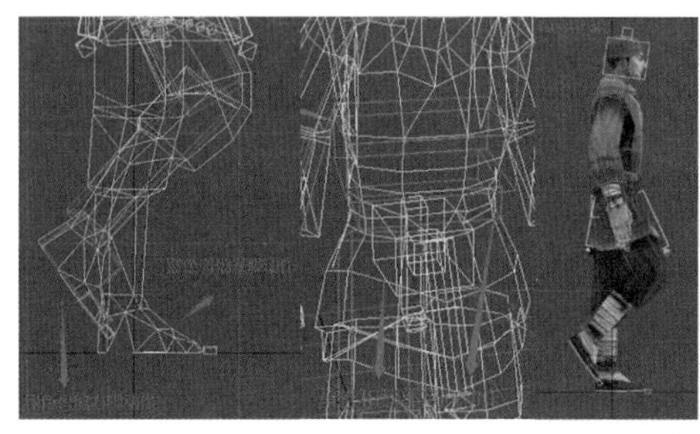

图10-17

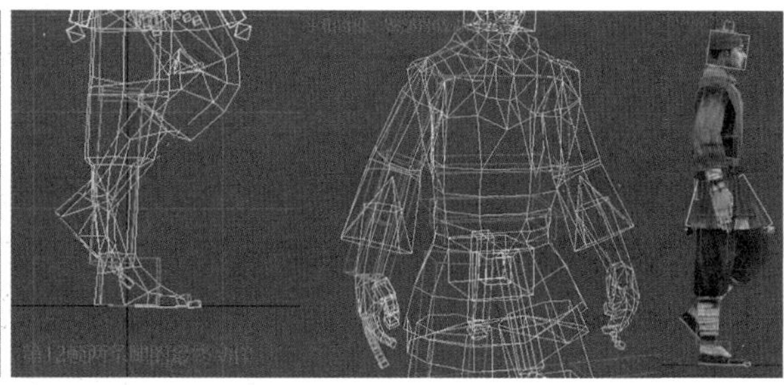

图10-18

（7）调整裙摆动作。依次把时间滑块拖到第0帧、第4帧、第8帧、第12帧位置。观察发现，裙摆有穿帮动作，所以分别在这几帧相对应的位置调整裙摆动作。当腿抬起，那么裙摆也需要相应飘起，要不然裙摆会穿透到腿部模型上，如图10-19所示。

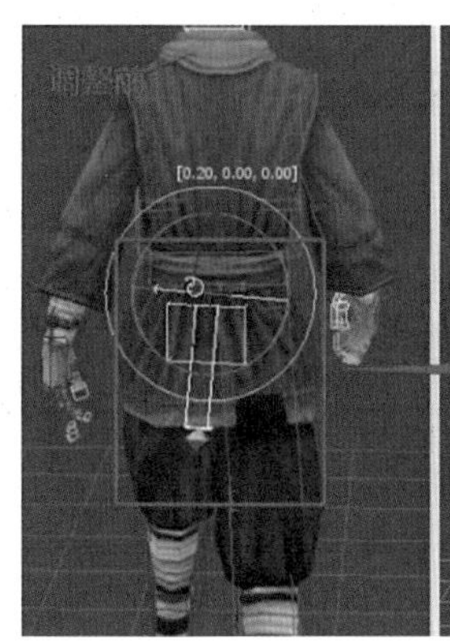

图10-19

（8）细节调整。调完第0帧、第4帧、第8帧、第12帧、第16帧动作后，人物角色基本的走路动作已经形成了，但是因为关键帧只制作了5帧，可能走路动作还没有那么的细节化。想要走路动作更加完美，那么需要在前5个关键帧中继续添加关键帧，把时间滑块分别移动到第2帧、第6帧、第10帧、第14帧，在这几帧的位置添加关键帧。给这几帧添加完关键帧动作之后，再播放动作，可以发现走路的动作更加流畅。通过调整关键帧动作，我们可以在3ds Max中很快速地制作出一个角色走路动作，如图10-20所示。

图 10-20

10.2.2.2 跑步动作

图 10-21

（1）调整时间配置。打开已经绑定好蒙皮的人物角色模型文件，在软件右下角的【时间配置】中修改时间滑块的帧数，将跑步的时间设置为10帧。然后在软件右下方打开【自动关键点】，开始制作跑步动作，如图10-21所示。

跑步动作

（2）调整第0帧动作。场景切换到【左视图】，把时间滑块移动到第0帧，先调整绿色骨骼的右腿向前，脚尖抬起，后脚跟落地；蓝色骨骼的左腿向后抬起弯曲，小腿弯曲呈现一个水平状态，脚尖朝下。绿色骨骼的右手向后弯起，蓝色骨骼的左手向前抬起，如图10-22所示。

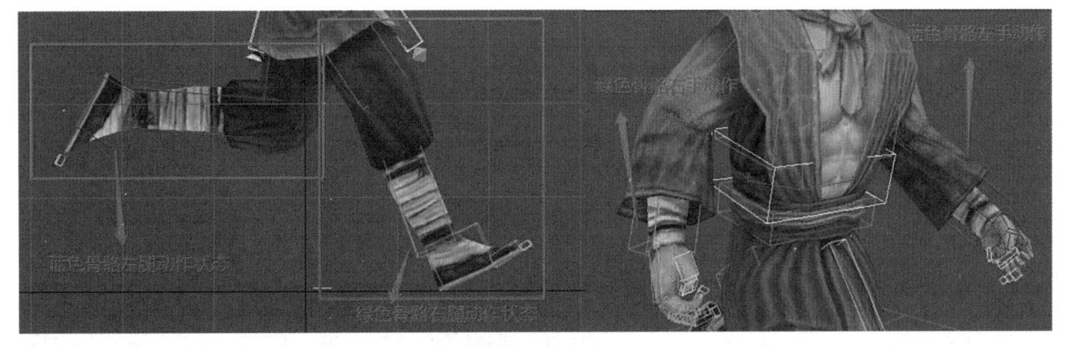

图 10-22

调整完手和腿，再调整人物脊椎方向和臀部方向。在人物右腿向前的时候，选中人物脊椎骨骼Bip01 Spine，调整人物角色的整体脊椎向右旋转；选中臀部骨骼Bip01 Pelvis，调整臀部骨骼向左旋转一定角度；同时给头部骨骼记录一个关键帧。最后选中Bip01重心骨骼，选择移动工具把重心骨骼向上移动一个高度，如图10-23所示。

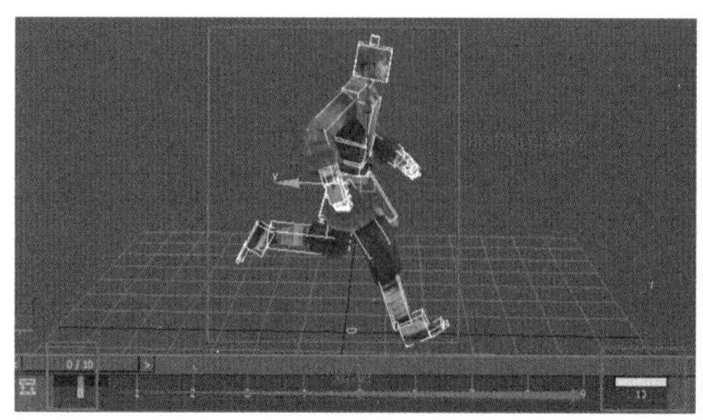

图 10-23

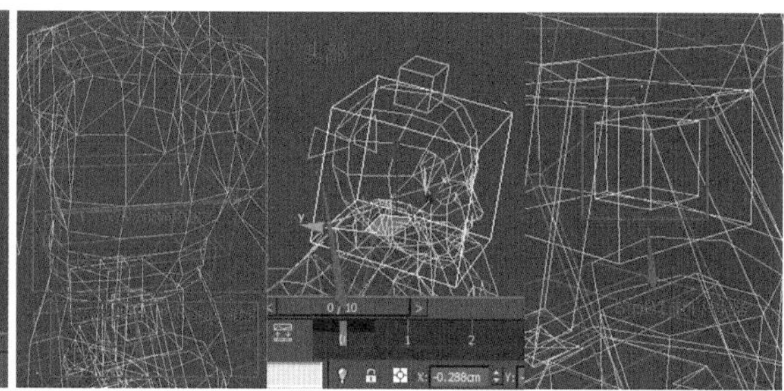

图 10-24

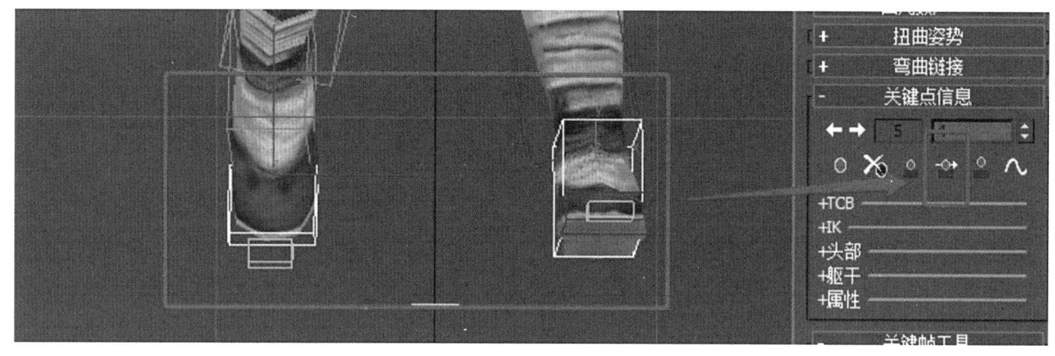

图 10-25

（3）复制关键帧动作。选中所有的骨骼，再在时间轴上按住键盘上的shift键不放把第0帧复制到第10帧，如图10-24所示。

（4）调整第5帧动作。选中两只脚的脚掌骨骼，在【运动】面板下的【关键点信息】中将两只脚在第0帧记录一个【设置滑动关键点】。这样在调整重心的时候，人物的脚就不会跟随重心移动，如图10-25所示。

场景切换到【左视图】，由于第5帧的动作和第0帧相反，这时候的绿色骨骼的右脚向后抬起，小腿呈现一个水平状态，脚尖朝下；蓝色骨骼的左脚向前，脚尖抬起，脚跟落在地面上。绿色骨骼的右手向前弯起，蓝色骨骼的左手向后弯起。选中头部骨骼向上抬起一点，选中脊椎骨骼Bip01 Spine向左旋转，选中臀部骨骼Bip01 Pelvis向右旋转，然后复制第0帧重心到第5帧位置，如图10-26所示。

图 10-26

（5）调整中间帧第3帧动作。在第3帧，绿色骨骼的右脚向后，前脚掌踩地，后脚掌抬起，整条腿在膝盖位置略微弯曲；蓝色骨骼的左脚向前抬起，脚掌自然垂直地面，脚尖朝下。绿色骨骼的右手略微向前一点，蓝色骨骼的左手略微向后一点，动作这时候差不多靠近身体位置。选中头部骨骼旋转至向下一点，第3帧重心和第5帧一样，如图10-27所示。

提示：脊椎骨骼和臀部骨骼可以不用调整方向，因为在调整第0帧和第5帧脊椎和臀部骨骼动作的时候，已经自动生成其他中间动作。

（6）调整中间帧第8帧动作。第8帧动作和第3帧动作相反，人物蓝色骨骼的左脚向后，前脚掌踩踏地面，后脚掌抬起；绿色骨骼的右脚向前，小腿自然垂直于地面，脚尖朝下。绿色骨骼的右手向后一点，蓝色骨骼的左手向前一点，两只手动作这时候差不多靠近身体位置，两只手的位置不能超过第5帧动作，要不然动作会跳帧。脊椎和臀部骨骼动作是自动生成的中间动作，选中头部骨骼，复制第3帧动作到第8帧，第8帧重心和第3帧一样，如图10-28所示。

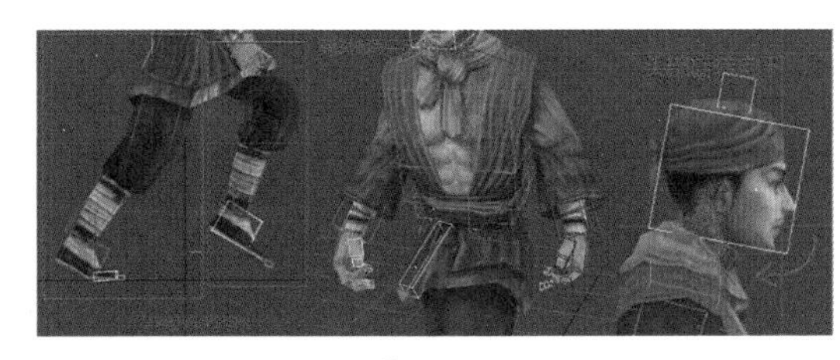

图10-27

图10-28

（7）调整第1帧动作。在第1帧，绿色骨骼的右脚垂直，身体呈现半蹲状态，整个脚掌踩踏地面；蓝色骨骼的左脚向后抬起弯曲，脚尖朝下。选中重心骨骼，重心向下，这时候的重心骨骼处于最低点。手、脊椎、臀部、头部都是自动形成的中间动作，基本不用调整，如图10-29所示。

（8）调整第6帧动作。第6帧动作和第1帧相反，选中重心骨骼，复制第1帧重心到第6帧。然后调整绿色骨骼的右脚抬起弯曲，脚尖朝下；蓝色骨骼的左脚垂直，身体呈现半蹲状态，其他身体部位动作都是形成的中间动作，如图10-30所示。

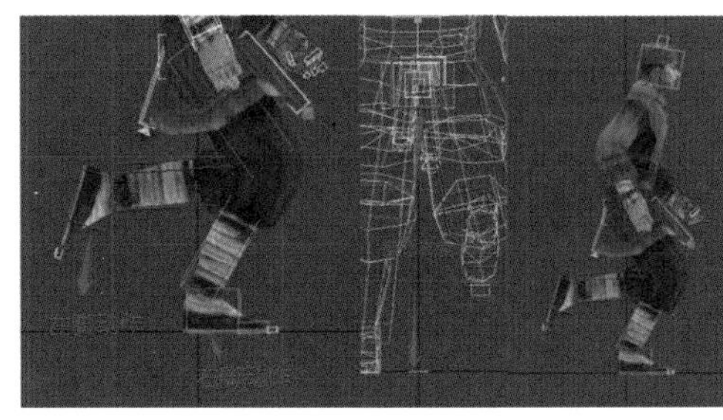

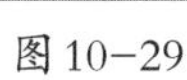

图10-29

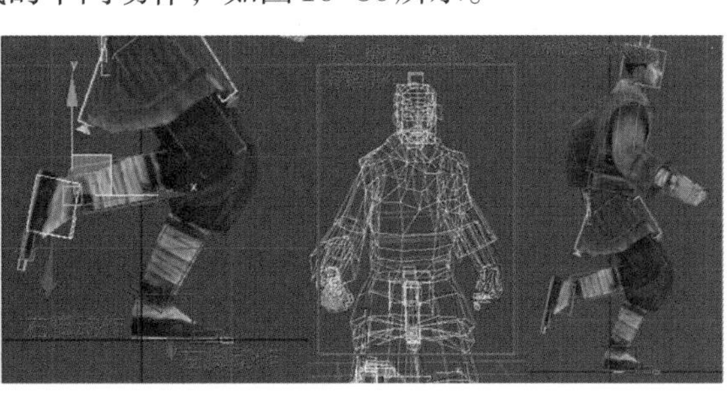

图10-30

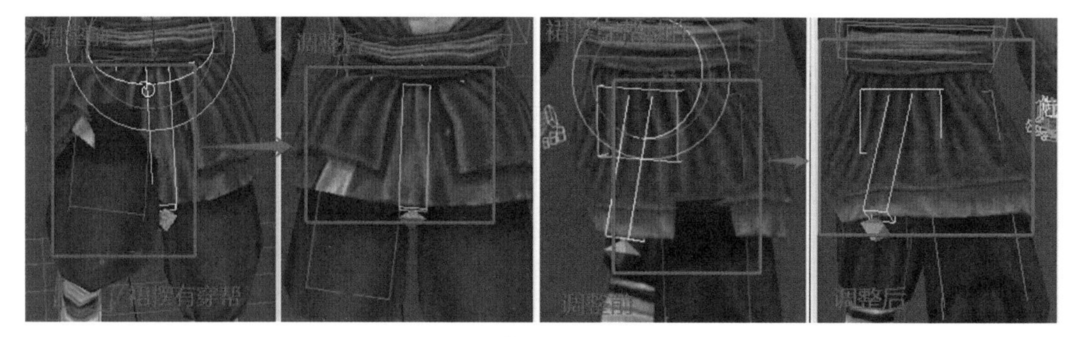

图 10-31

图 10-32

（9）调整细节动作。首先播放一下之前调整好的动作，发现裙摆动作有穿帮，把时间滑块移动到有穿帮的动作帧上进行调整穿帮的裙摆动作。然后再观察跑步动作，如果动作有跳帧情况，需要根据跑步的运动规律进行相对应的调整，如图10-31所示。

（10）所有跑步动作关键帧，如图10-32所示。

10.2.3 bip动作文件的加载与保存

10.2.3.1 实例简介

本实例主要是通过绑定好的角色模型，在【运动】面板下选择【Biped】中的【加载文件】和【保存文件】来快速实现相关角色动作设置。

10.2.3.2 实现步骤

（1）加载bip动作文件。打开已经蒙皮好的角色模型文件，选中其中任意一根骨骼，在【运动】面板下选择【Biped】中的【加载文件】，找到已经收藏的bip动作文件夹，选中其中一个加载打开，如打开【打架-拳2】bip动作文件。选择【打开】bip动作文件之后，散打的动作就自动加载到角色骨骼上，在时间轴上也可以看到一系列的关键帧，有关键帧代表动作加载正确。最后在场景中播放动画就可以看到散打的动作了，如图10-33所示。

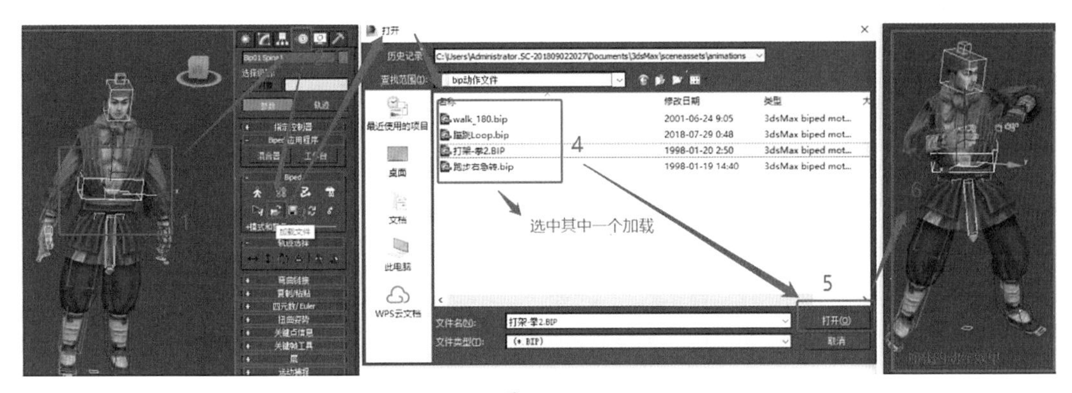

图 10-33

（2）保存bip动作文件。打开一个已经有跑步急转弯的动作角色文件，选中角色的任意一根骨骼，在【运动】面板下选择【Biped】中的【保存文件】。点击【保存文件】，出现另存为对话框，勾选【在当前位置和旋转上保存分段】和【每一帧关键帧】，一般【保存MAX对象】和【保存列表控制器】是默认勾选的。如果没有勾选，那么需要手动点击勾选一下。最后点击【保存】，打开保存的文件夹，就可以看到保存好的bip动作文件，如图10-34所示。

提示：想要测试观察保存的bip动作文件有没有问题或者保存是否成功，那么可以加载一下保存的bip动作文件在场景中播放一下。如果有动作，代表bip动作保存是成功的；如果没有动作，那么需要重新保存一下bip动作文件。

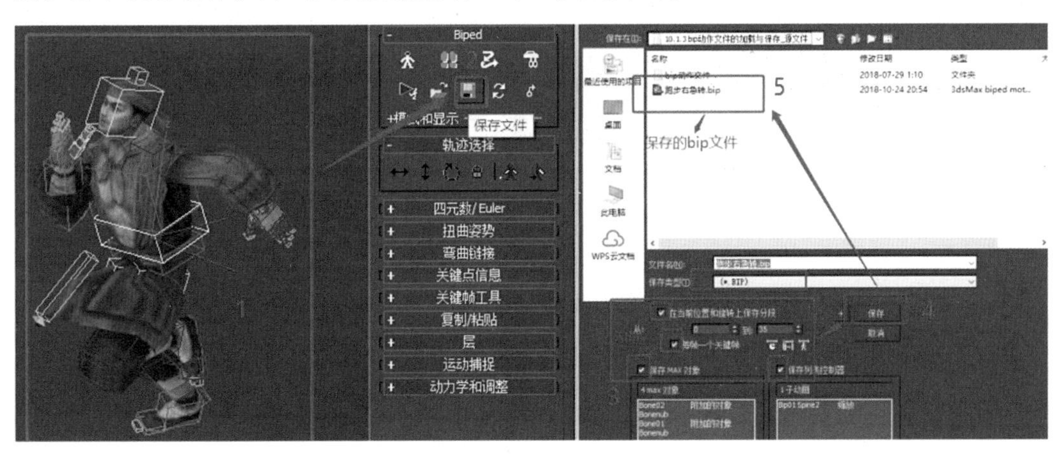

图 10-34

10.3 手动调节攻击动作

10.3.1 实例简介

本实例运用中Biped骨骼系统，结合人体肢体运动规律，设计攻击动作，结合Biped骨骼中的【关键点信息】和【自动关键点】来快速制作出人物角色的向前挥刀攻击动作。

10.3.2 实现步骤

（1）调整时间配置。打开已经绑定好蒙皮的人物角色模型文件，在软件右下角的【时间配置】中修改时间滑块的帧数，把攻击动作的时间设置为28帧。然后在软件右下方打开【自动关键点】，开始制作攻击动作，如图10-35所示。

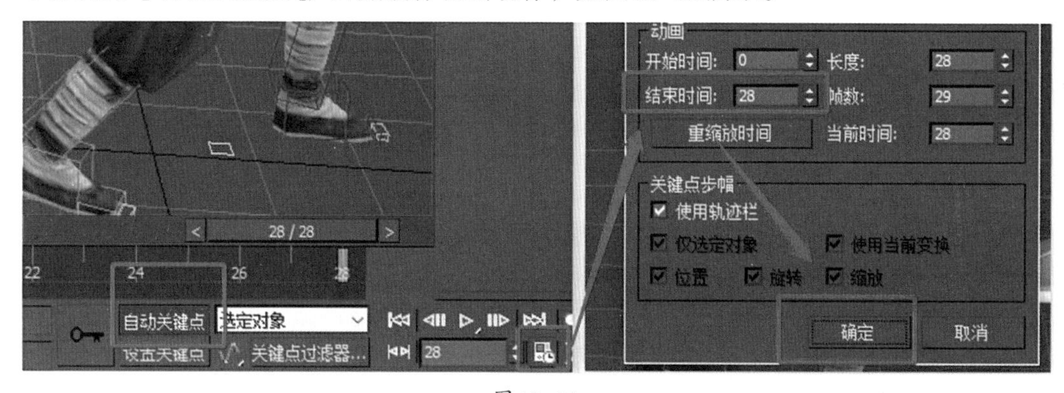

图10-35

（2）链接道具。在打开的模型文件中有一把大刀，这把大刀和人物是没有任何的关联性的。需要选中大刀模型，把大刀模型移动到右手的位置，在大刀的手柄处创建一个【虚拟对象】Dummy001。先选中大刀模型，在工具栏中点击【选择并链接】，把大刀模型链接给虚拟对象。再选中虚拟对象，把虚拟对象链接给绿色骨骼的右手手掌骨骼Bip01 R Hand，这样就完成了大刀的链接绑定，如图10-36所示。

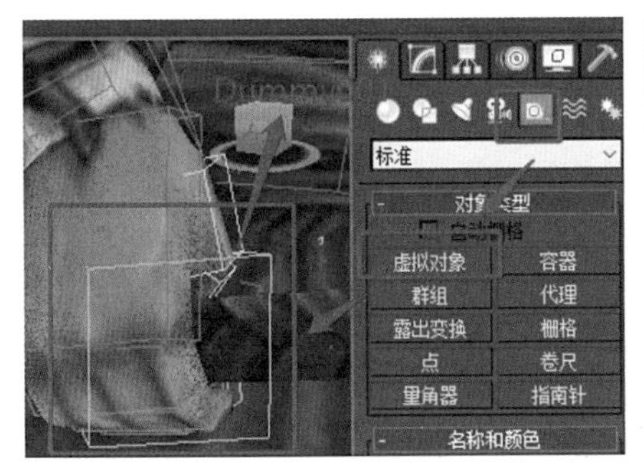

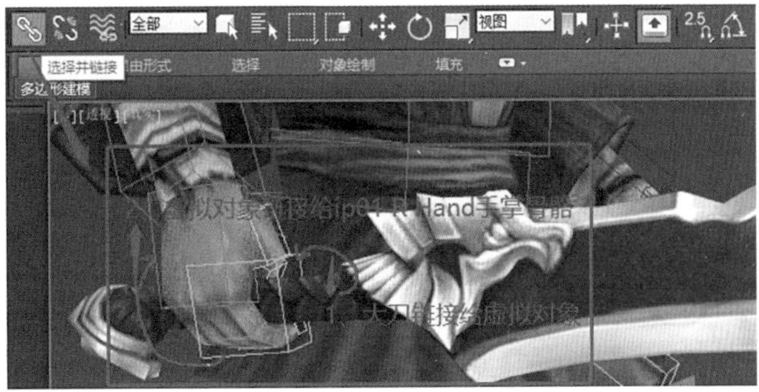

图 10-36

（3）调整第0帧动作，选中所有的骨骼，把时间滑块移动到第0帧。在第0帧给所有的骨骼记录一个关键帧。场景切换到【左视图】，先选中两只脚的脚掌骨骼，在【运动】面板中给脚掌记录一个【设置踩踏关键点】。再选中绿色骨骼的右脚向后略微伸直踩踏地面，选中蓝色骨骼的左脚向前半蹲，脚掌向前踩踏地面；选中绿色骨骼拿刀的右手向后，蓝色左手向前，如图10-37所示。

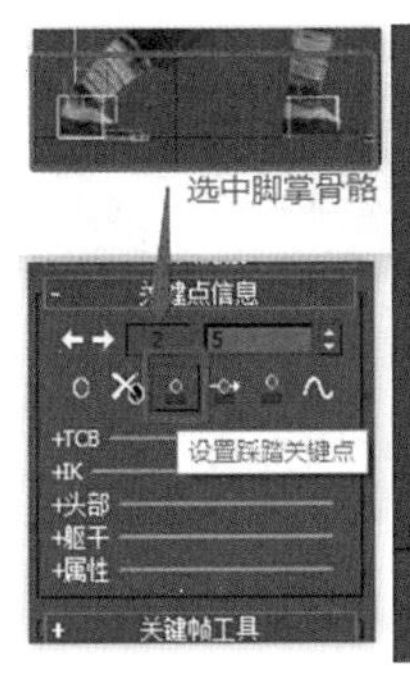

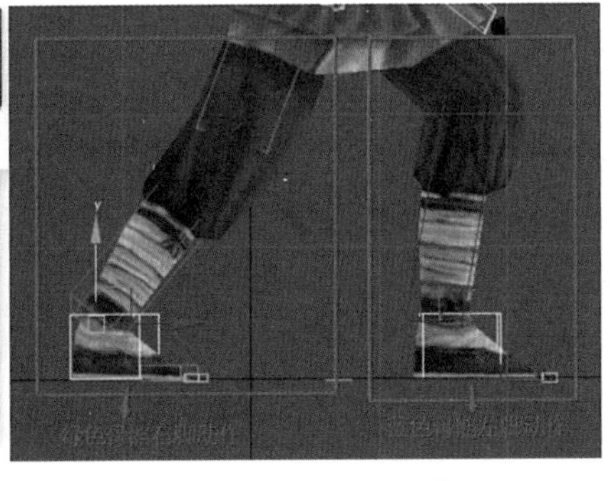

图 10-37

提示：给脚掌记录一个【设置踩踏关键点】是为了在调整人物整体重心的时候人物脚掌不会随着调整人物重心而移动。

选中Bip01重心骨骼，调整重心向前并且向下一点。分别选中头部、脊椎和臀部骨骼记录一个关键帧，再分别选中裙摆骨骼Bone01和Bone02骨骼，先调整Bone01裙摆骨骼跟随蓝色骨骼的左脚的高度，让前面的裙摆不要穿透到左腿模型上；再选中Bone02，调整Bone02背后的裙摆骨骼向后飘起，如图10-38所示。

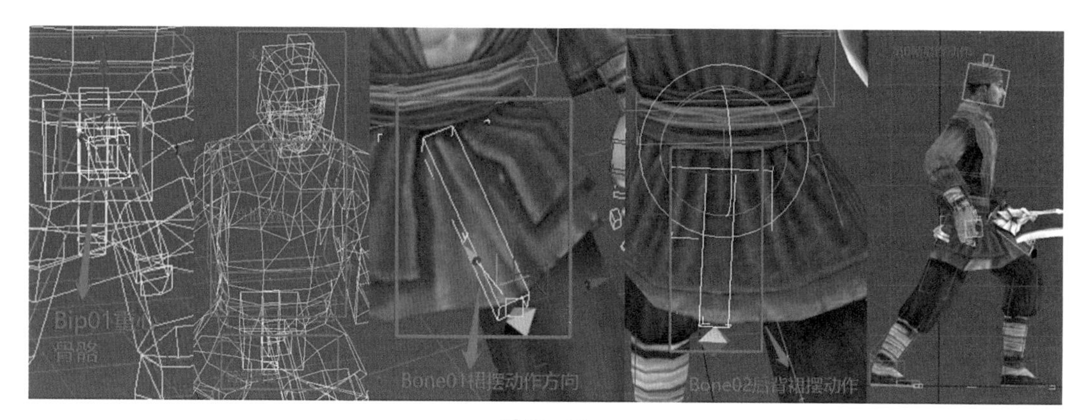

图 10-38

（4）调整第5帧动作。在第5帧，选中Bip01重心骨骼继续向下，绿色骨骼的右脚脚掌原地不动，腿呈现向前弯曲状态，蓝色骨骼的左腿保持动作不变。这时候绿色骨骼的右手拿刀向前移动，蓝色骨骼的左手向右一起握住右手的刀柄，如图10-39所示。

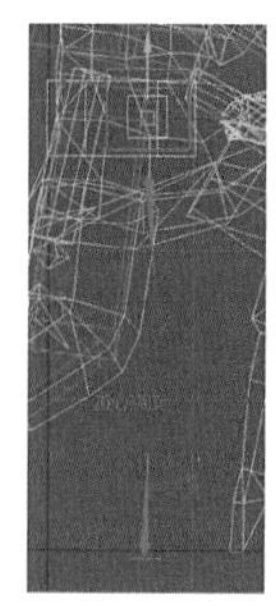
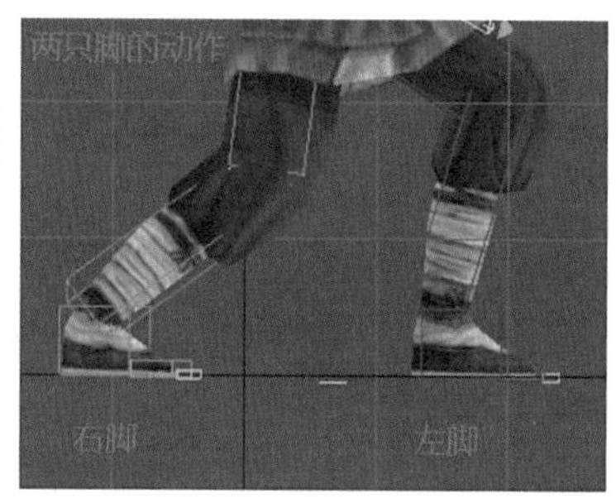

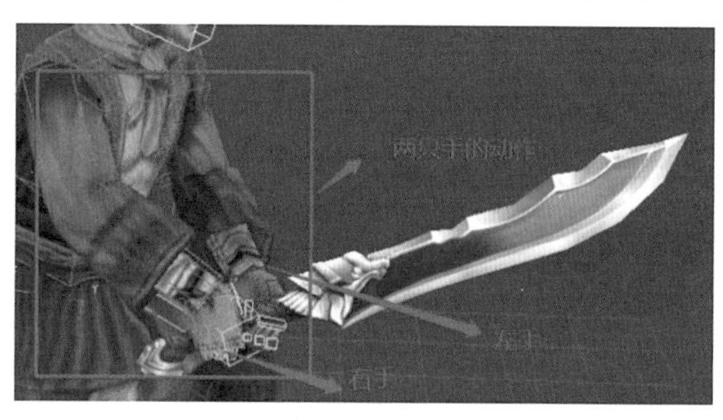

图 10-39

选中头部骨骼向右旋转，选中脊椎骨骼和臀部骨骼都向右旋转一个角度，就是整个身子向右旋转一点，如图10-40所示。

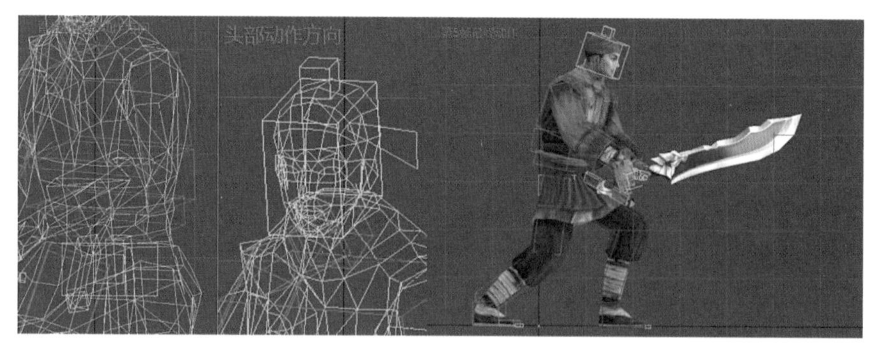

图 10-40

bip动作文件的加载与保存

（5）调整第6帧动作。制作人物快速向前攻击动作，所以人物角色攻击动作是有一个急速和缓慢的过程，在人物要发动攻击时，人物快速向前攻击，并且在攻击完最后缓慢结束站稳。在第6帧，人物角色快速弹起举刀向前。调整第6帧动作时，首先选中重心骨骼向上；再选中绿色骨骼的右脚在第5帧的基础上抬起向前一点，右脚离开地面，蓝色骨骼的左脚跟抬起，整条腿呈现向前倾的状态。分别选中绿色骨骼的右手和蓝色骨骼的左手抬高到和肩膀基本一条水平线上。调整大刀竖起，刀刃朝前，如图10-41所示。

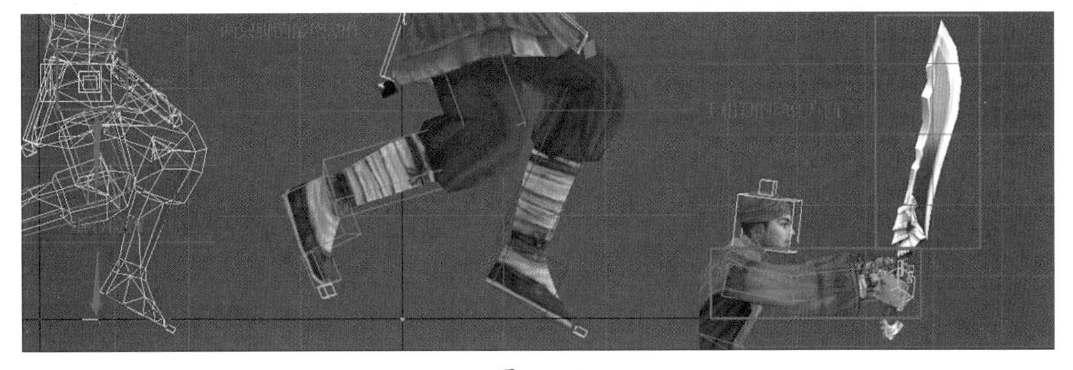

图 10-41

再选中头部骨骼，头部抬起，并且旋转头部朝前；选中脊椎和臀部骨骼都向左旋转，脊椎和臀部朝前。最后调整裙摆骨骼不要穿帮，如图10-42所示。

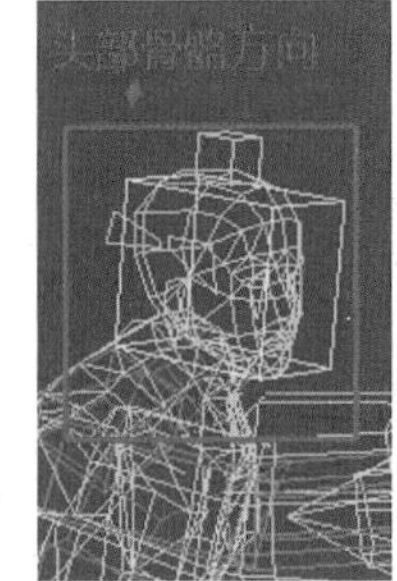
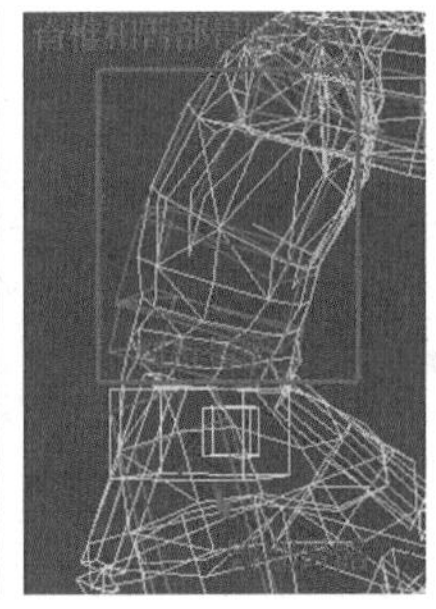

图 10-42

（6）调整第8帧动作。在第8帧，整个人物跳起悬在半空中。选中重心骨骼在第6帧的基础上继续向上移动，再选中绿色骨骼的右脚弯曲抬起，小腿朝上，膝盖朝下；选中蓝色骨骼的左脚也悬在半空中，脚掌朝下，右腿要比左腿略高一点。再分别选中两只手的骨骼，把手调整到人物头部位置，手和身体在一条水平线上，这时候的大刀在头部位置向后，刀刃朝上，如图10-43所示。

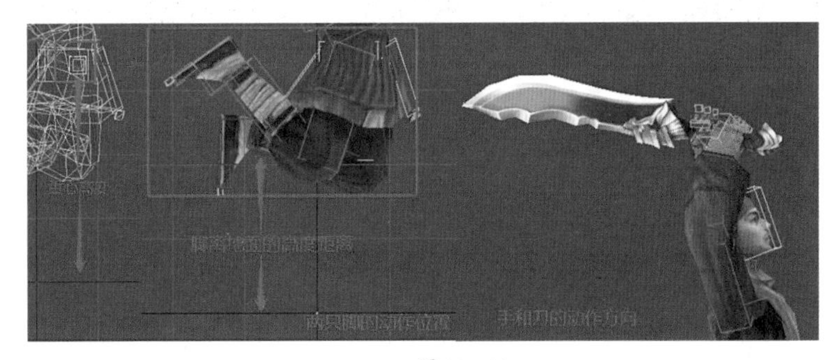

图 10-43

选中人物头部旋转向上抬起，选中脊椎骨骼向左旋转一点，然后再选中整个脊椎骨骼向后旋转倾斜，最后再调整前后裙摆骨骼动作不要穿帮，如图10-44所示。

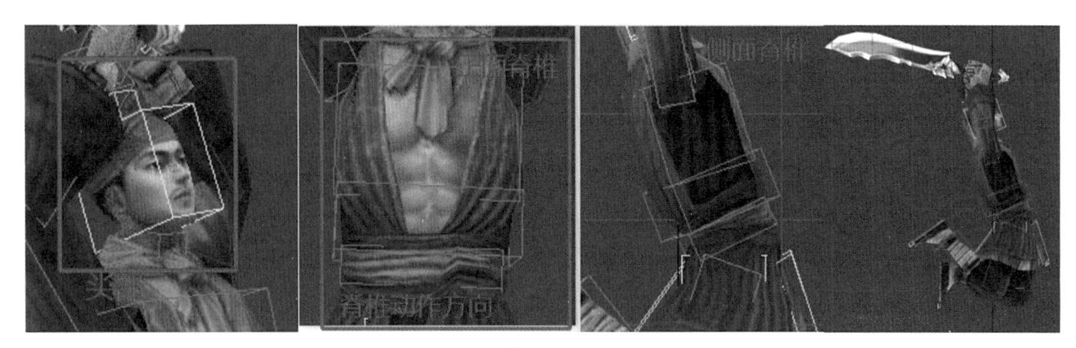

图 10-44

（7）调整第14帧动作。第12帧动作是在第8帧的基础上继续进行的，首先重心略微向下和向前移动一点，然后调整右脚小腿向下旋转一点，脚尖朝下；左脚放下，但是没有落地，小腿和大腿略微呈现一个垂直状态，脚掌朝着地面。两只手这时候旋转朝前和肩膀一条水平线，大刀垂直于地面，刀刃朝前。这时候的头部旋转朝前，旋转脊椎骨骼向前，人物脊椎呈现一个弯曲的曲线状态，如图10-45所示。

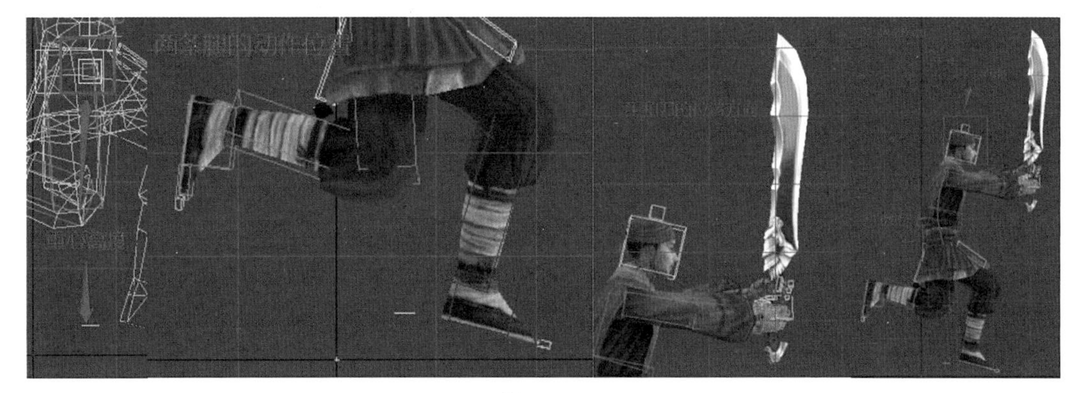

图 10-45

（8）调整第15帧动作。在第15帧，这时候人物需要落在地面。首先选中人物重心骨骼Bip01向下移动一定距离。这时候调整绿色骨骼的右脚向后落地，大腿和小腿略微呈现一个90°状态，脚掌踩踏地面；蓝色骨骼的左脚脚掌向前踩踏地面，大腿和小腿略微呈现半蹲状态。这时候的绿色骨骼的右手和蓝色骨骼的左手分开落下张开呈现一个稳定状态，右手的大刀和地面保持水平，刀刃朝下；左手手掌并拢朝前，如图10-46所示。

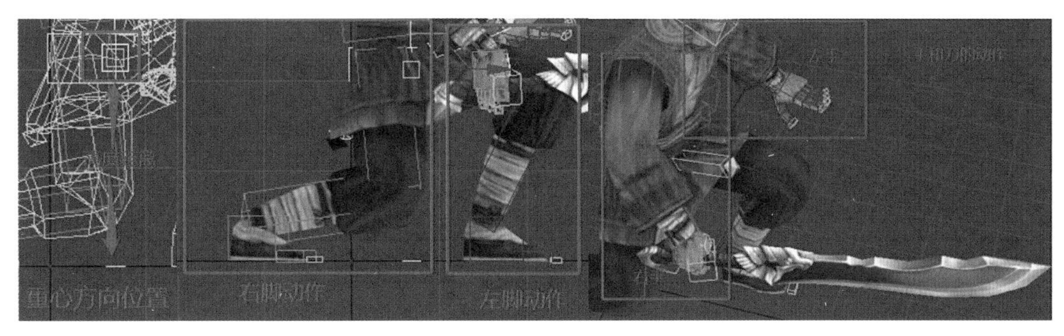

图 10-46

提示：在第15帧，人物的两只脚踩踏地面的位置和第0帧相同，所以可以选中两只脚的脚掌骨骼，复制第0帧脚掌骨骼到第15帧，这样角色落地的位置就会和原来的位置相同。

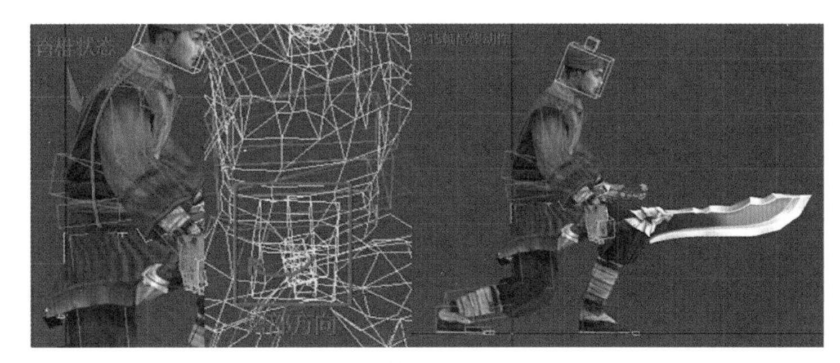

图 10-47

调整脊椎向前弯曲，脊椎还是呈现一个曲线状态，头部略微朝下，这时候臂部向右旋转一定角度，最后调整裙摆动作，如图10-47所示。

（9）复制粘贴动作至第28帧。把时间滑块移动到第0帧位置，选中所有骨骼，按键盘上的Shift键不放，复制第0帧骨骼动作到第28帧，这样攻击动作的首末帧就是一样的，这样这个攻击动作就可以循环播放，如图10-48所示。

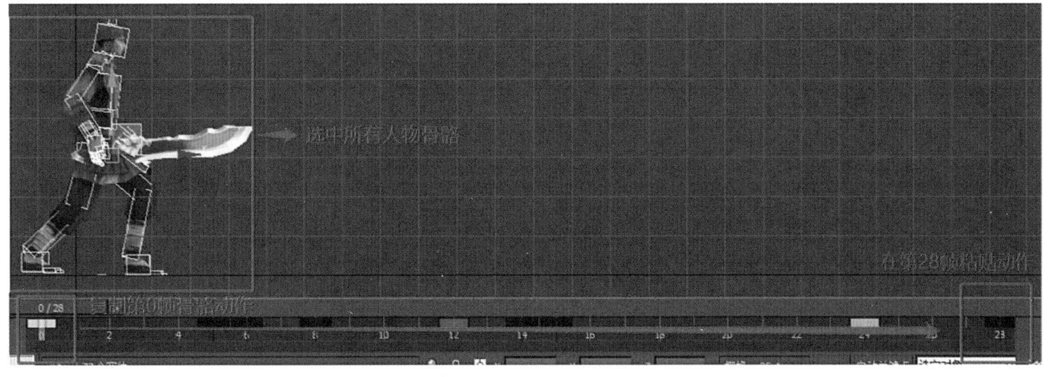

图 10-48

（10）调整动作细节。在场景中播放攻击动作，观察动作是否有不合理的地方，如果动作有不合理的地方，那么需要继续调整相对应有问题的帧数动作。如果没有问题，代表攻击制作完成。

10.4 思考与练习

1. 如何快速制作出角色行走、跑步及跳跃动作？
2. Bone骨骼和Biped骨骼在设置关键帧时有什么不同？
3. 参阅第三节内容，请自行设计一套拳击动作。

10.5 单元测试

试题

第11章 四足及多足动物动画制作

11.1 本章概述

概述

四足与两足及多足动物在骨骼搭建上除形态不同外，在骨骼数量及形状方面也会有不少差异，如尾部、触须等附件，需要在默认Biped骨骼上添加相应附件，并根据绑定对象调节相应比例关系，达到协调自然的效果。本章主要在四足动物骨骼创建中主要以Biped骨骼为主，辅以Bone骨骼相配合来完成，多足动物主要以Bone骨骼为主，更加灵活自由。

注：为方便读者阅读，自本章之后的角色调整过程中的左右方向，均以读者面对屏幕的方向为参照。

11.2 四足动物骨骼创建

11.2.1 实例简介

本实例主要运用Biped骨骼系统，以Bone骨骼作为辅助骨骼，通过对Biped骨骼各种参数调节以及Bone骨骼的链接操作，进行四足动物野猪骨骼的匹配和蒙皮绑定。

11.2.2 实现步骤

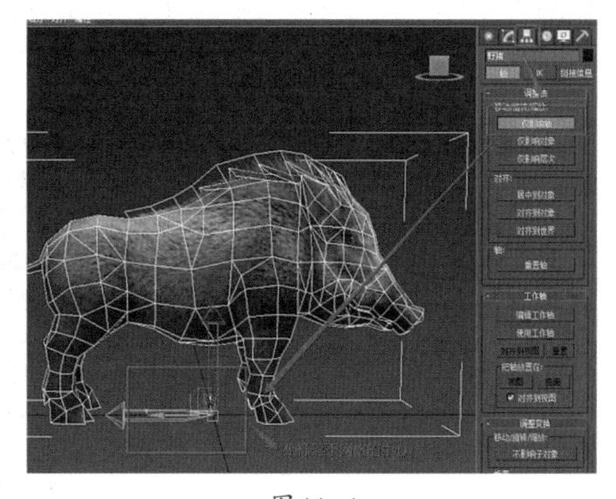
图 11-1

（1）调整轴心位置。在3ds Max中打开野猪的模型文件，在【层次】中的【调整轴】中选择【仅影响轴】，使模型的坐标落于场景网格的中心位置，还需要把坐标位于腿的同一条水平线上，如图11-1所示。

（2）创建Biped骨骼。在【创建】图标下选择【系统】，然后点击选择Biped

骨骼，在前视图按住鼠标左键不放，创建一个和野猪差不多大小的骨骼。再点击右边的【运动】面板，激活【体形模式】，如图11-2所示。

（3）冻结模型。单击鼠标左键选中模型，单击鼠标右键，出现选择列表，选择【对象属性】。出现对象属性弹窗，勾选【冻结】，再点击确定。这样野猪模型就冻结起来了，鼠标就不会选中，如图11-3所示。

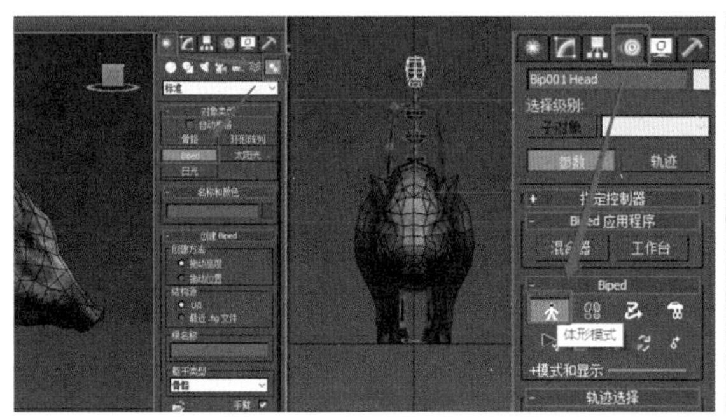

图11-2

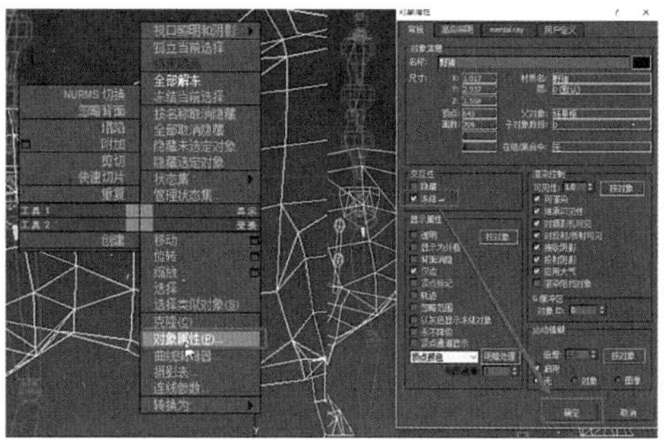

图11-3

提示：冻结模型是以防选中模型发生偏移，也是为了更好地匹配骨骼。

（4）重心骨骼匹配模型臀部。选中任意一个骨骼，在【运动】面板中点击【结构】，把【躯干类型】改成【标准】。场景切换到侧视图，选中整个骨骼的中心点，然后拖动中心点整个骨骼到野猪模型的臀部位置，野猪身体的整个控制中心是在臀部，如图11-4所示。

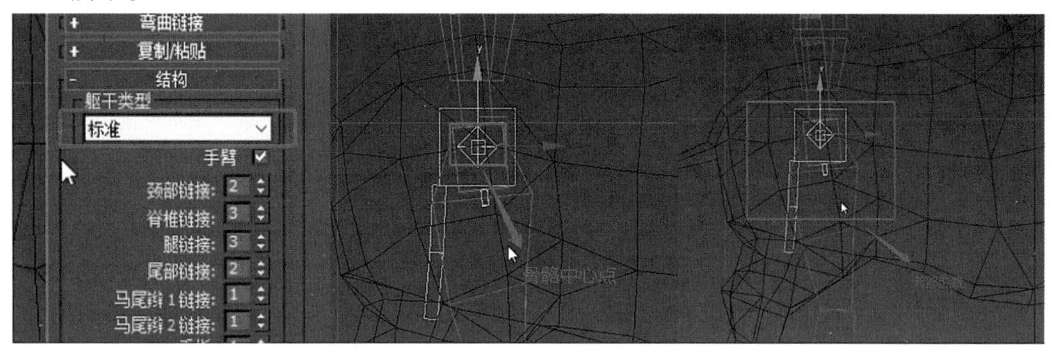

图11-4

（5）后腿骨骼对位后腿模型。首先开始对位腿部骨骼，在【结构】中修改【腿链接】改为4，在工具栏中把【参考坐标系】改为【局部】是为了更好地调整骨骼，如图11-5所示。

图11-5

利用移动和旋转缩放工具，在透视图中对位野猪左边的后腿，首选对位野猪的大腿骨骼，然后再依次调整后面两根骨骼和脚掌的骨骼。把脚趾的模型缩小，如图11-6所示。

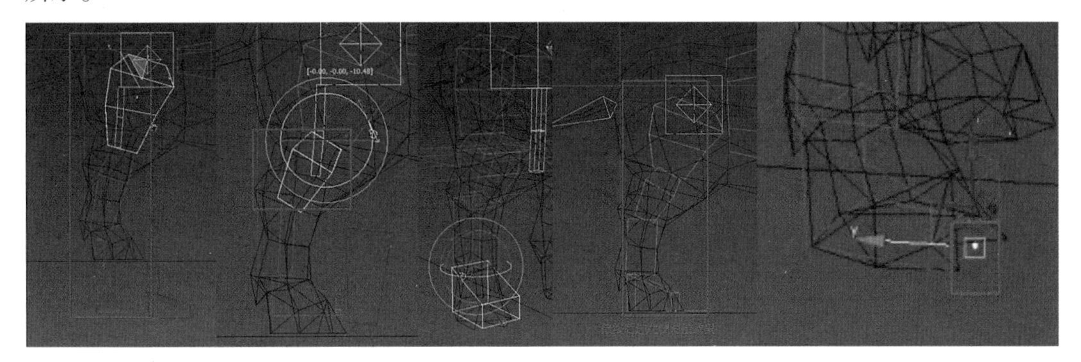

图11-6

（6）胸部骨骼对位胸部模型。先选中臀部骨骼放大，在工具栏中点击【角度捕捉切换】，角度改为90°，然后在结构中把脊椎链接改为2。接着在场景中选中第二个脊椎骨骼，把第二个脊椎骨骼旋转90°，这样整个前半部分的身体也会一起旋转。再移动身体部分的骨骼对准野猪身体，如图11-7所示。

选中脊椎的两根骨骼，选择缩放工具，把脊椎缩放至身体一样大小，然后再对位头部脖子的骨骼，如图11-8所示。

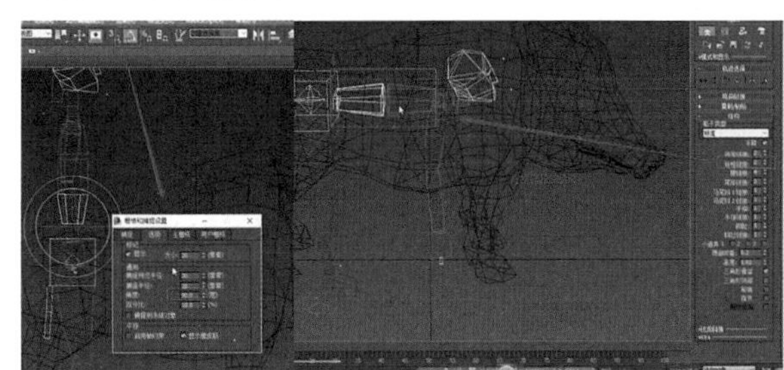

图11-7

图11-8

（7）前腿骨骼对位前腿模型。选中锁骨的模型，把左边前腿移动到相对应模型的位置，然后先对位锁骨的模型。再依次对位2、3根骨骼，最后对位脚的骨骼，把前脚的脚趾数变为1，缩小脚趾至看不见的状态，如图11-9所示。

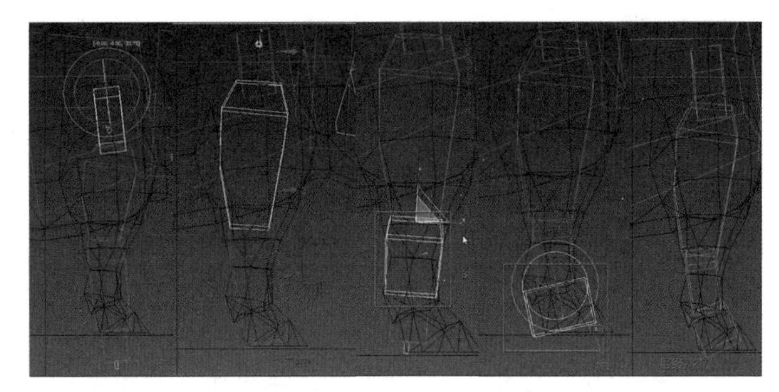

图11-9

提示：这里的前脚就是Biped骨骼人体的手，手指指的是脚趾。

（8）镜像腿部骨骼。首先双击对位好的左边前腿骨骼，然后在右边的【运动】面板，在【复制/粘贴】中创建【集合】，点击【复制姿态】，再点击【对面粘贴姿态】。这样，右边的前腿就直接镜像好了，如图11-10所示。

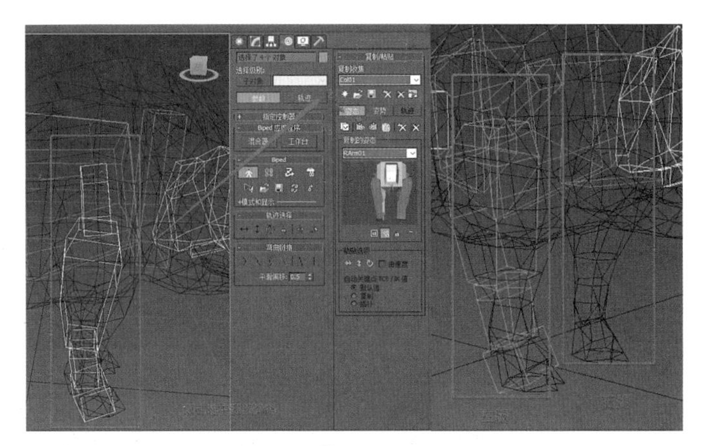

图11-10

同理，点击鼠标左键，双击左边的后腿根骨骼，同样在右边的【运动】面板中，在【复制/粘贴】中创建【集合】，点击【复制姿态】，再点击向【对面粘贴姿态】。这样，左边的后腿同样镜像好了，如图11-11所示。

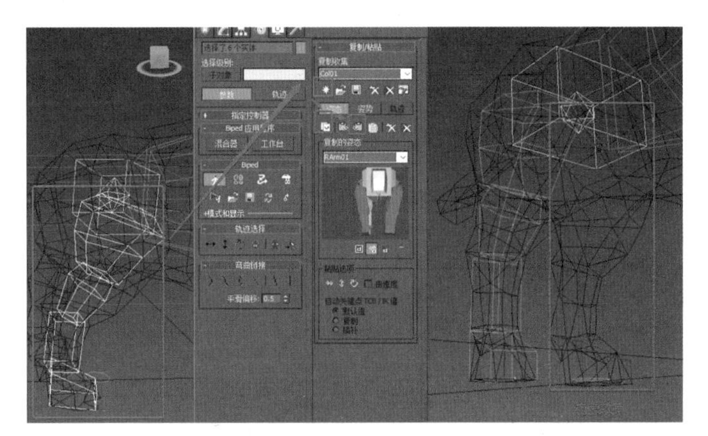

图11-11

（9）创建Bone骨骼。先在前视图创建左边耳朵的骨骼，对位到相应的位置，点击工具栏里的【镜像】，出现弹窗。选择X轴，再选择【复制】，然后点击确定。最后把镜像的右边耳朵骨骼对位到右边耳朵相对应的模型位置，如图11-12所示。

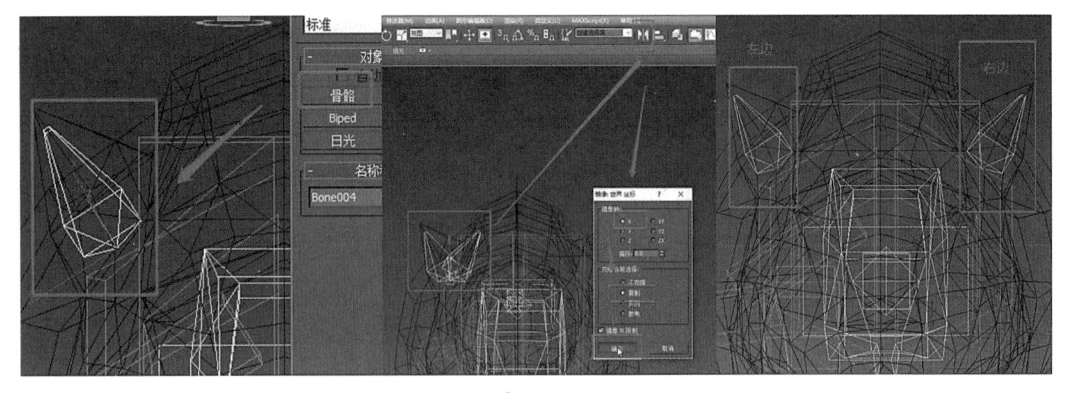

图11-12

场景切换到【左视图】，创建野猪的下嘴唇骨骼。再给尾巴创建两根骨骼，对位好尾巴的模型，如图11-13所示。

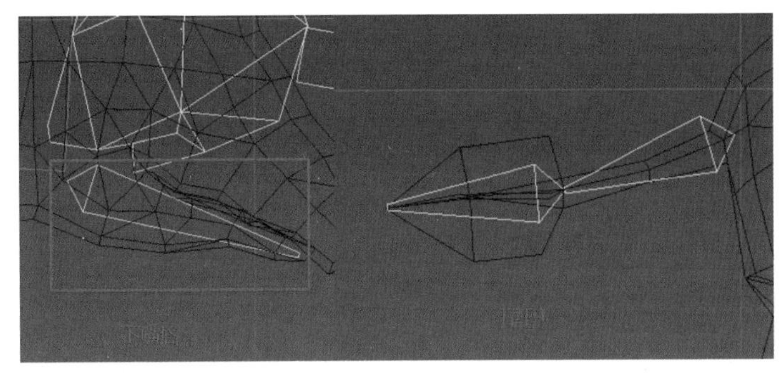

图11-13

（10）链接Bone骨骼。选中两只耳朵的骨骼，点击工具栏中的【选择并链接】，在场景中把骨骼链接给头部，再选择下嘴唇的骨骼，把骨骼也链接给头部。再次选中尾巴的根骨骼，把尾巴的骨骼链接给臀部黄色的那根骨骼，这样所有的前期骨骼创建和对位链接就完成了，如图11-14所示。

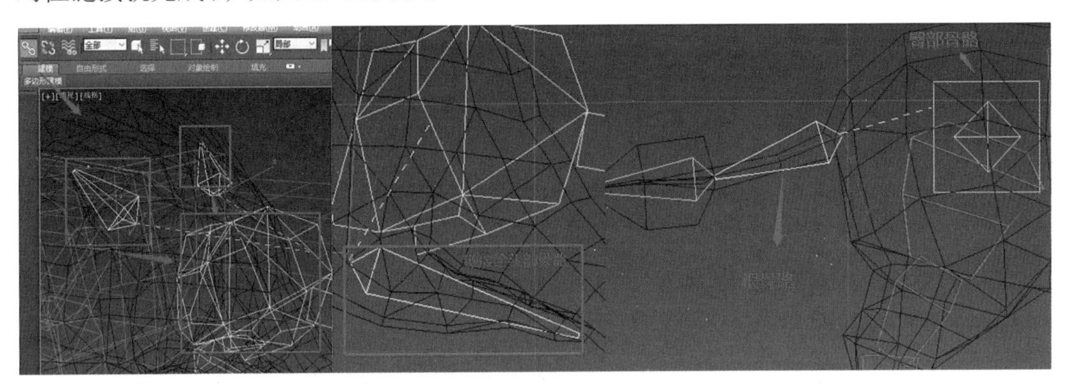

图11-14

然后选中所有的骨骼，在【显示】面板中的【显示属性】下勾选【显示为外框】，场景中的骨骼就会以线框显示，如图11-15所示。

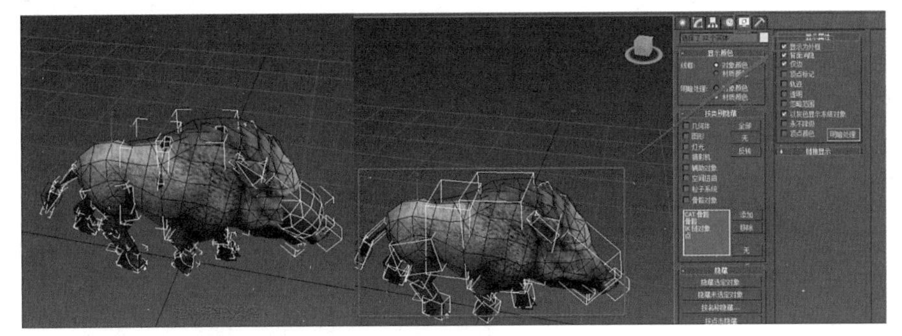

图11-15

四足动物骨骼调整

提示：以线框显示是为了方便后面蒙皮权重的操作。

（11）初始蒙皮，给模型添加蒙皮。首先单击鼠标右键，出现下拉列表，选择【全部解冻】之前冻结的野猪模型。然后选择【移动】按钮，选中野猪模型，在软件右边选择【修改】面板，点击【修改】面板的下拉按钮找到【蒙皮】选项，再点击鼠标左键确定。在修改面板中就出现了蒙皮选项，这样蒙皮就加载完成了，如图11-16所示。

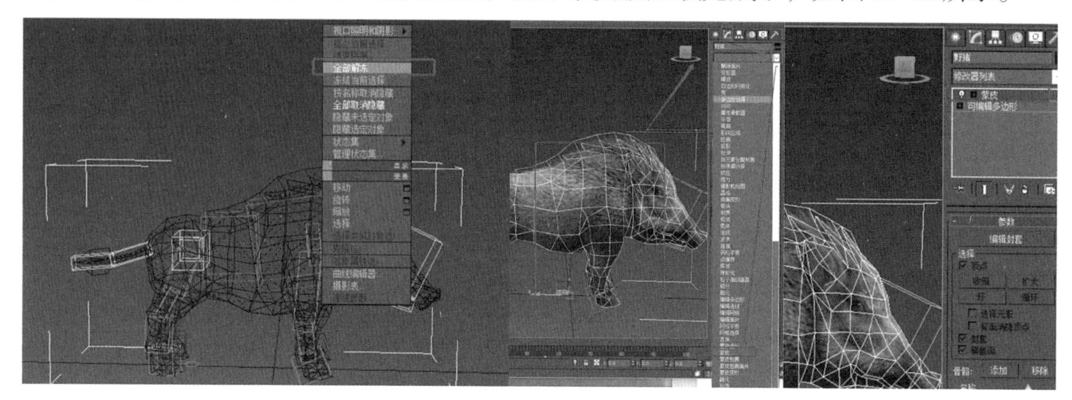

图11-16

（12）给蒙皮添加骨骼。选中野猪模型，在【修改】面板中的蒙皮列表下面找到【骨骼】，点击【添加】，出现【选择骨骼】弹窗。选择键盘上的Ctrl + A全选所有骨骼，再点击【确定】，蒙皮列表下就会出现一系列的骨骼。这样野猪模型的初始蒙皮就做好了，如图11-17所示。

提示：初始蒙皮是在添加蒙皮的时候就已经赋予了基本的权重值。

（13）打开权重工具。打开蒙皮加号下拉选项，点击【封套】，然后在【参数】下勾选顶点，然后打开【权重工具】，出现权重工具弹窗，如图11-18所示。

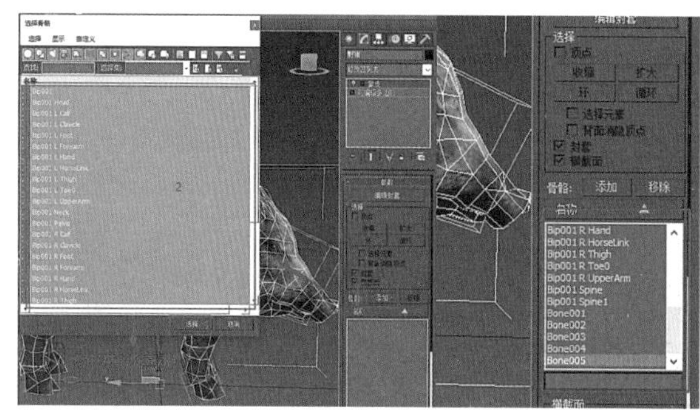

图11-17

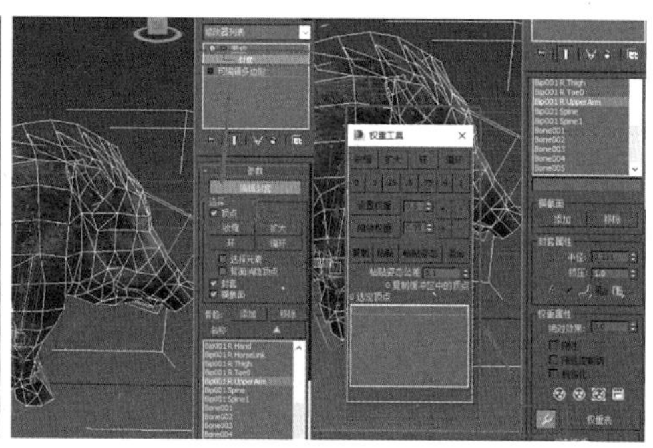

图11-18

（14）检查头部初始蒙皮效果。蒙皮权重是否没有问题，是需要通过一些基本的动作来检查的。做动作时，需要关闭【封套】回到蒙皮状态。然后，选择任意一根Biped骨骼，在【运动】面板中关闭激活的【体形模式】再做测试动画，如图11-19所示。

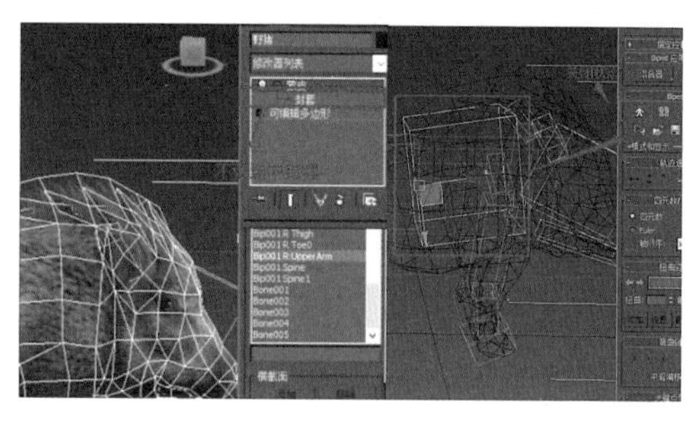

图11-19

首先在第0帧给所有的骨骼按键盘上的K键打上一个关键帧，减选Bone骨骼，选中所有的Biped骨骼，在【运动】面板中选择【关键点信息】，打上关键帧，如图11-20所示。

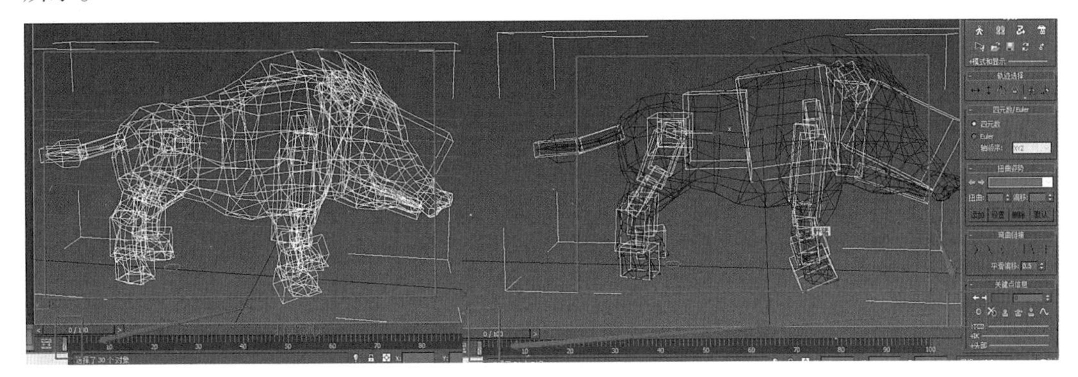

图11-20

打开自动关键点，然后给野猪头部做一个简单的嘴巴张开动作。发现嘴巴张不开，在【修改】面板点击【封套】，勾选顶点，打开权重工具，在场景中选择下嘴唇的骨骼线，按Shift键选下嘴唇的顶点，把权重值改为1，上嘴唇的顶点变为0，如图11-21所示。

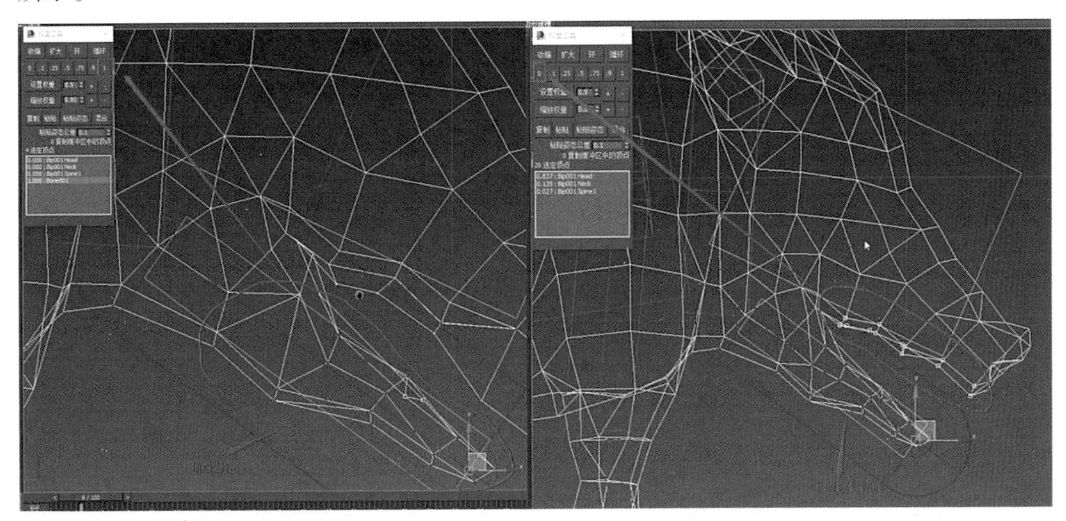

图11-21

再选择头部骨骼线，把头部顶点的权重值赋为1，在头部和下嘴唇的骨骼上两个嘴唇中间权重值各为0.5。再次选中头部骨骼线，发现头部权重控制到身体和腿的位置，选中腿部和身体的顶点，把权重值赋为0，如图11-22所示。

打开自动关键点，把时间滑块拖到第10帧，在第10帧做一个头的动作，测试看头部有没有控制好。然后调整耳朵指定一下权重值，先选中右边耳朵的骨骼线，再选择耳

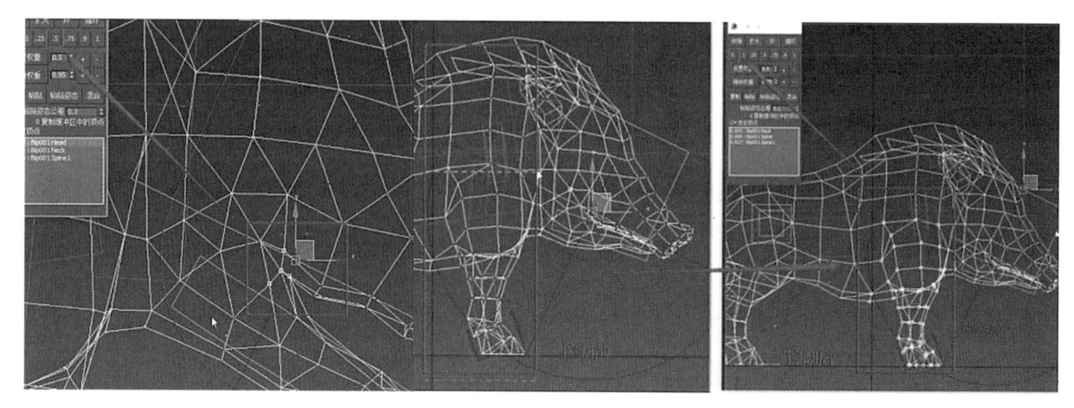

图 11-22

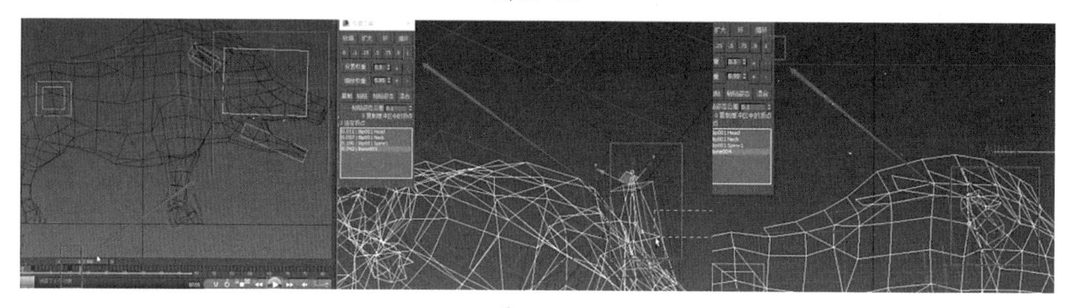

图 11-23

朵的顶点，把耳朵的顶点权重值赋为1，耳朵中间顶点权重值给头部和耳朵的骨骼各赋为0.5。同理左边耳朵是相同的操作，如图11-23所示。

再次看看头部动画，发现头部和脖子的中间部分过硬，所以需调节一下脖子和头部的权重值。选中头部骨骼线，头部靠近脖子的顶点所赋权重值不超过0.5，选中脖子的骨骼线，发现有控制的多余部分，然后减选掉控制的多余的顶点，脖子的中间顶点权重值也不超过0.5。再次观察野猪动画，发现权重基本正确，如图11-24所示。

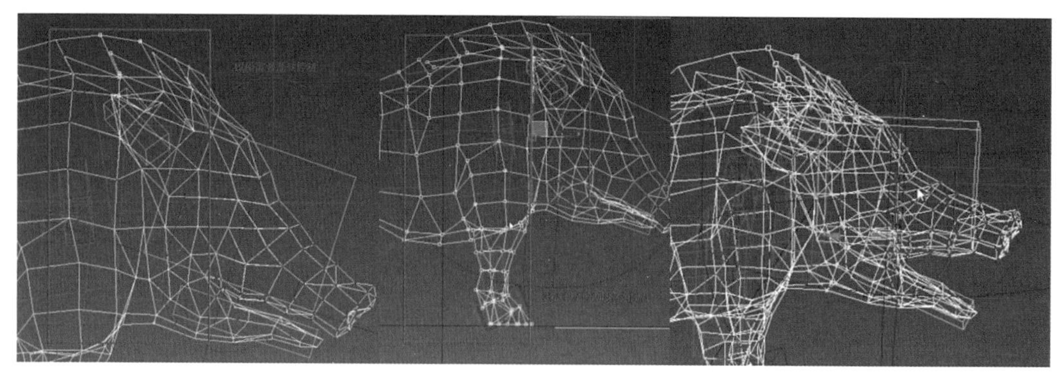

图 11-24

（15）检查身体初始蒙皮效果。同头部一样，选中身体的脊椎骨骼，通过动作观察到身体和头部的关节处太过硬性绑定，调整第一根脊椎骨骼和脖子骨骼的关节处顶点进行渐变控制。如果观察动作没有问题，那么权重就没有问题。检查靠近臀部位置的脊椎骨骼，发现其控制到臀部，选中靠近臀部的脊椎骨骼，选中控制到臀部的顶点，将臀部顶点设为0，如图11-25所示。

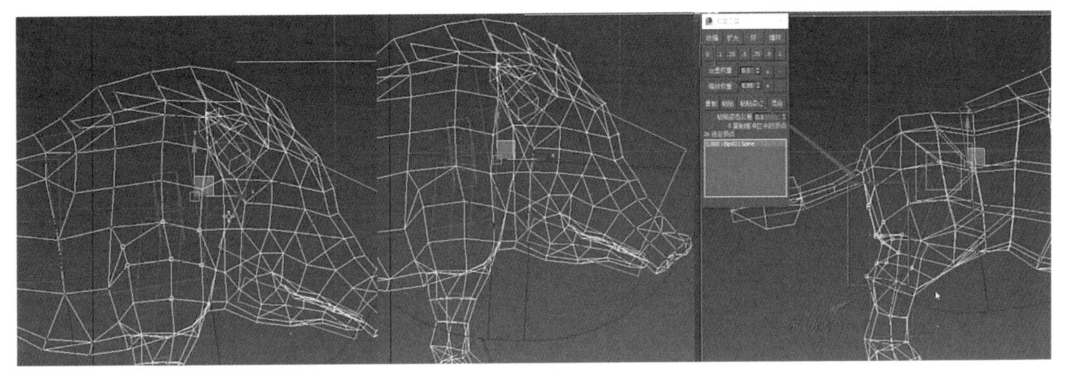

图 11-25

（16）检查腿的初始蒙皮效果。打开自动关键点，把时间滑块拖动到第10帧，分别给四只腿做抬腿动作，通过观察动作发现，野猪的前腿的初始蒙皮没有什么问题，后腿大腿部分需要调节权重值，给后腿的腿部关节处顶点各控制一半，如图11-26所示。

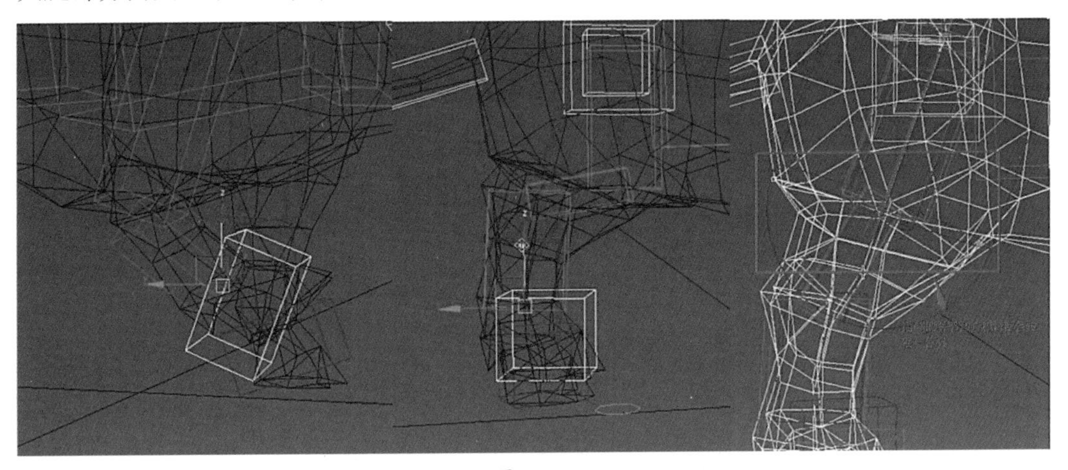

图 11-26

（17）检查尾巴的初始蒙皮效果。通过观察动作发现，尾巴的权重需要重新赋予，单独选中尾巴的每个骨骼线，给尾巴的每个关节处顶点权重值都赋一半，靠近臀部的关节顶点给权重值为0.5以内。然后选中臀部骨骼线，

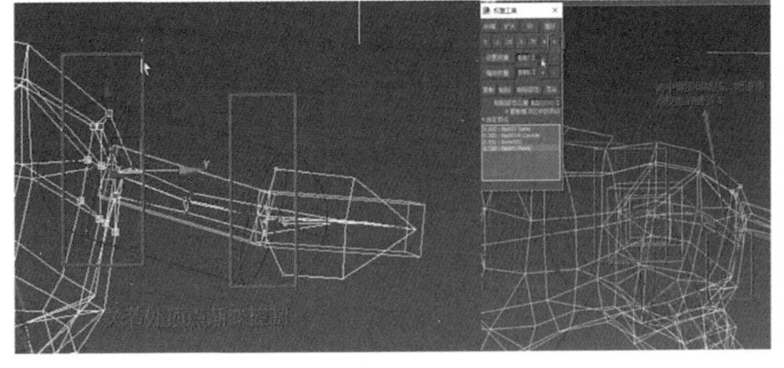

图 11-27

把尾巴控制的顶点指定给臀部，权重值为1，如图11-27所示。

（18）检查整体蒙皮。重新给野猪每个骨骼做一些简单的测试动作，如果发现权重值有问题，需要修改相对应的权重值，直到调整的动作模型没有过度的拉伸和多余控制，那么蒙皮权重才算调整好，如图11-28所示。

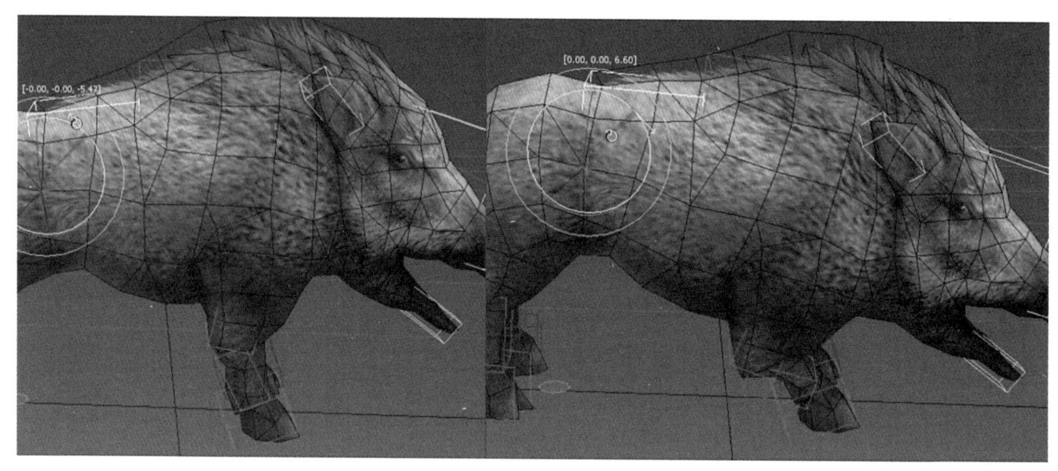

图11-28

11.3 四足动物动作设计

11.3.1 四足动物行走动作

11.3.1.1 实例简介

本实例主要运用3ds Max 2016中的提供的Biped骨骼系统，结合四足动物野猪走路运动规律，利用Biped骨骼中的【关键点信息】和【自动关键点】来快速制作野猪的走路动作。

11.3.1.2 实现步骤

（1）调整时间配置。打开已经绑定好蒙皮的野猪模型文件，在软件右下角的【时间配置】中修改时间滑块的帧数，给走路时间设置为32帧，然后在软件右下方打开【自动关键点】，如图11-29所示。

把时间滑块拖到第0帧，先选中尾巴和耳朵、下嘴唇的骨骼，在第0帧位置按键盘上的K键，给野猪骨骼记录一个关键帧。然后再选中所有Biped骨骼，选中在【运动】面板下的【关键点信息】，然后点击【设置关键点】，那么所有骨骼就打上了关键帧，如图11-30所示。

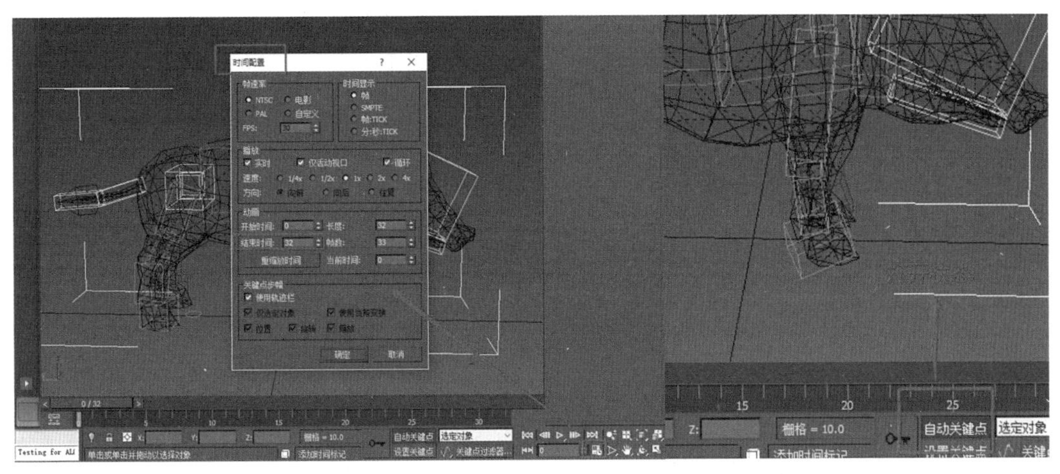

图 11-29

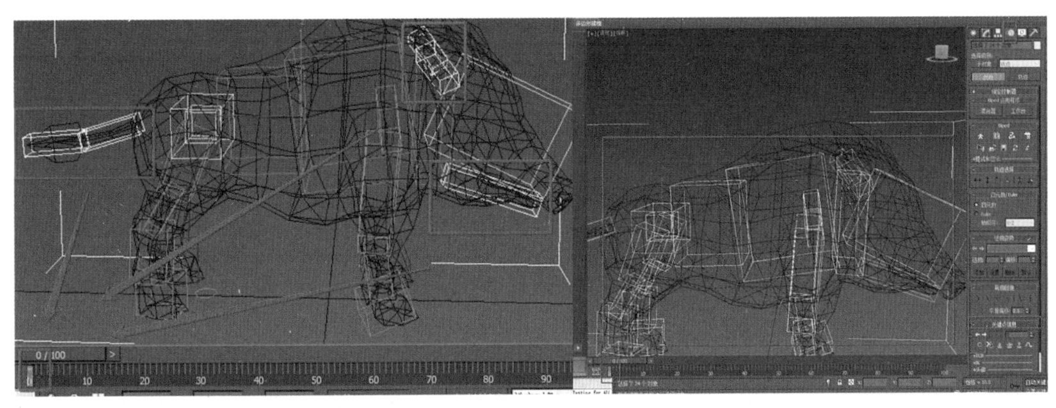

图 11-30

（2）调整第0帧动作。在做动作之前，先冻结野猪模型。先给绿色骨骼的两只脚设置一个【滑动关键点】，如图11-31所示。

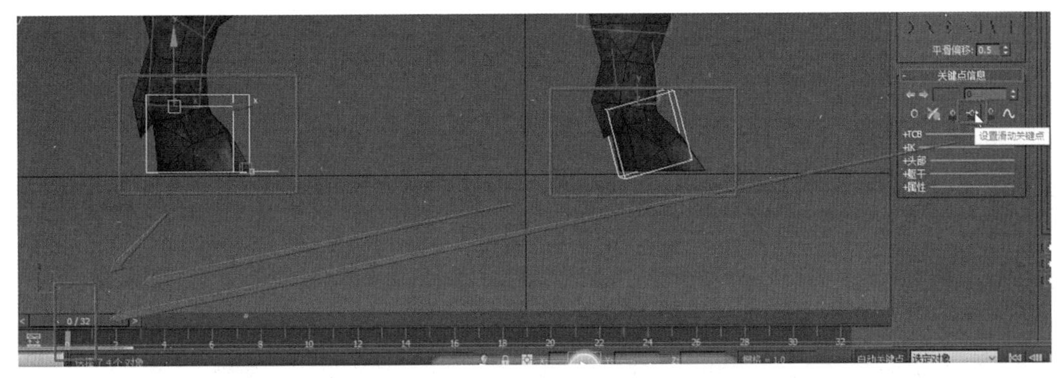

图 11-31

然后选中后腿的绿色脚掌骨骼，使后腿向前落地。选中重心骨骼，把整个野猪的重心降低一定幅度，如图11-32所示。

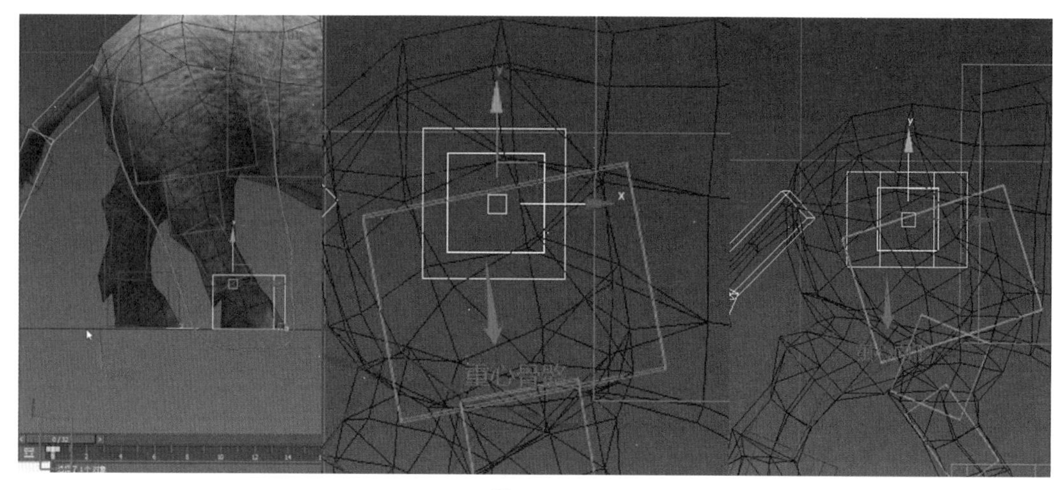
图 11-32

再选中蓝色骨骼的后腿脚掌骨骼，把蓝色骨骼的后腿向后踮起。尾巴向下，如图11-33所示。

选择绿色骨骼的前脚脚掌，选中旋转工具，旋转绿色骨骼的前脚脚掌，让其脚尖踮起之后抬起一点。然后再用移动工具选中脚掌向后移动，脚尖靠在地平线上，锁骨向上旋转，如图11-34所示。

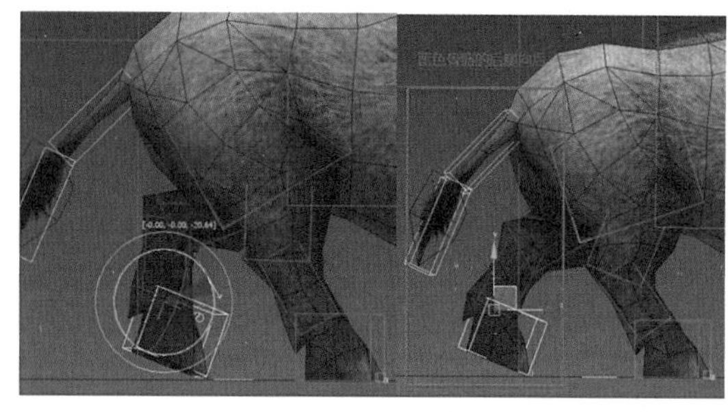
图 11-33

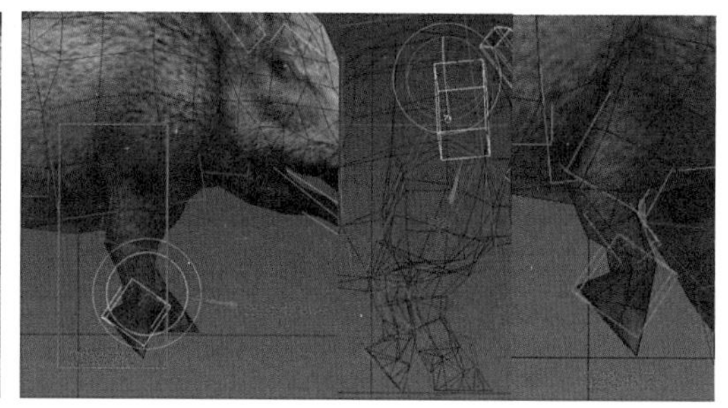
图 11-34

旋转两根脊椎骨骼向下，然后调整蓝色骨骼的前脚向前。再选中野猪的下嘴唇骨骼，让野猪的嘴巴微微张开，如图11-35所示。

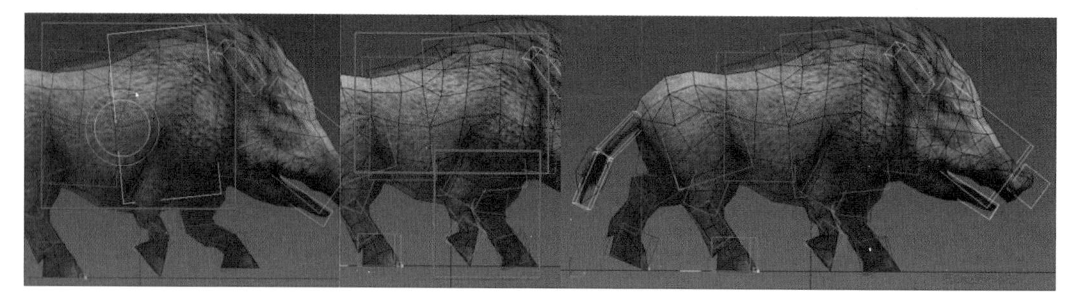
图 11-35

调整野猪的第一根脊椎向左，第二根脊椎向右微微偏移。臀部骨骼向蓝色骨骼方向偏，如图11-36所示。

（3）复制第0帧动作。在场景中选择所有的骨骼，按键盘上的Shift键不放，复制第0帧到第32帧，如图11-37所示。

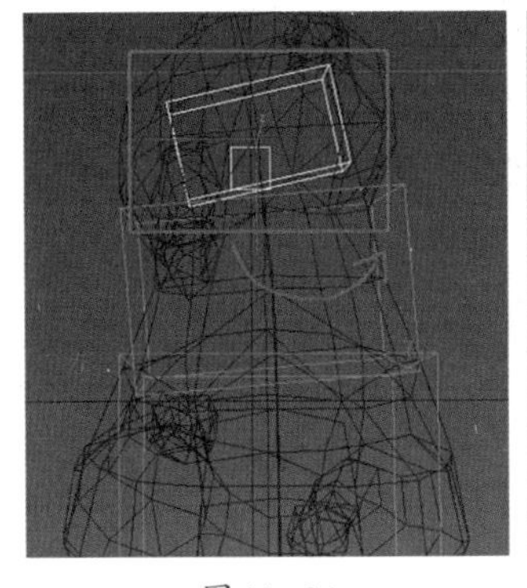
图11-36

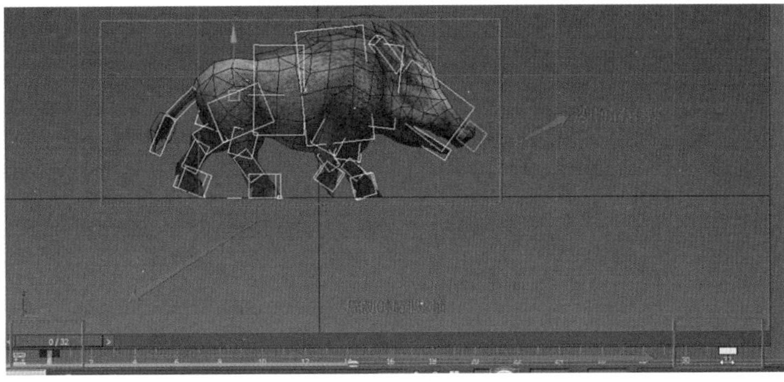
图11-37

提示：做的是原地循环走路动作，所以第0帧和第32帧是相同帧。

（4）调中间帧第16帧动作。第16帧的动作和第0帧相反，绿色的后腿向后踮起，蓝色的后腿向前落地。绿色的前腿踩踏落地，绿色的前腿锁骨骨骼向下；蓝色的前腿向后脚尖踮起，蓝色前腿锁骨骨骼旋转向下一点。最后选中野猪的下嘴唇骨骼，调整下嘴唇骨骼让嘴巴合起来。然后双击尾巴骨骼，旋转调整尾巴向上。头部骨骼向左偏移一点，如图11-38所示。

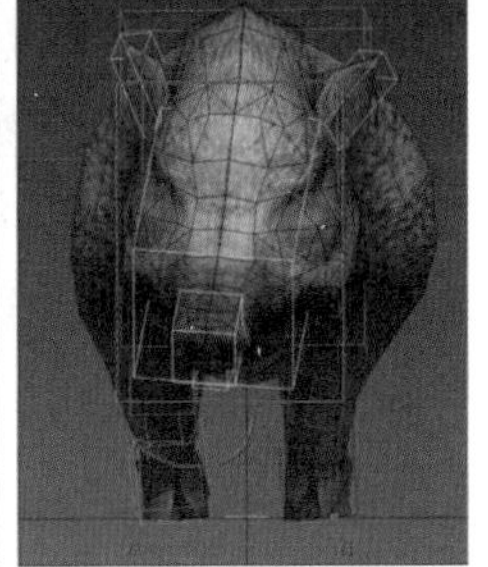
图11-38

（5）调第0帧到第16帧的中间帧第8帧动作。在第8帧的时候，野猪的尾巴向下垂，绿色骨骼的后脚踩地，蓝色骨骼的后脚向后，脚尖踮起，然后抬起一点；绿色骨骼的前脚向前迈步，微微抬起，锁骨向前旋转一点；蓝色骨骼的前脚踩踏落在地面，然后向后，蓝色骨骼的前脚锁骨骨骼向后一点，如图11-39所示。

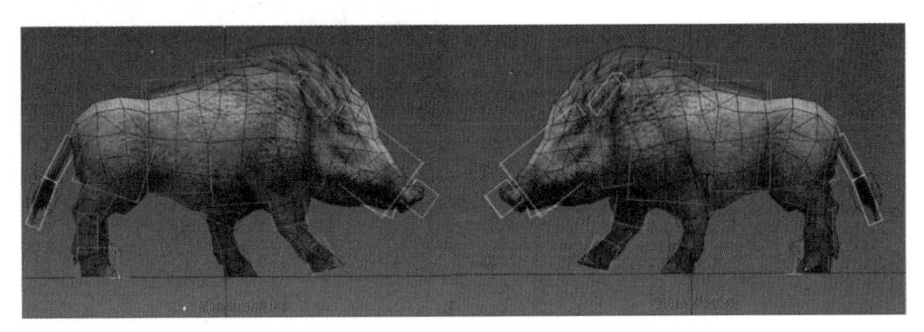
图11-39

调整脊椎方向，第一根脊椎向右旋转，第二根脊椎向左微微旋转，如图11-40所示。

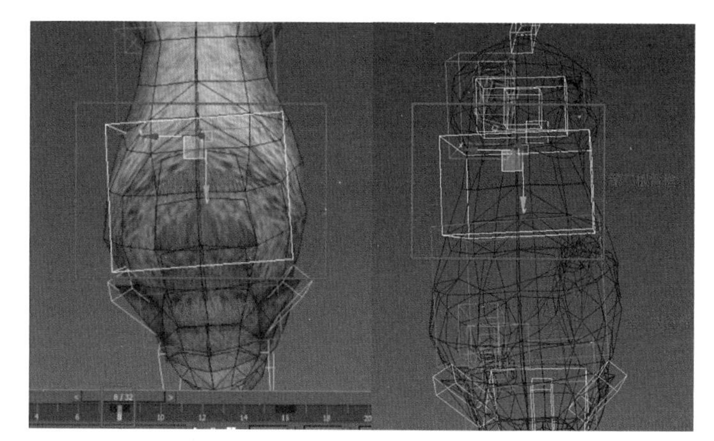

图 11-40

（6）调第16帧到第32帧的中间帧第24帧动作。第24帧和第8帧的动作又是相反的，绿色骨骼的后脚旋转抬起，绿色骨骼的前脚落地向后，绿色锁骨骨骼向后；蓝色骨骼的前脚向前迈步抬起一定高度，蓝色骨骼的前腿锁骨骨骼向前。尾巴动作和第8帧相同，嘴巴微张，如11-41所示。

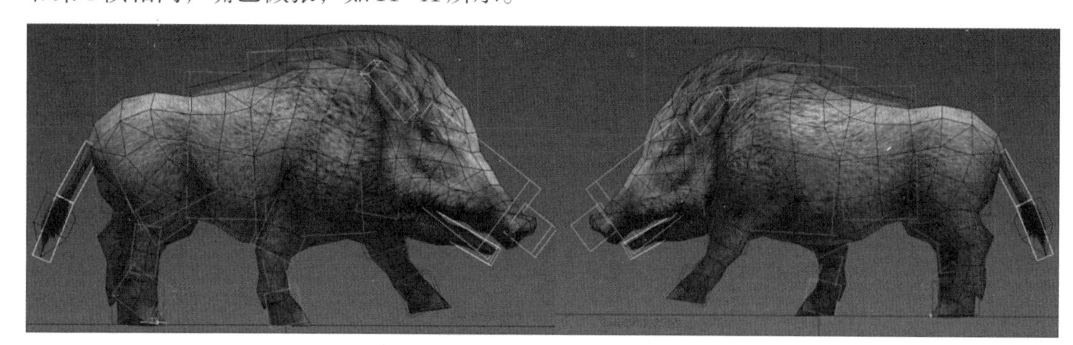

图 11-41

这时，第一根脊椎骨骼向左边方向旋转一点，第二根骨骼向右微微旋转，如图11-42所示。

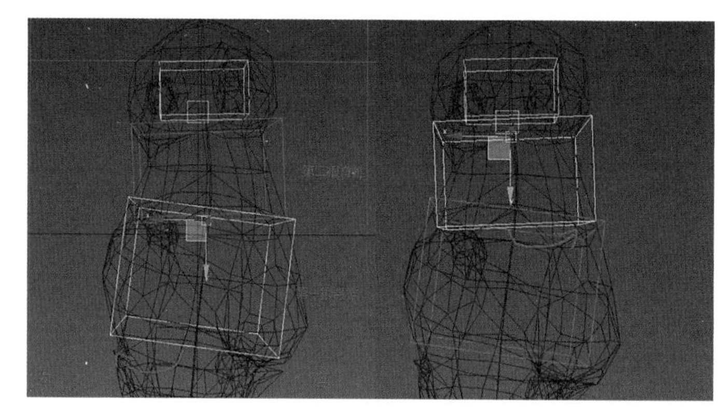

图 11-42

（7）调整重心起伏。调完第0帧、第8帧、第16帧、第24帧的动作后，最后调整一下野猪走路时的重心。在第0帧时，野猪的重心向下一点，第8帧向上，第16帧和第32帧的重心是一样的，所以复制第0帧的重心到第16帧和第32帧。第8帧重心和第24帧一样，复制第8帧重心到第24帧，如图11-43所示。

（8）调整细节。第4帧的尾巴稍微向下并且翘一点。然后复制第4帧的尾巴到第20帧，复制第8帧的尾巴到第24帧。第4帧绿色骨骼的前脚微微抬起，锁骨骨骼也向上一

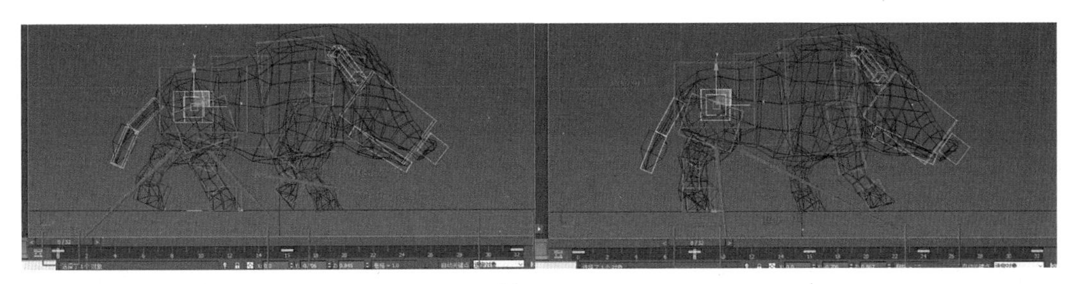

图 11-43

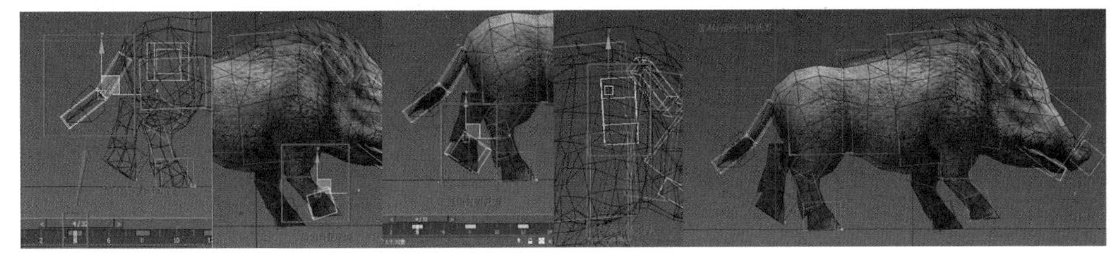

图 11-44

点，蓝色骨骼的后脚抬起向后一点，如图11-44所示。

第12帧，绿色骨骼的前脚向前落地，蓝色骨骼的前脚向后踮起；绿色骨骼的后脚向后微微踮起，蓝色骨骼的后脚向前微微抬起，尾巴向下弯曲，如图11-45所示。

第20帧，绿色骨骼的后脚抬起，蓝色骨骼的前脚抬起向前一点，锁骨骨骼向下，第20帧尾巴和第4帧相同，如图11-46所示。

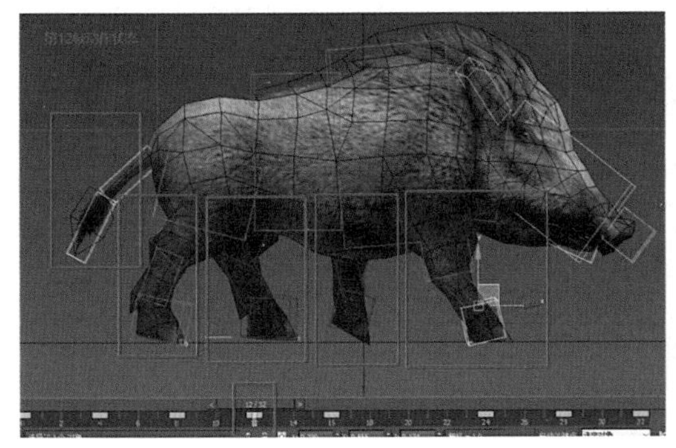

图 11-45

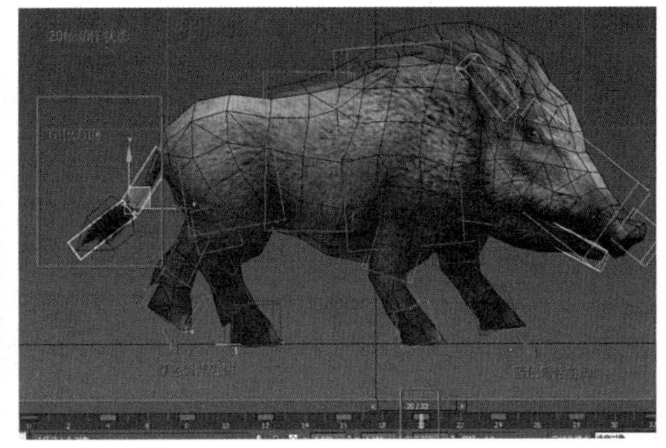

图 11-46

第28帧，蓝色骨骼的前脚向前踩地，锁骨旋转向下，绿色骨骼的后脚向前抬起。第28帧的尾巴和第12帧尾巴相同，尾巴向下弯曲，如图11-47所示。

（9）做耳朵动作，复制左边耳朵的第0帧到第10帧和第14帧，然后选中左边耳朵的骨骼，把时间滑块移动到第12帧，在第12帧让耳朵向前动一下。同理，复制右边耳朵法的第0帧到第15帧和第20帧，在第18帧位置，选中右边的耳朵骨骼，让右边的耳朵向前旋转一下。调整所有的动作

四足动物
行走动作

之后，按播放按钮观察野猪的整体走路动作是否循环，如图11-48所示。

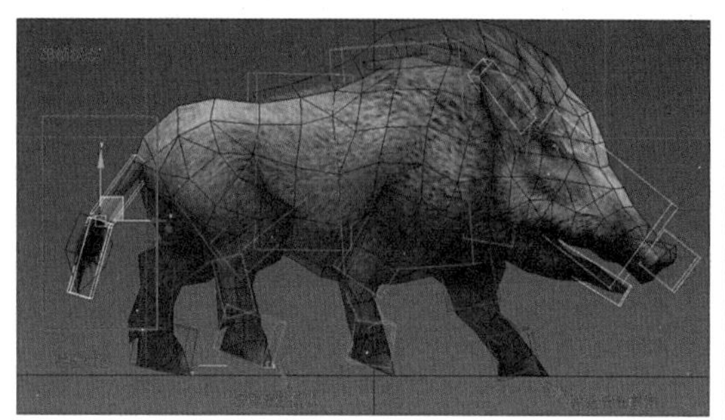

图11-47

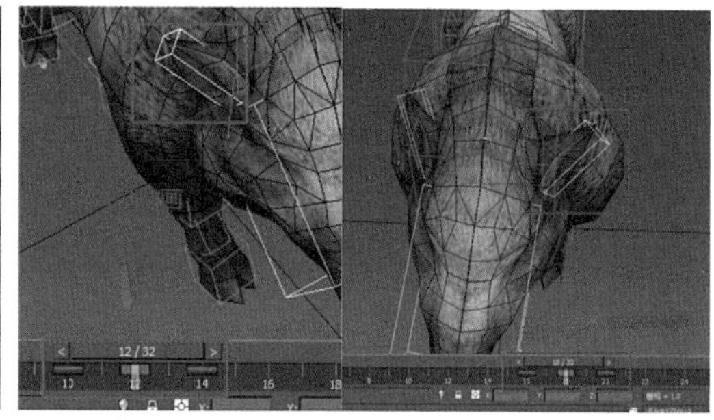

图11-48

11.3.2 四足动物奔跑动作

（1）调整时间配置。打开已经绑定好蒙皮的野猪模型文件，在软件右下角的【时间配置】中修改时间滑块的帧数，将走路时间设置为18帧，然后在软件右下方打开【自动关键点】，如图11-49所示。

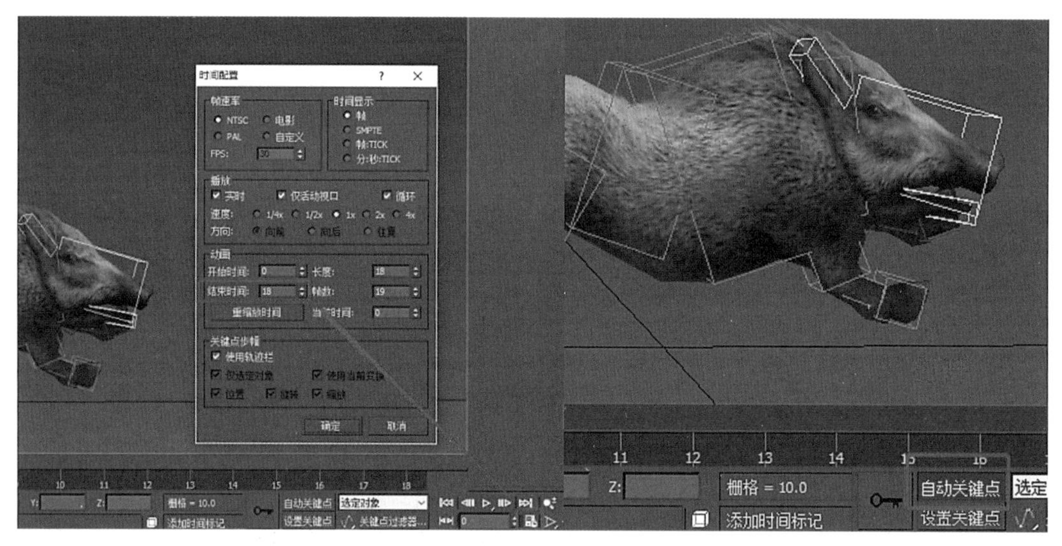

图11-49

把时间滑块拖到第0帧。先选中尾巴和耳朵、下嘴唇的骨骼，在第0帧位置按键盘上的K键，给野猪骨骼记录一个关键帧。然后再选中所有Biped骨骼，选中【运动】面板下的关键点信息，然后点击【设置关键点】，那么所有骨骼就打上了关键帧，如图11-50所示。

（2）调第0帧动作。第0帧的野猪动作是呈现一个悬空的状态，就是没有脚是踩踏在地面的。首先野猪重心提高向下旋转，然后调整绿色骨骼的后腿向后抬起伸直，绿色骨骼的前脚向前抬起弯曲，锁骨向上一点；野猪的尾巴向下垂直，嘴巴微张，如图

11-51所示。

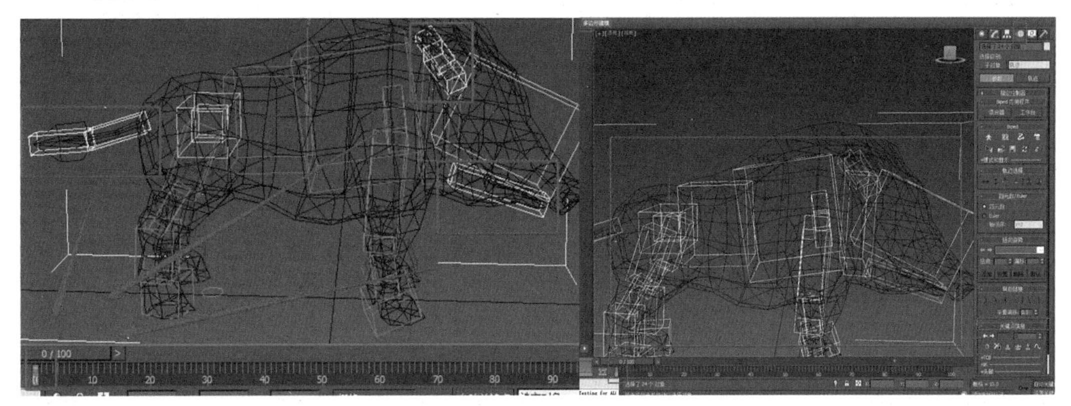

图 11-50

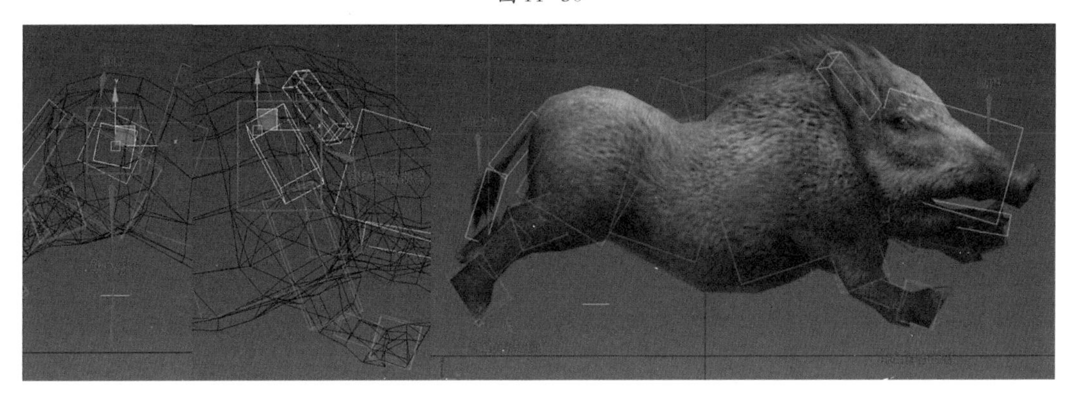

图 11-51

野猪的臀部骨骼向上，然后向前旋转翘起；第一根脊椎骨骼向后旋转一个角度，第二根脊椎向前旋转一个角度，如图11-52所示。

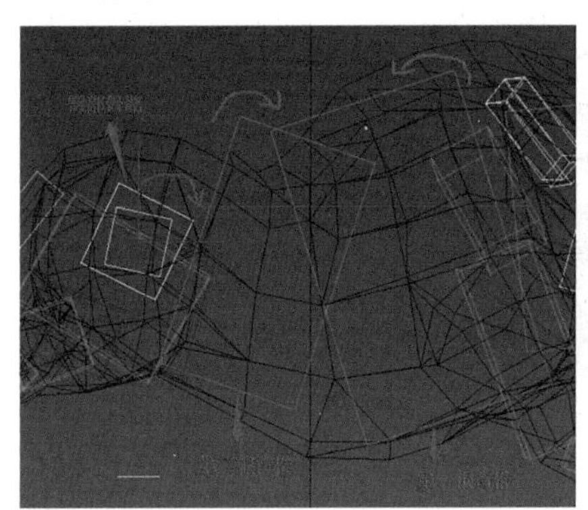
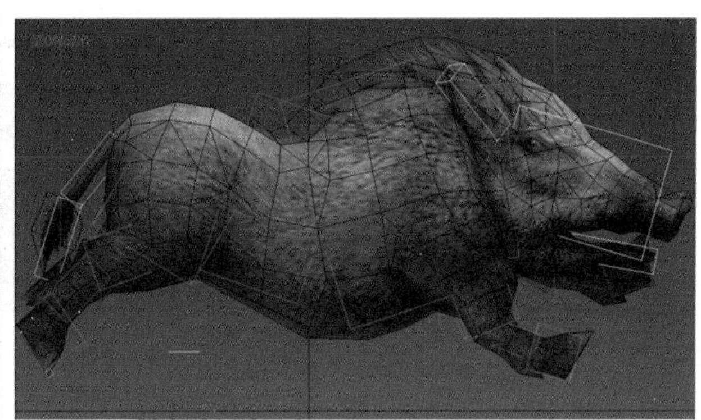

图 11-52

蓝色骨骼的后腿向后抬起，伸直弯曲；蓝色骨骼的前腿向前抬起一定高度，然后伸直，锁骨向前旋转一点，如图11-53所示。

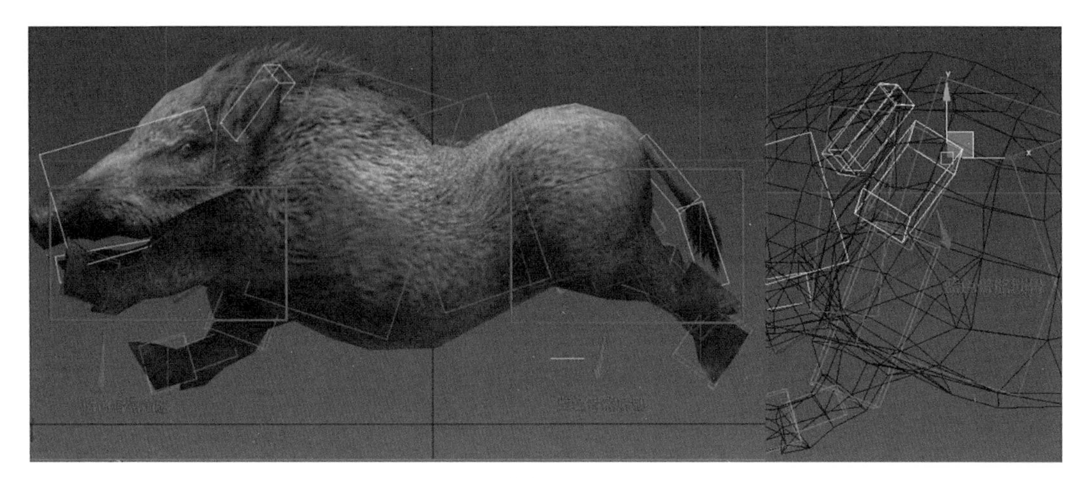

图 11-53

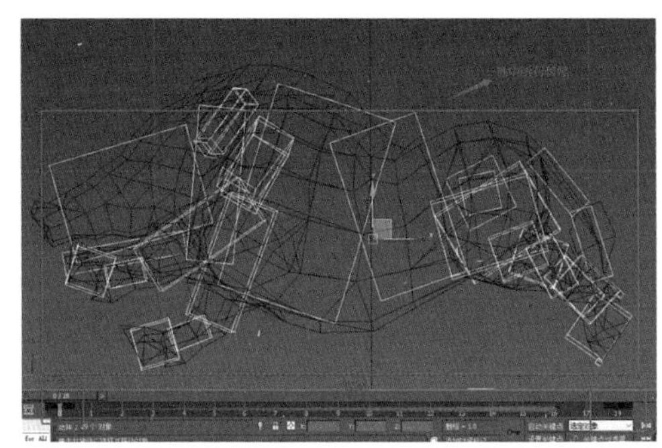

图 11-54

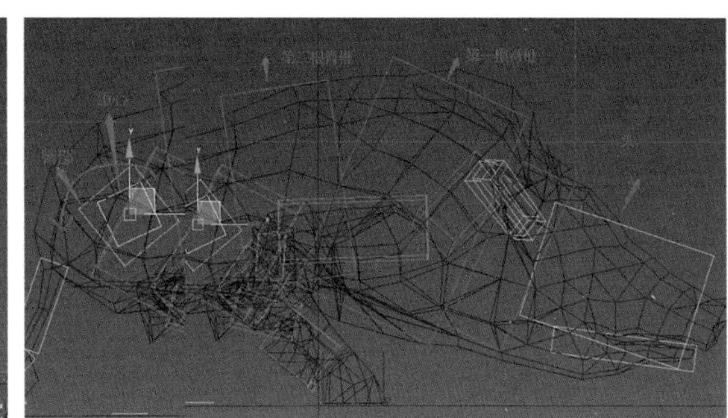

图 11-55

调整完第0帧动作的时候，选中所有骨骼，复制第0帧到第18帧，如图11-54所示。

（3）调中间帧第9帧动作。第9帧重心向下移动一个位置，然后重心再向后旋转，旋转完重心再选中臀部骨骼，臀部骨骼向后旋转向下。第一根脊椎向前旋转向下，第二根脊椎向后旋转抬起一点，头部和脖子抬起不要落在地面上，耳朵向前旋转一点，如图11-55所示。

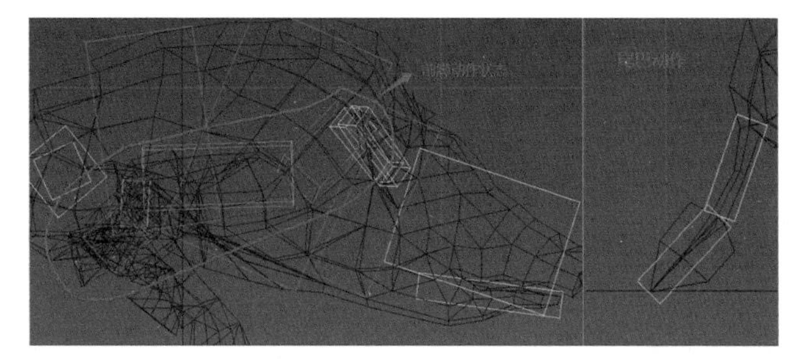

图 11-56

这时候，绿色骨骼的前腿向后伸直，把腿贴近腹部；同样蓝色骨骼的前腿向后伸直贴近腹部，尾巴垂直向下略微弯曲。如图11-56所示。

绿色骨骼的后腿向前弯曲，然后抬起；蓝色骨骼的后腿向前伸直落地，如图11-57所示。

四足动物
奔跑动作

（4）调中间帧第5帧动作。先调整野猪的重心，在第5帧，野猪的重心处于最高点，选中重心骨骼，在侧视图把重心向上移动到一定位置，然后向前旋转一定角度，再选中臀部骨骼也向前旋转一点，尾巴抬高伸直一点。第二根脊椎向前旋转，然后骨骼朝下，第一根脊椎骨骼向后旋转微微抬起，脖子和头部骨骼也微微抬起，如图11-58所示。

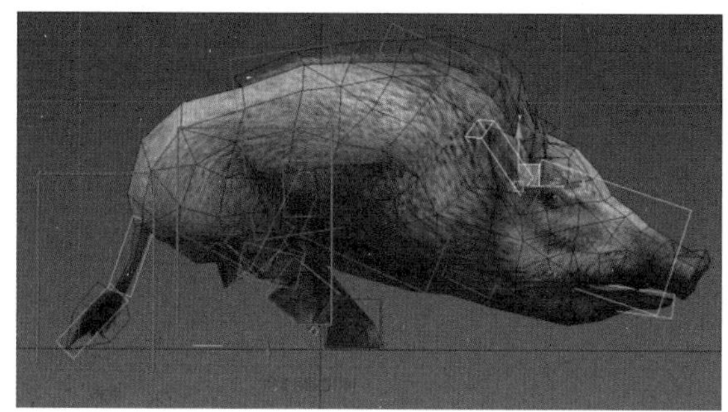

图11-57

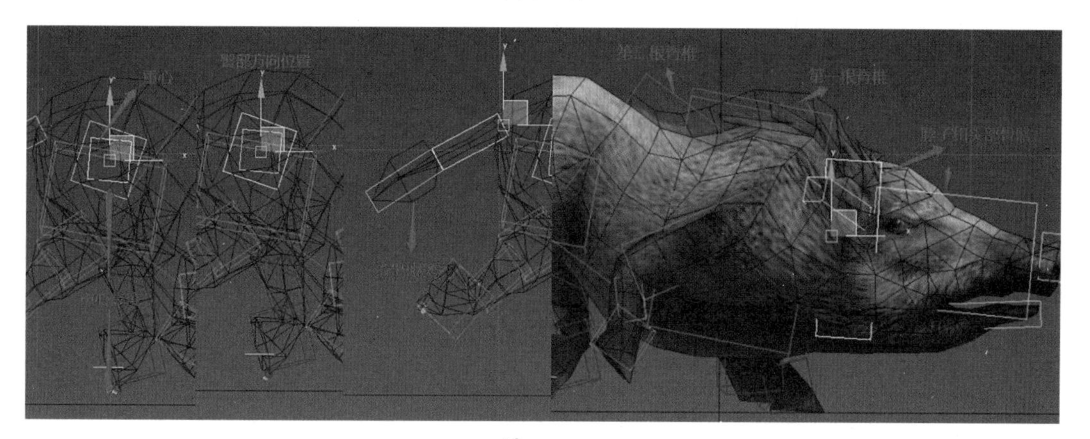

图11-58

绿色骨骼的前腿向后，然后抬起呈现弯曲状态，锁骨骨骼向后旋转；蓝色骨骼的前腿踩地，锁骨向下旋转，然后整个蓝色骨骼的前腿呈现弓起状态，如图11-59所示。

绿色骨骼后腿向后抬起一定高度，脚掌向后弯起；蓝色骨骼的后腿向前移动，然后选中脚掌骨骼，让脚掌也呈现弯曲的状态，如图11-60所示。

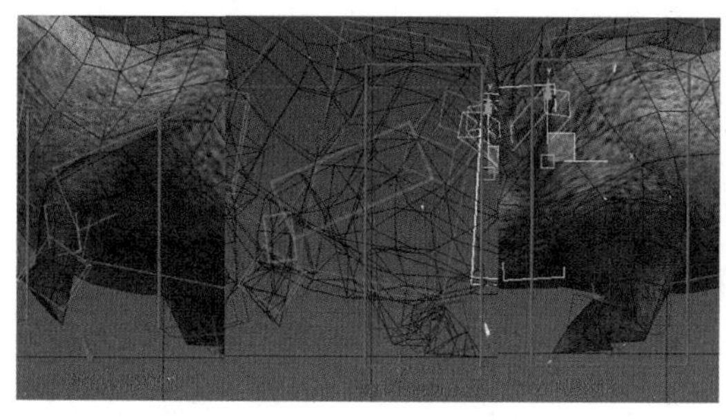

图11-59

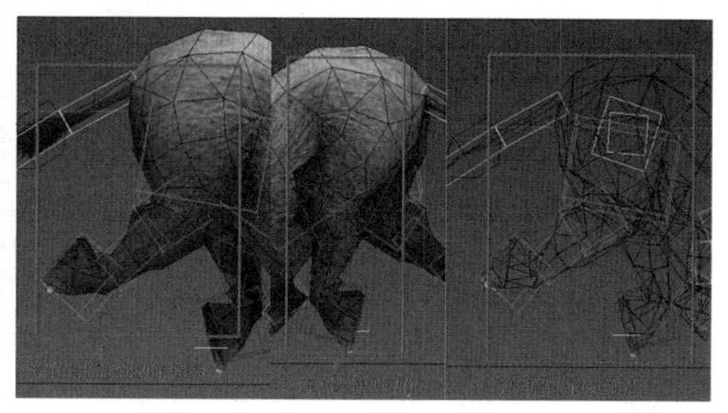

图11-60

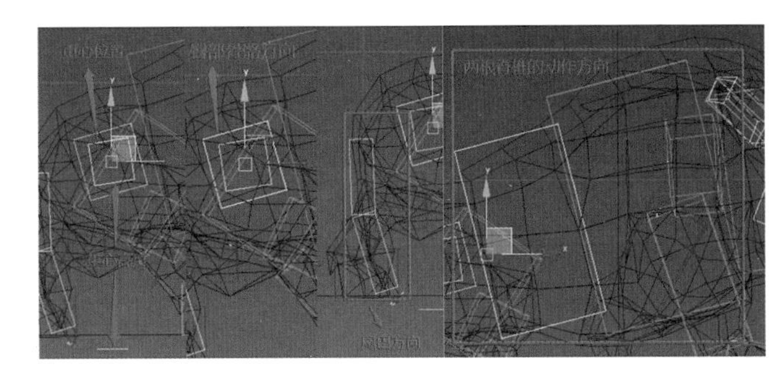
图 11-61

（5）调中间帧第14帧动作。在第14帧的时候，野猪的重心和第5帧相反，这时候的重心是处于最低点。选中重心骨骼，使用移动工具把重心向下移动，重心稍微向后旋转一点，再选中臀部骨骼向上旋转一点。这时候的尾巴完全垂直向下，旋转朝里一点。两根脊椎都旋转朝上一点，呈现一个直立的状态，如图11-61所示。

先选中脖子的骨骼，把脖子的骨骼旋转向上，朝着和脊椎一个水平方向，然后再选中头部骨骼，把头部抬起朝下一点。再分别选中两只耳朵的骨骼，把耳朵向前旋转一点，不要穿帮即可，如图11-62所示。

绿色骨骼的前腿向前抬起，锁骨向上；蓝色骨骼的前腿向后，脚尖踮起，锁骨也向后旋转，如图11-63所示。

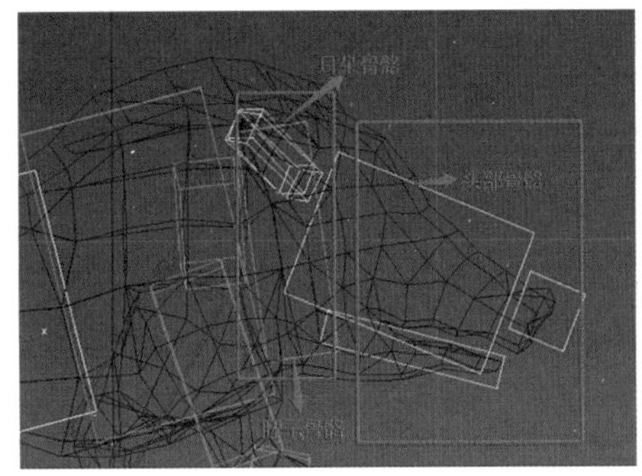
图 11-62

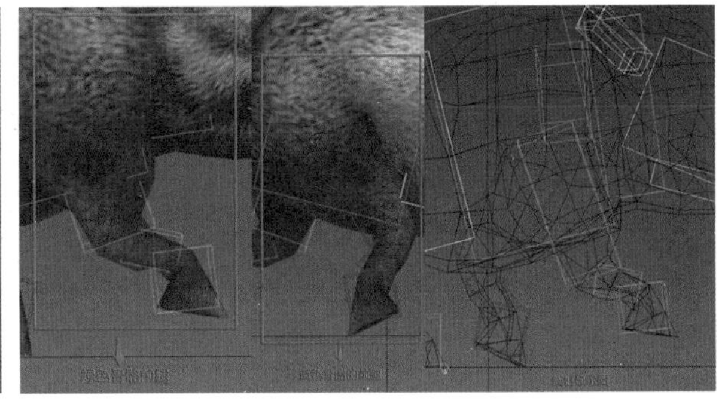
图 11-63

绿色骨骼后腿向前踩踏地面，蓝色骨骼后腿向后弯曲一点踩踏地面，如图11-64所示。

图 11-64

（6）跑步动作所有重心起伏状态对比，如图11-65所示。

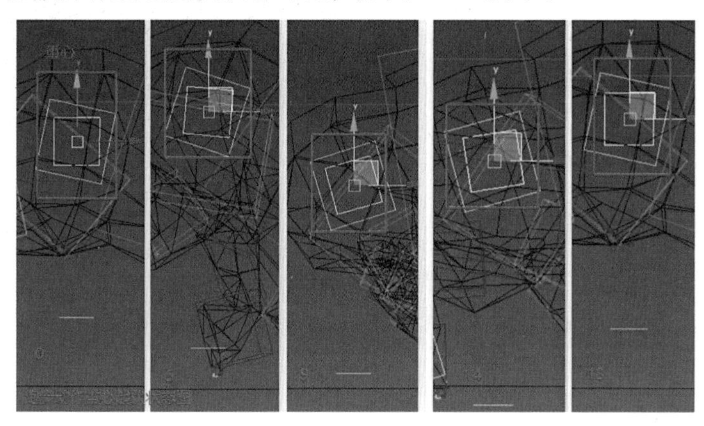

图11-65

11.3.3 四足动物攻击动作

（1）调整时间配置。打开已经绑定好蒙皮的野猪模型文件，在软件右下角的【时间配置】中修改时间滑块的帧数。把走路时间设置为18帧，然后在软件右下方打开【自动关键点】，如图11-66所示。

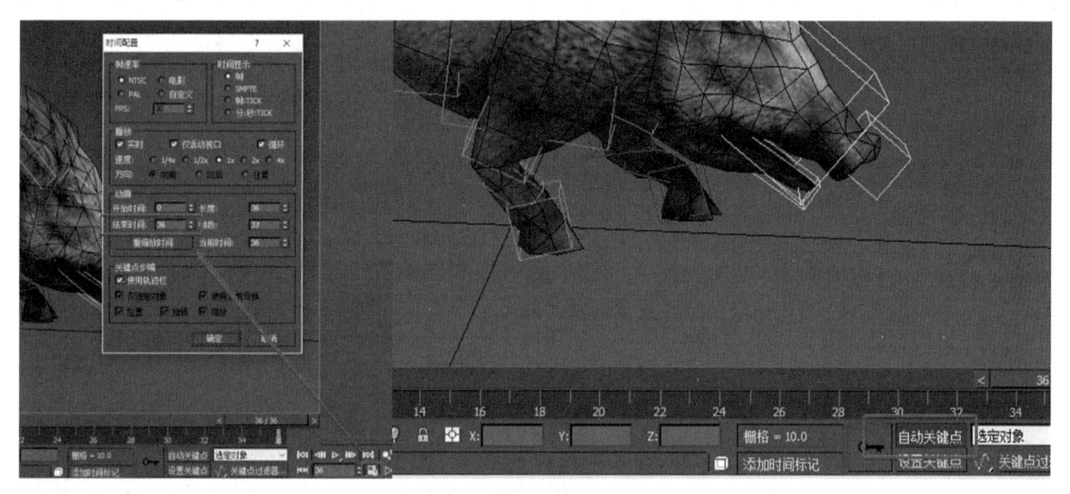

图11-66

把时间滑块拖到第0帧，先选中尾巴和耳朵、下嘴唇的骨骼，在第0帧位置按键盘上的K键，给野猪骨骼记录一个关键帧。然后再选中所有Biped骨骼，选中【运动】面板下的关键点信息，然后点击【设置关键点】，那么所有骨骼就打上了关键帧，如图11-67所示。

（2）调第0帧动作。首先选中臀部骨骼，臀部骨骼向后旋转一点，然后选中第二根脊椎骨骼向前，旋转向下；第一根脊椎骨骼也向前旋转向下一点，脖子也向下旋转一点

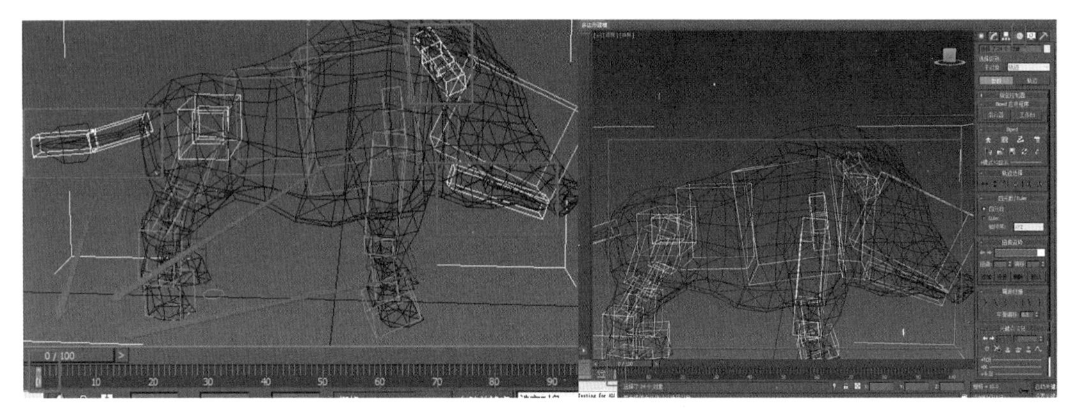

图 11-67

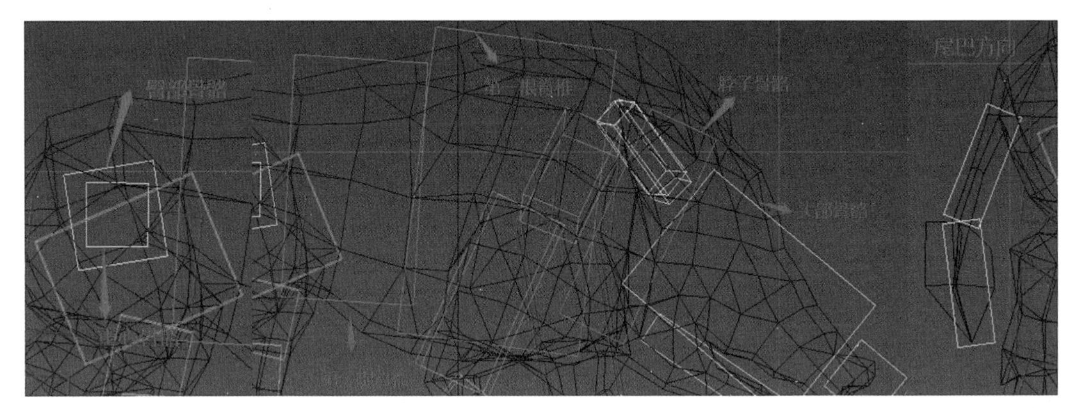

图 11-68

角度；头部略微向下，尾巴自然下垂，然后微微弯曲，如图 11-68 所示。

依次选中脚掌骨骼，选中【运动】面板下的关键点信息。然后点击【设置滑动关键点】，给所有的脚打上滑动关键点。接着再调整绿色骨骼的前腿向后弯起踩踏地面，锁骨骨骼向后一点；蓝色骨骼的前腿半蹲踩踏地面，锁骨骨骼向前，然后向下；绿色骨骼的后腿向前踩踏地面，绿色骨骼的后腿向后脚尖踮起，如图 11-69 所示。

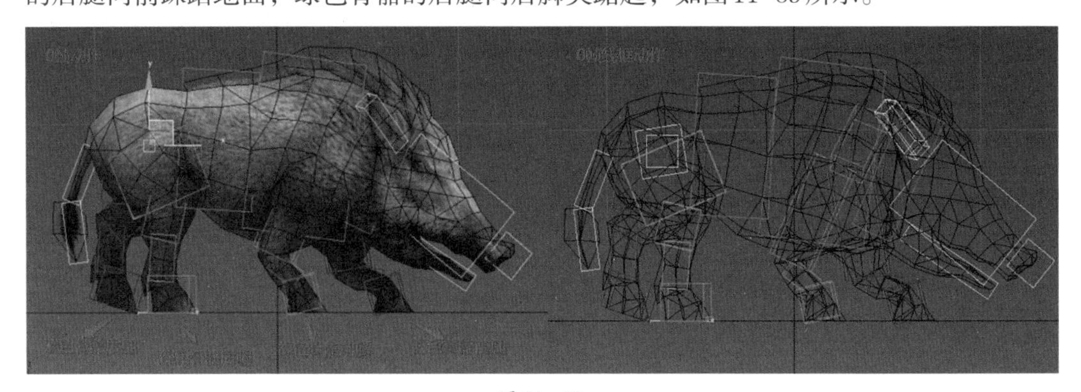

图 11-69

选中所有的骨骼，把时间滑块拖到第0帧，然后按键盘上的Shift键不放，复制第0帧动作到第36帧，如图11-70所示。

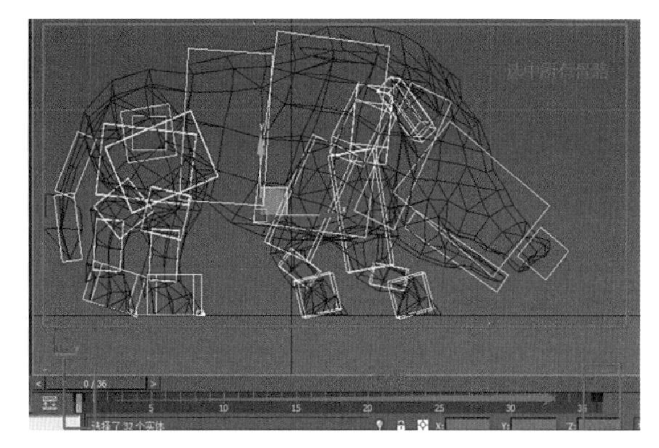
图 11-70

（3）调中间帧第14帧动作。第14帧是一个中间帧，在这一帧的时候，野猪的整个身体抬起最高点。首先选中野猪重心骨骼向前移动一定距离，再选中臀部骨骼向后旋转向上；然后选中第二根脊椎向左旋转向上，接着选中第一根骨骼向左旋转向上，脖子骨骼和脊椎骨骼保持在一个方向。头部骨骼向前旋转向下，嘴巴收拢一点，如图11-71所示。

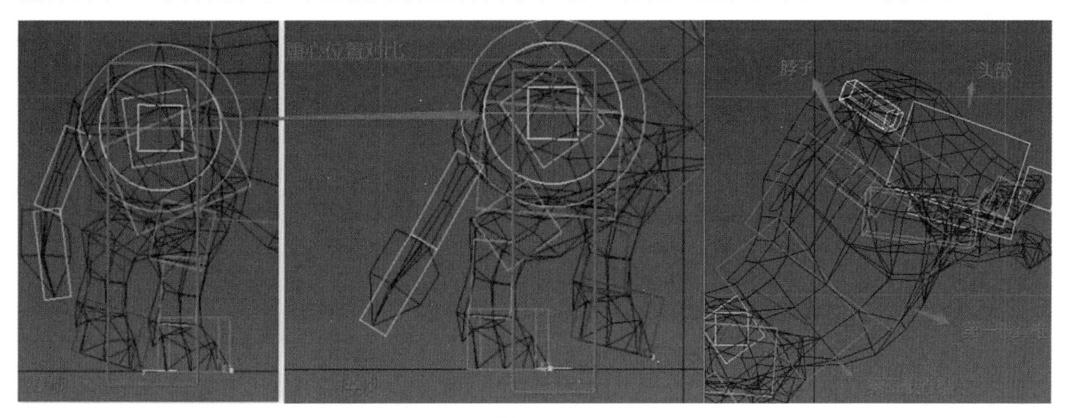

图 11-71

选中野猪的绿色骨骼的前腿抬高向前，略微弯曲；蓝色骨骼的前腿也抬高向前，脚掌略微下垂，如图11-72所示。

图 11-72

绿色骨骼的后腿原地不动，蓝色骨骼的前腿向前抬起一点高度，尾巴呈现垂直往下状态，如图11-73所示。

图11-73

（4）调第18帧动作。在第18帧，野猪动作需要开始呈现一个落下状态。首先选中重心骨骼，重心略微向下，臀部骨骼旋转至正常状态。第二根脊椎向右旋转向下一个幅度，第一根骨骼向左旋转向上到一定高度，脖子向左旋转抬起，头部也向上抬起，嘴巴张开，呈现吼叫的样子，耳朵旋转至不会穿透模型状态，如图11-74所示。

图11-74

身体动作调整完后，就可以调整腿的动作。首先选中绿色骨骼的前腿，对比第14帧时，绿色骨骼的前腿向下弯曲，锁骨旋转向下；蓝色骨骼的前腿对于绿色骨骼的前腿来说，蓝色骨骼的前腿比绿色骨骼的前腿要低一定高度，且呈现弯曲状态，如图11-75所示。

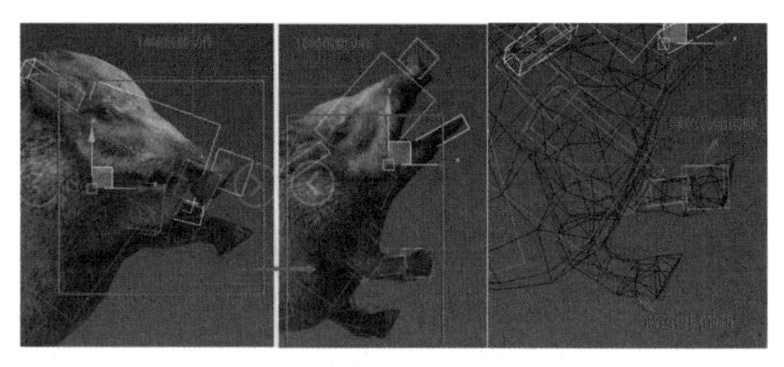

图11-75

绿色骨骼的后腿保持踩踏动作不变，蓝色骨骼的后腿向前微微抬起，并踮起脚尖，脚尖是落在地平线上的。然后尾巴向上翘起，呈现向下弯曲的状态，如图11-76所示。

图11-76

（5）调第20帧动作。第20帧，野猪的身体快速落下。首先调整重心向下移动一个幅度，这时，选中蓝色骨骼的后腿，在【运动】面板中给蓝色骨骼的后腿脚掌骨骼打上一帧【踩踏关键点】，然后两只后腿保持不动，呈现半蹲弯曲状态，选中尾巴根骨骼向下一点，如图11-77所示。

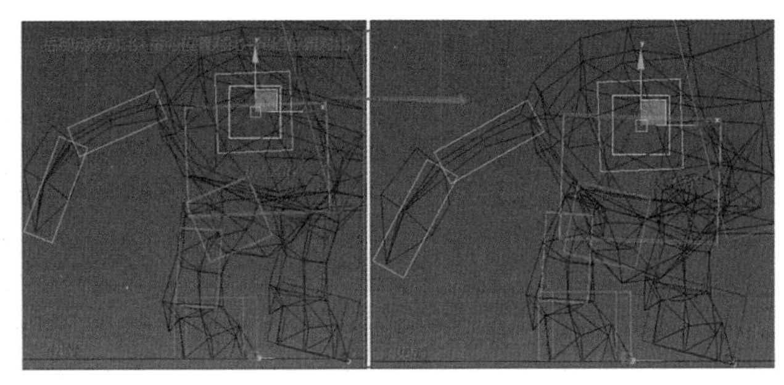

图11-77

第二根脊椎向前旋转落下一点，第一根脊椎也向前旋转，保持和第二根脊椎在同一水平位置，脖子骨骼也和脊椎保持在同一水平线。然后再选中头部骨骼，旋转头部骨骼朝前，这时候的嘴巴保持不变，如图11-78所示。

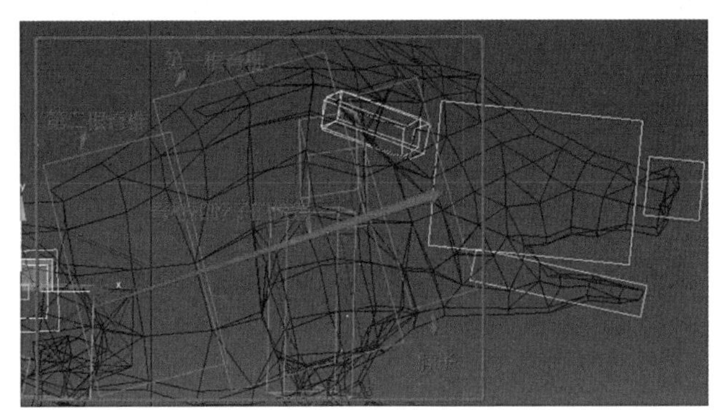

图11-78

这时候，绿色骨骼的前腿脚尖落地，锁骨向下一点；蓝色骨骼的前腿落下，向前弯曲抬起，离地面有一定的距离，如图11-79所示。

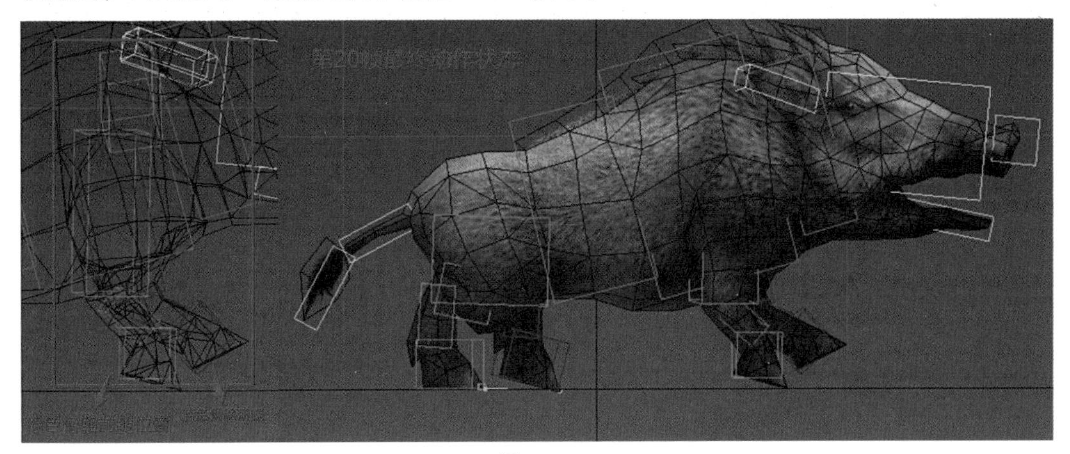

图11-79

（6）调第27帧动作。第27帧，野猪的整个身体重心已经完全落在地上。这时候的重心向上，恢复正常状态，臂部骨骼向后旋转一点，第二根脊椎旋转恢复趋于平稳状态。第一根脊椎向前旋转朝下，

四足动物攻击动作

脖子向前旋转也朝下，头部旋转朝下，嘴巴靠近地面，这时候的嘴巴是闭合的，如图11-80所示。

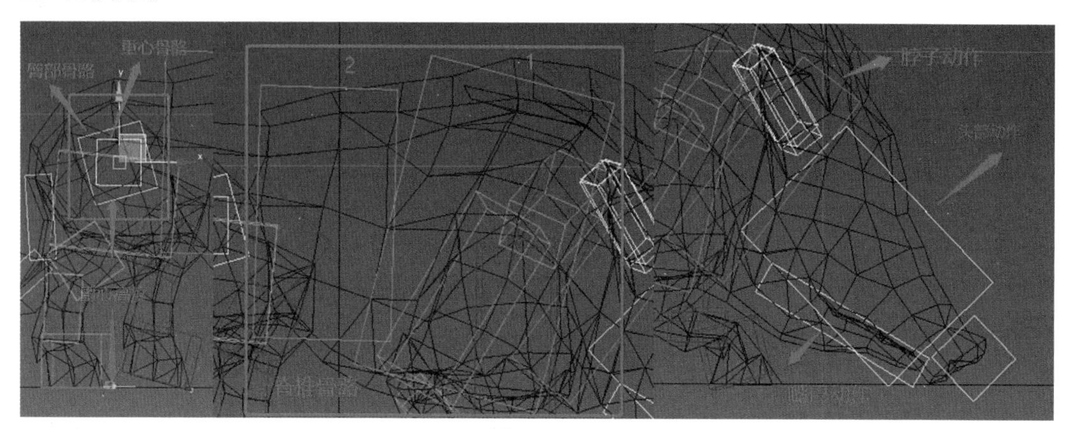

图11-80

绿色骨骼前腿向后抬起，脚尖靠近地面，蓝色骨骼前腿向前半蹲弯曲，完全踩踏地面，蓝色前腿锁骨骨骼旋转向下。绿色骨骼后腿保持踩踏地面动作不变，蓝色骨骼后腿的动作也保持和第20帧动作一样不变。尾巴向下朝臀部弯曲，尾尖向上翘起，如图11-81所示。

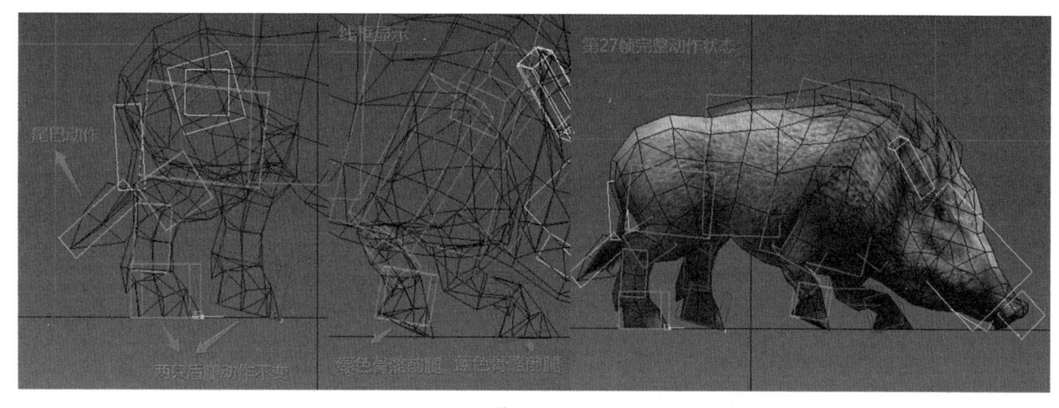

图11-81

（7）调第29帧动作。第29帧，野猪要准备回到初始状态的位置，所以首先调整野猪的重心向后移动，臀部旋转向上变为正常方向，第二个脊椎略微向下，第一根脊椎向下促使头部贴近地面。脖子和头的动作和第27帧一样，调整耳朵穿帮状态，嘴巴还是呈现闭合状态，尾巴在第29帧的时候调整为略微弯曲，如图11-82所示。

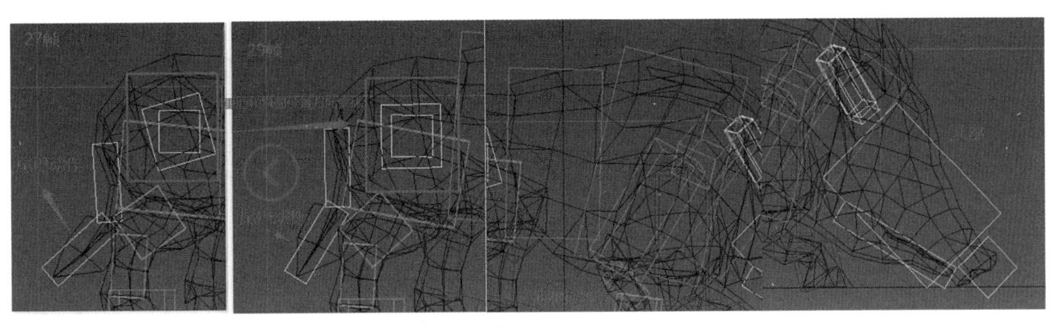
图 11-82

第29帧野猪的两只后腿还是保持动作不变，绿色骨骼的前腿脚掌微微靠近地面一点，蓝色骨骼的前腿向后移动一点，如图11-83所示。

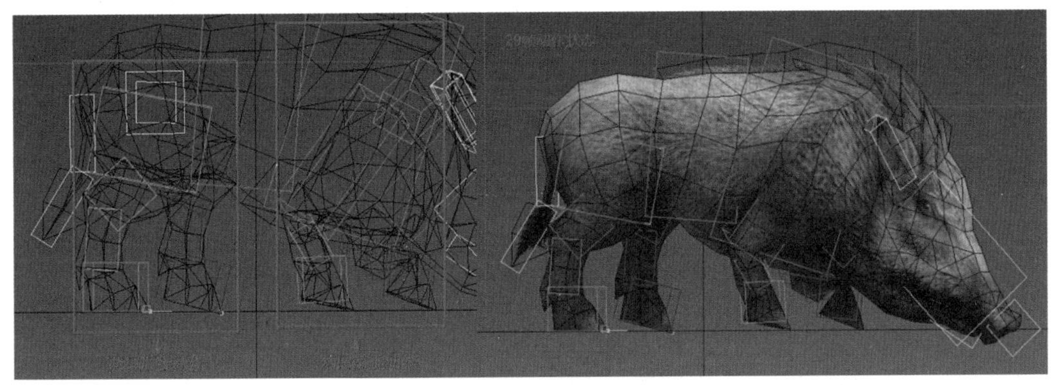
图 11-83

（8）调第5帧动作。在第5帧，重心向下向前移动，旋转第二根骨骼向前，身体前半部分重心向下，第一根骨骼同样旋转向下。然后头部抬起一个幅度，不要贴近地面，尾巴微微向上翘起。耳朵旋转向前，不要穿帮，如图11-84所示。

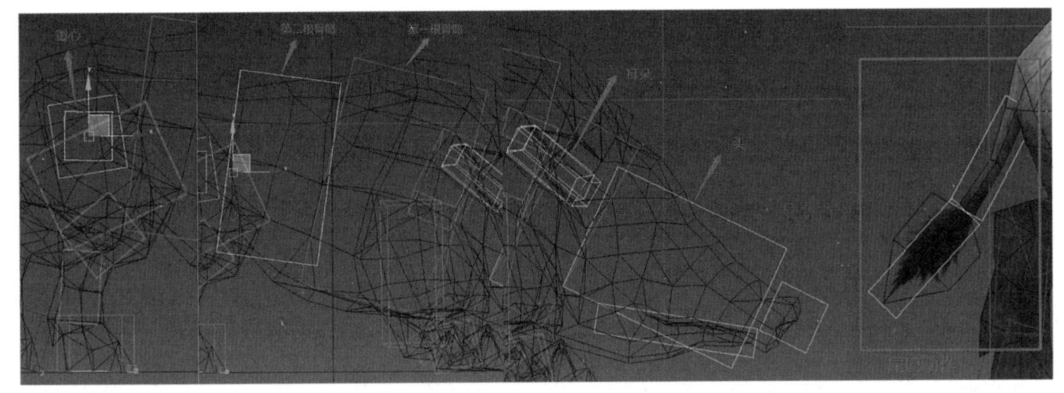
图 11-84

在野猪整个前半部分的重心向下时，野猪绿色骨骼的前腿向前弯曲蹲起完全踩踏地面，蓝色骨骼的前腿也是向前弯曲蹲起踩踏地面，如图11-85所示。

绿色骨骼的后腿保持踩踏不变，蓝色骨骼的后腿也是保持垫脚的动作不变，两只后腿和第0帧动作相同，如图11-86所示。

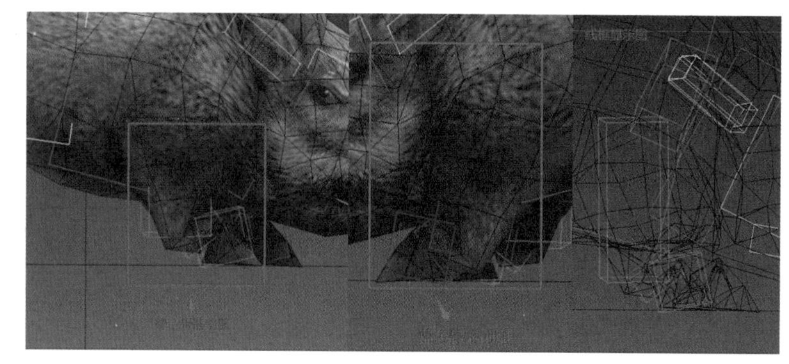

图11-85

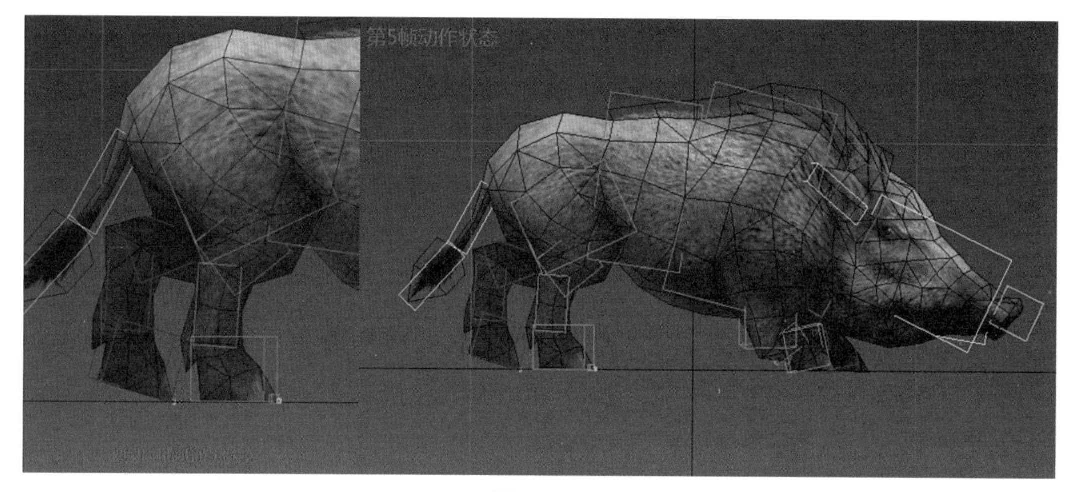

图11-86

（9）调第10帧动作。在第10帧的时候，野猪重心继续向前移动一个位置，这时候选中臀部骨骼向后旋转一定角度，第二根脊椎骨骼前半部分身体整体向上旋转一定高度，第一根脊椎骨骼也向上旋转一定高度。第一根骨骼的方向和第二根骨骼在同一水平线上。脖子的骨骼向前旋转向下，头部骨骼也向前旋转向下，嘴巴呈现闭合状态。尾巴动作和第5帧一样，保持不变，如图11-87所示。

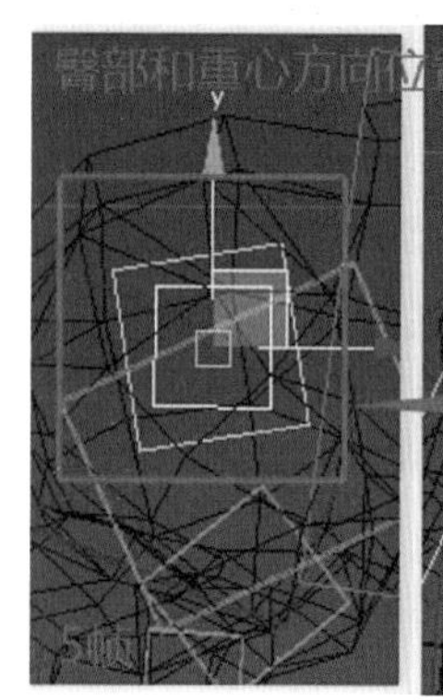

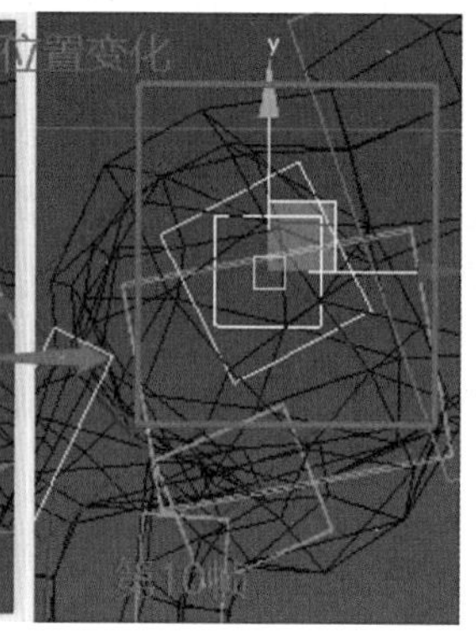

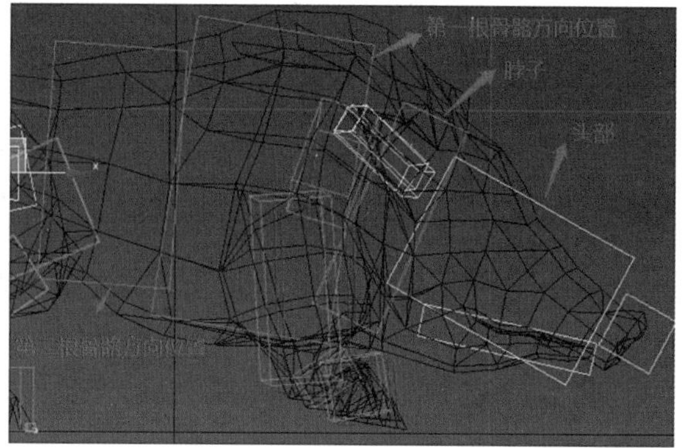

图11-87

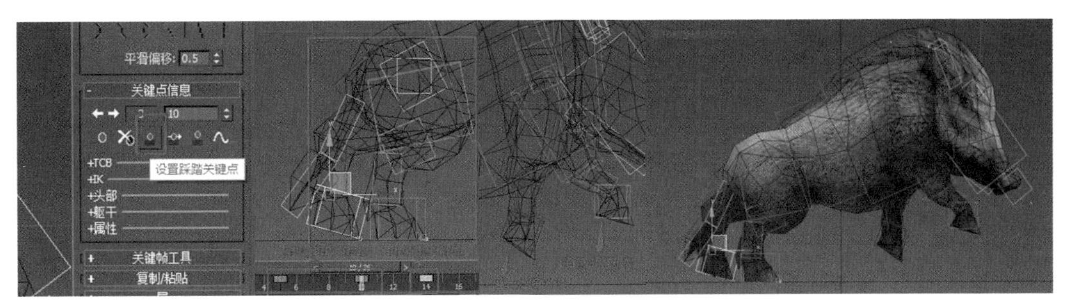

图 11-88

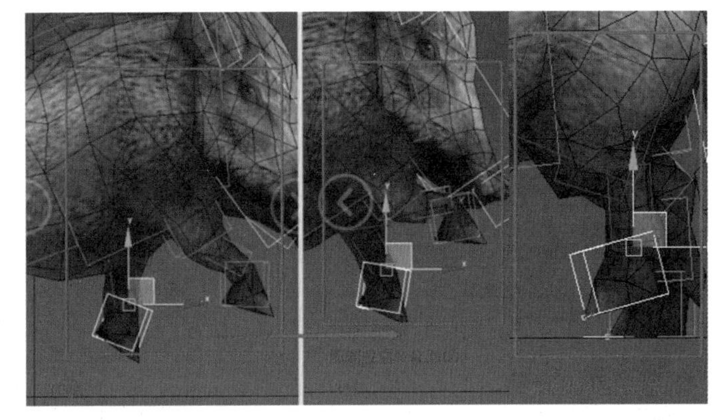
图 11-89

在第10帧的时候，野猪的两只后腿和第5帧动作一样，保持动作不变。选中蓝色骨骼的后腿，再选中【运动】面板下的关键点信息，然后点击【设置踩踏关键点】，让蓝色骨骼的后腿不要发生变动。绿色骨骼的前腿向上抬起微微弯曲，蓝色骨骼的前腿抬起，垂直向下，锁骨也旋转向下，如图11-88所示。

（10）调整细节动作。先在软件右下角点击播放按钮，观察一下野猪攻击动作，发现有一些细节问题需要调整。在第11帧，野猪的绿色骨骼的前腿抬起，脚掌弯曲向下，蓝色骨骼的前腿在第10帧的基础上抬高一个幅度。在第32帧，需要把野猪的蓝色骨骼的后腿抬高一个幅度，如图11-89所示。

（11）所有重心动作运动情况，如图11-90所示。

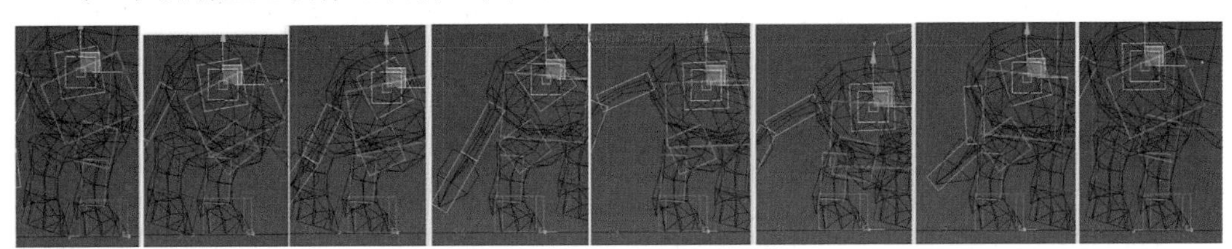
图 11-90

11.4 多足动物骨骼创建

11.4.1 实例简介

本实例主要运用3ds Max 2016中的提供的【骨骼】【蒙皮】【HI解算器】相关工具，然后对蜘蛛进行骨骼创建和蒙皮权重的调节。

11.4.2 实现步骤

（1）打开蜘蛛的3ds Max模型文件。在开始创建骨骼的时候，先选中蜘蛛模型，然后单击鼠标右键，出现弹窗【对象属性】。在【对象属性】中勾选【冻结】和【透明】选项，然后点击【确定】完成模型的冻结，如图11-91所示。

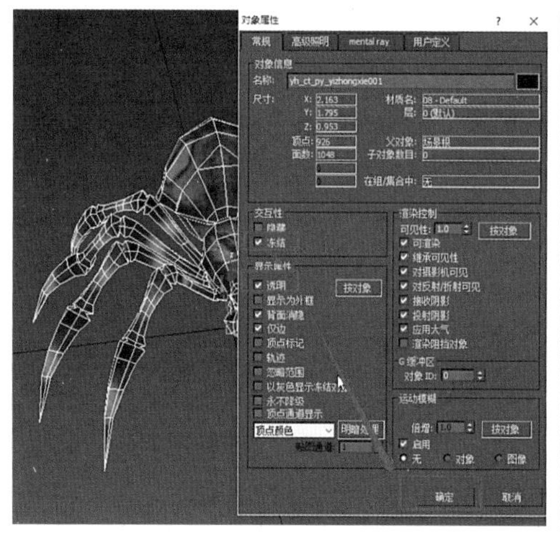

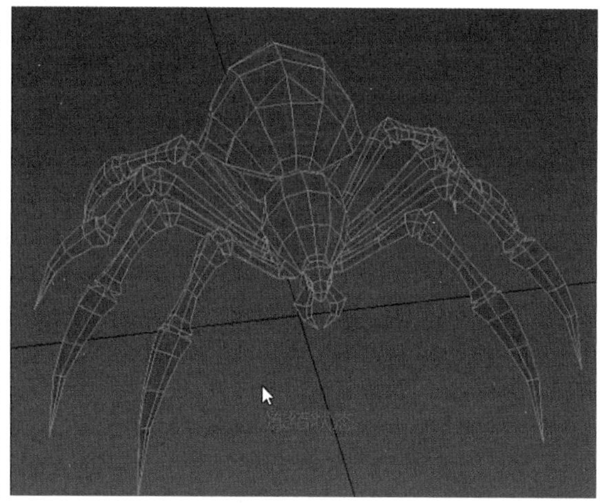

图 11-91

提示：冻结模型是为了防止在创建骨骼的时候会选中模型，让模型发生偏移。

（2）创建Bone骨骼。按键盘上的F键，切换到前视图，在软件的【创建】面板中选择【系统】中的【骨骼】，然后在前视图场景中创建蜘蛛的骨骼。蜘蛛的腿有三个关节点，所以需要给每条腿创建三根骨骼，如图11-92所示。

提示：如果创建的骨骼过大或者过小需要选中相对应的骨骼，在【修改】面板中调节一下【骨骼参数】的宽度和高度。

图 11-92

（3）调节创建的腿部骨骼。在前视图中创建好腿部需要的骨骼，然后在顶视图中观察一下，发现骨骼没有对位到腿上，这时需要通过【移动】【旋转】【缩放】工具让骨骼匹配腿部的模型。例如对位左边第四只腿的骨骼，先移动根骨骼到第四只腿的根部，然后利用旋转工具旋转根骨骼，再利用缩放工具缩放根骨骼大小匹配相对应的腿部模型。其次，旋转中间的第2根骨骼，缩放大小匹配模型。最后调整第3根骨骼匹配模型，如图11-93所示。

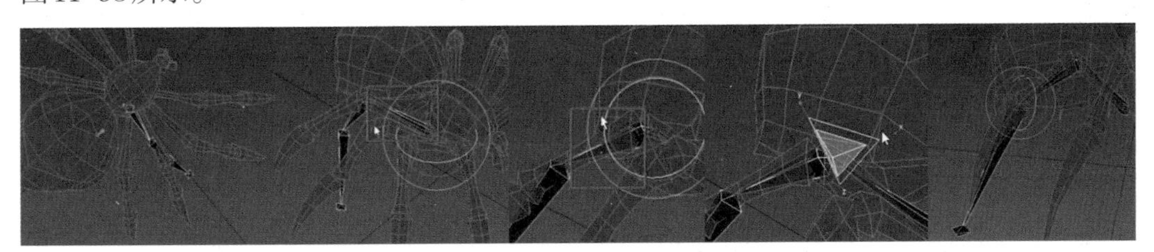

图 11-93

提示：如果旋转骨骼发生骨骼变形可以在【参考坐标系】中来回切换视图和局部选项。这样旋转骨骼就不容易发生变形。

（4）复制其他腿的骨骼。之前创建好一只腿的骨骼，然后选中第四只腿的骨骼，按键盘上的Shift键不放，接着选中移动工具复制左边其余三只腿的骨骼，复制的时候会出现一个【克隆选项】的弹窗。在弹窗中可以选择副本数为3，再点击确定。这样三只腿的骨骼就复制完成了。然后匹配好复制的腿骨骼到蜘蛛模型上，如图11-94所示。

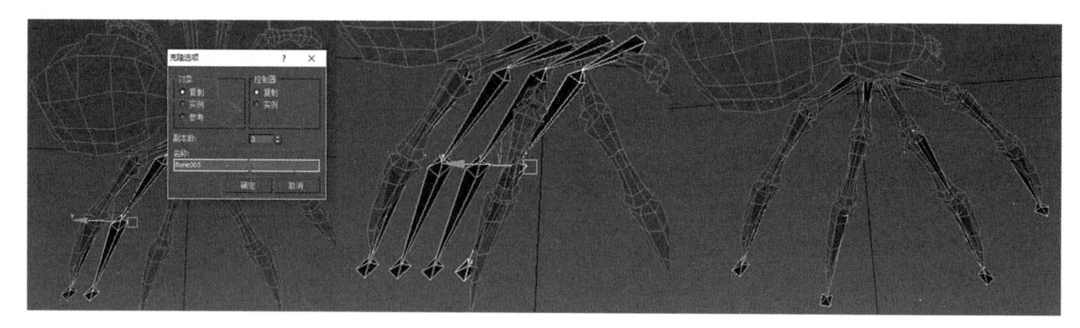

图 11-94

（5）打组和调整轴。选中所有左边的骨骼，然后在菜单栏中点击【组】。出现组的弹窗，然后点击【确定】，组就创建完成了。这时候在顶视图选中已经打组的骨骼，然后在【层次】面板中选择【调整轴】，点击【仅影响轴】，然后再到场景中把坐标移动到蜘蛛模型的中心位置。最后再点击一下【仅影响轴】就关掉轴控制，如图 11-95 所示。

多足动物骨骼创建

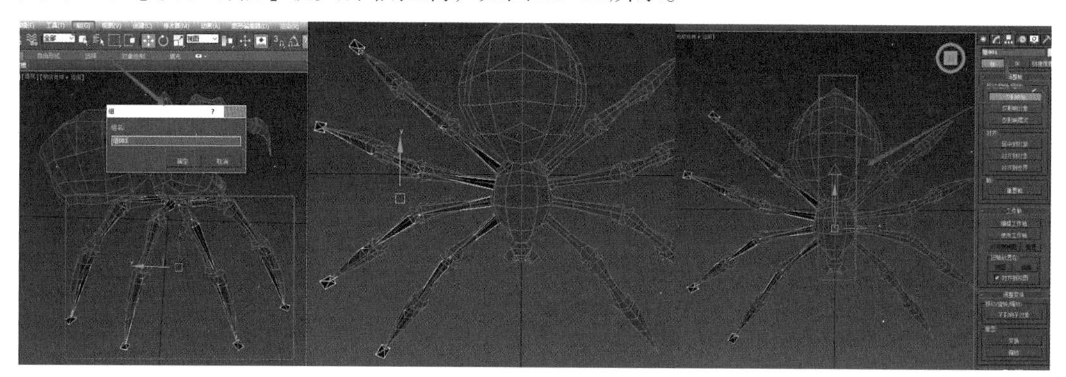

图 11-95

（6）镜像骨骼。选中左边的骨骼，在工具栏中点击一下【镜像】，出现镜像弹窗，勾选【复制】，然后再点击【确定】，镜像就完成了。镜像完成之后匹配右边的腿骨骼到相对应的蜘蛛腿部模型上，如图 11-96 所示。

调整完右边的腿骨骼后，需要再次选中所有的骨骼，点击菜单栏中的【组】，然后选择【解组】，这样骨骼就成功解组了，如图 11-97 所示。

提示：解组是为了选中单个骨骼，打组的时候是选不中单个骨骼的。

（7）创建身体的骨骼。在顶视图创建身体的骨骼，选择【创建】面板中【系统】，再点击【骨骼】，然后在场景中先从胸部创建根骨骼到头部（如图 11-98 所示）。再在左视图创建触须的骨骼，先创建一根，匹配好一根骨骼的位置后，再复制另外一根（如图 11-99 所示）。最后在顶视图创建尾部的骨骼，尾部骨骼最少需要两根，如图 11-100 所示。

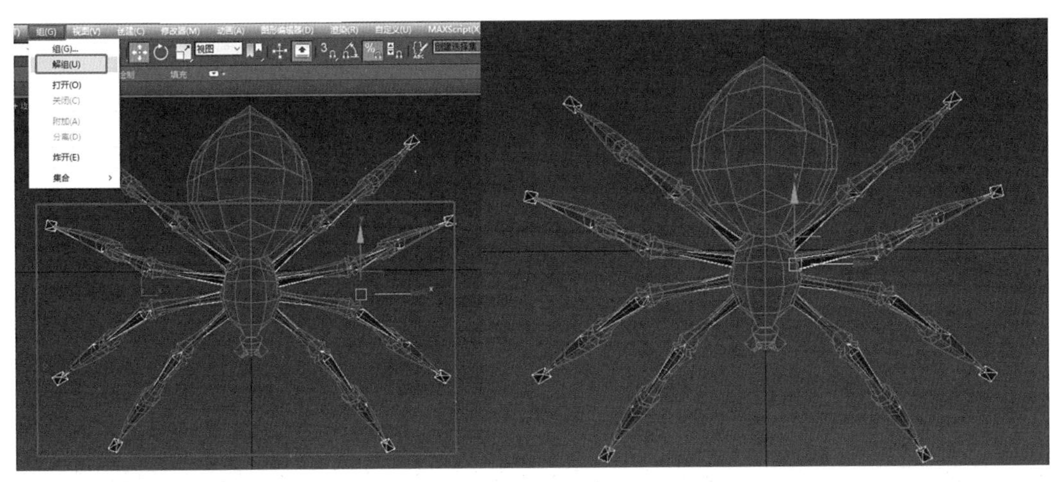

图 11-96

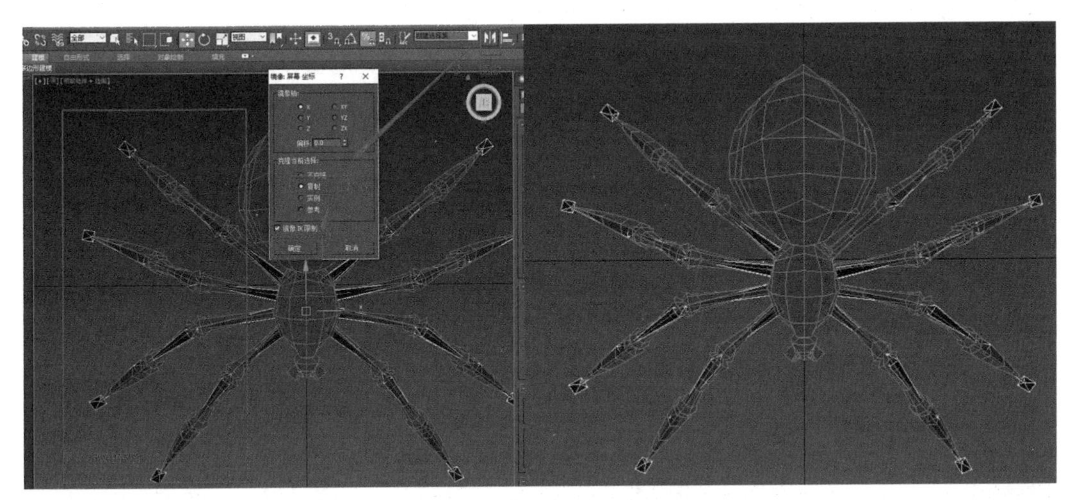

图 11-97

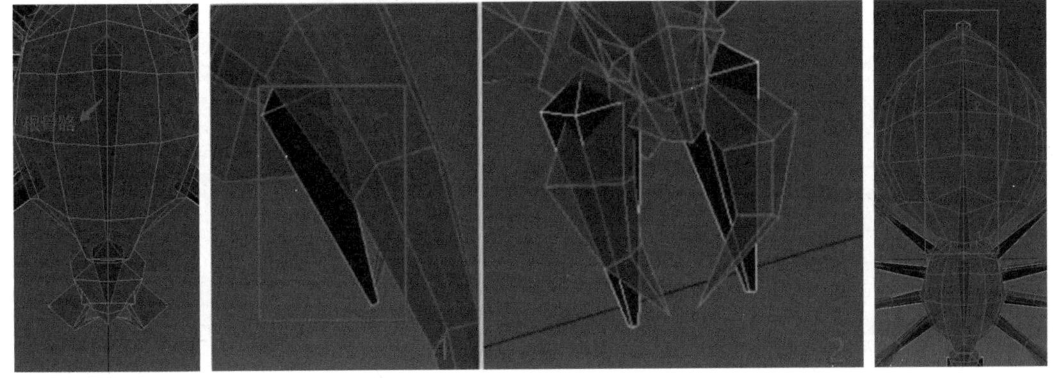

图 11-98　　图 11-99　　图 11-100

（8）链接没有关联的骨骼。按住键盘上的Ctrl键不放，点击鼠标左键加选所有腿部的根骨骼，点击工具栏中的【选择并链接】按钮，然后在场景中把所有的腿部根骨骼链接给胸部的根骨骼。再选中尾部根骨骼，把尾部根骨骼链接给胸部的根骨骼，最后，把触须的两根骨骼链接给头部骨骼，这样所有的骨骼就链接完成了，如图11-101所示。

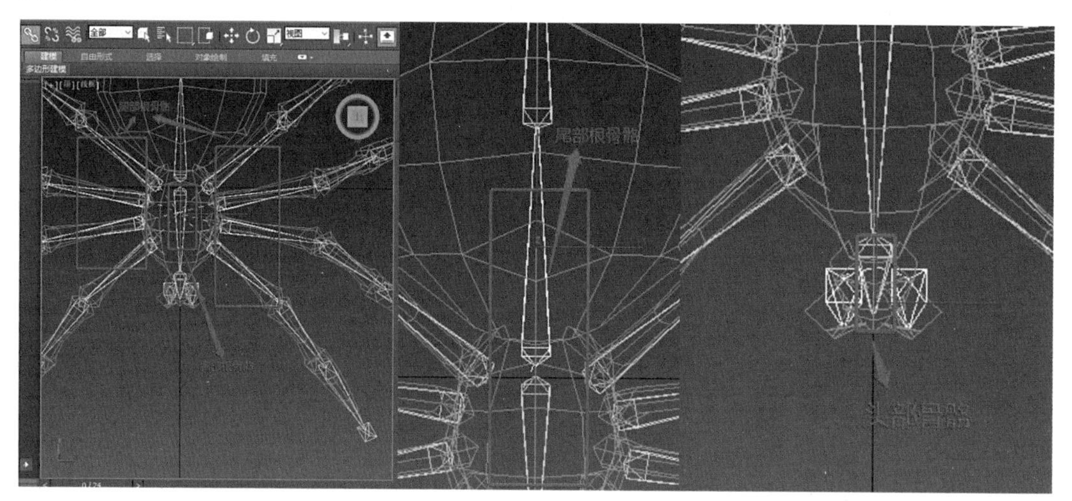

图11-101

（9）解冻模型。在场景中任意位置单击鼠标右键，出现弹窗选项，选择【全部解冻】解冻之前冻结的模型。再选中解冻的蜘蛛模型，单击鼠标右键出现选项表，点击【对象属性】出现对象属性弹窗，把【透明】勾选去掉，再点击【确定】，这样模型就不会是透明状态，如图11-102所示。

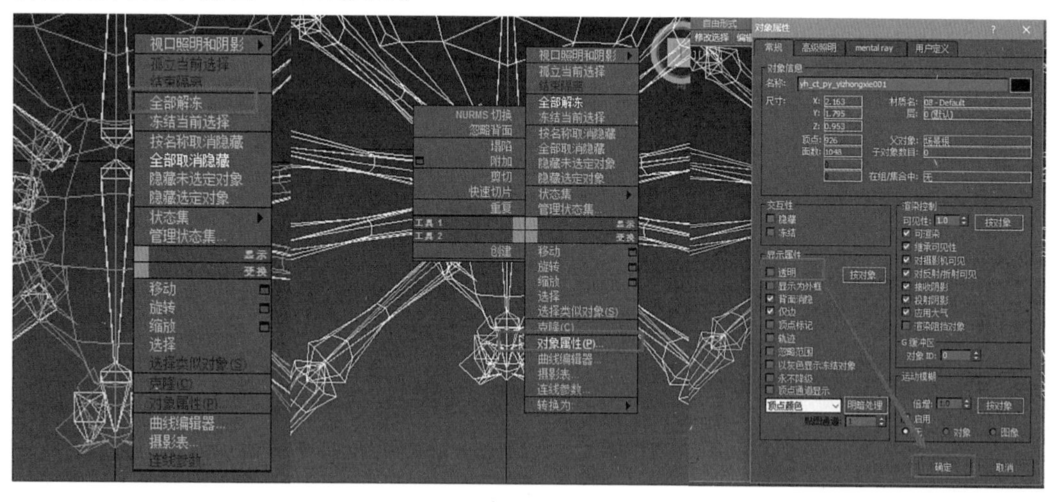

图11-102

（10）给模型添加蒙皮。选择【移动】按钮，选中蜘蛛模型，在软件右边选择【修改】面板，点击【修改】面板的下拉按钮找到蒙皮选项，再点击鼠标左键确定。

然后在修改面板中就出现了蒙皮选项。这样蒙皮就加载完成了，如图11-103所示。

（11）给蒙皮添加骨骼。选中模型，在修改面板中的蒙皮列表下面找到【骨骼】，点击【添加】，出现【选择骨骼】弹窗。选择键盘上的Ctrl + A全选所有骨骼，再点击【确定】，在蒙皮列表下就出现一系列的骨骼，这样蜘蛛模型的初始蒙皮就好了，如图11-104所示。

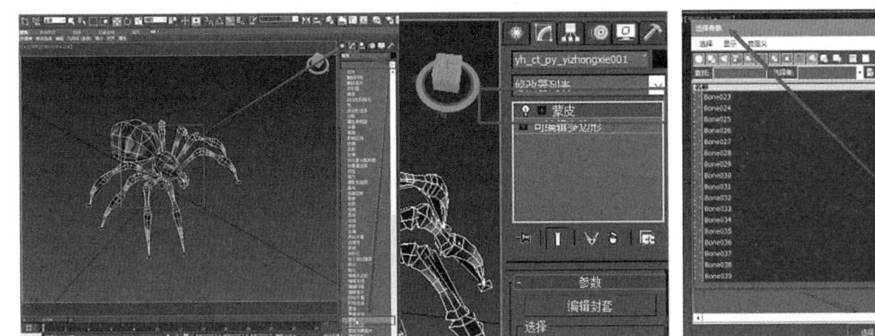

图11-103

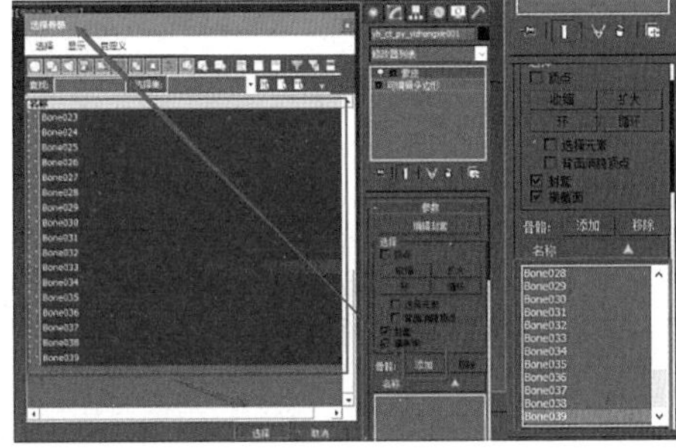

图11-104

（12）调整蒙皮权重。打开蒙皮加号 下拉选项，点击【封套】，然后在【参数】下勾选【顶点】，然后打开【权重工具】，出现【权重工具】弹窗，如图11-105所示。

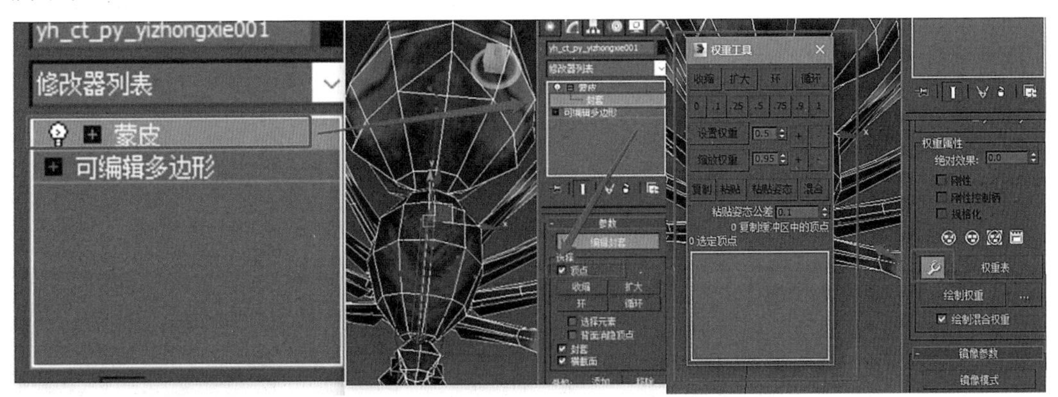

图11-105

（13）调整腿部蒙皮权重。把【权重工具】窗放在一个适合的位置，选择蜘蛛蒙皮的骨骼线，观察蒙皮有没有蒙皮好。如选择蜘蛛左边的第四只腿的骨骼线，发现腿部蒙皮有影响到尾部区域，单击鼠标左键，框选影响到的尾部骨骼顶点，在【权重工具】中把尾部的顶点权重赋为0，这样尾部模型权重就不会受腿部影响。（提示：如果赋为0还是有影响，可以选择尾部骨骼线，选中尾部受到腿部影响的顶点，把权重值改为1，这样腿部骨骼权重也就不会影响尾部。）如图11-106所示。

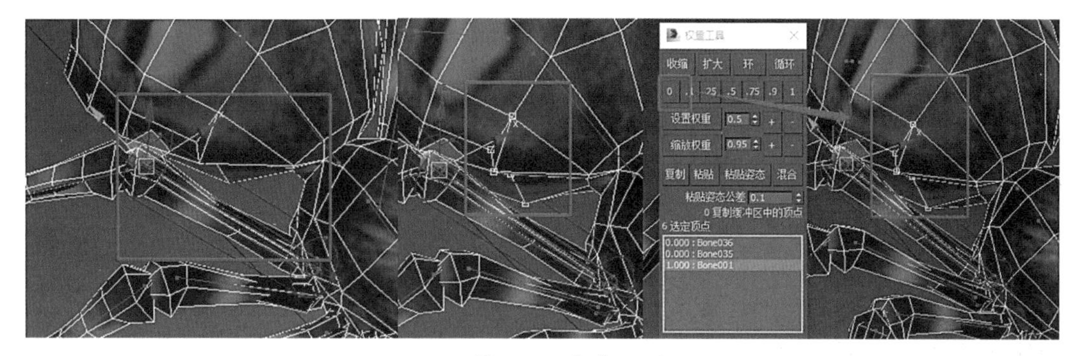

图 11-106（a）

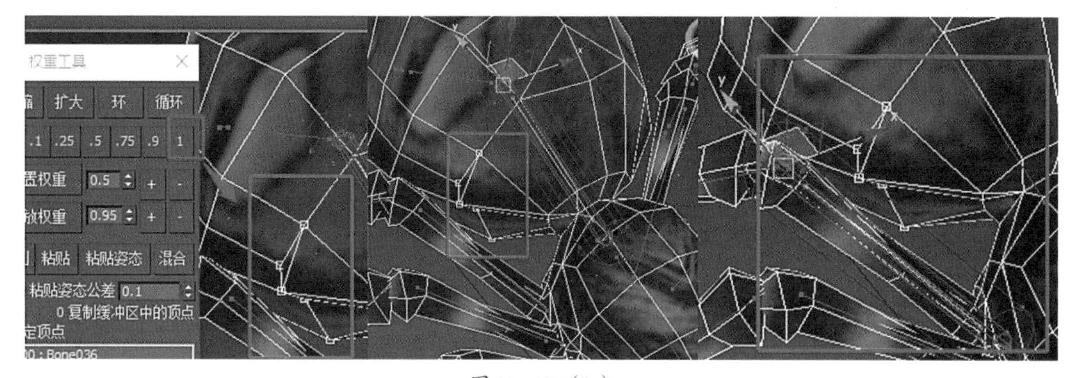

图 11-106（b）

再依次调整左边第四只腿的骨骼线，选中第一个骨骼线，框选该骨骼区域的顶点，把权重改为1。然后选中1、2骨骼线中间关节处顶点，先选择第一个骨骼线，把关节点顶点值改为0.5，再选择第二个骨骼线，也把关节点的值赋为0.5，代表1、2骨骼线各控制一半的权重，如图11-107所示。

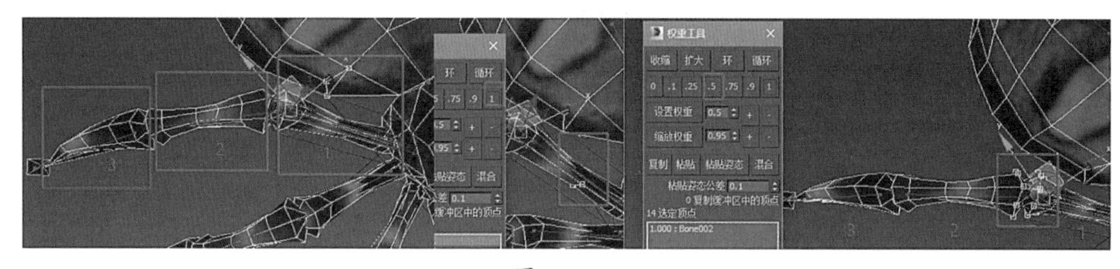

图 11-107

同理，2、3骨骼线中间的关节顶点也是一样，各权重值都赋为0.5。选中第二个骨骼线，第二个腿部骨骼线顶点值都设置为1。选中第三个腿部骨骼线，把第三个腿部的顶点选中也把权重都改为1，如图11-108所示。

图 11-108

提示：蜘蛛大部分的蒙皮在初始化蒙皮时是已经蒙皮好的，只需要检查有没有多余的蒙皮控制到多余的地方，有不对的地方按照上述方法修改就可以。

同理，修改一下左边其余三条腿的权重。关节处每个相关的顶点各指定为0.5，其他地方顶点根据选中的骨骼来赋予相对应的权重值，基本腿部值是为1 。腿部骨骼控制到胸部较多，选择相对应的腿部骨骼线，然后选择胸部的顶点，权重值指定为0，如图11-109所示。

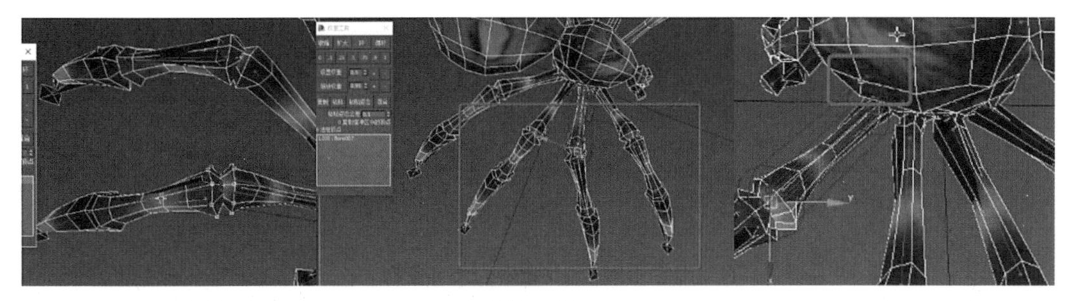

图 11-109

提示：权重值的调整可以根据选中的该骨骼蒙皮颜色深浅来判断，红色代表完全控制，最高为1；蓝色越淡代表控制得越少，最低为0。0代表不受控制。红色到蓝色之间有一个颜色变化，可以看出蒙皮权重的控制程度。

提示：如果有多选的顶点，按住键盘上的Alt键不放，使用鼠标左键减选掉多余的顶点。

（14）调整身体的蒙皮权重。选中胸部的骨骼线，观察一下看看权重颜色的变化，如果存在没有蒙皮上的顶点需要赋予相对应的权重值，尾部和胸部中间的顶点权重值各赋为0.5。尾部两根骨骼中间顶点各控制一半，如图11-110所示。

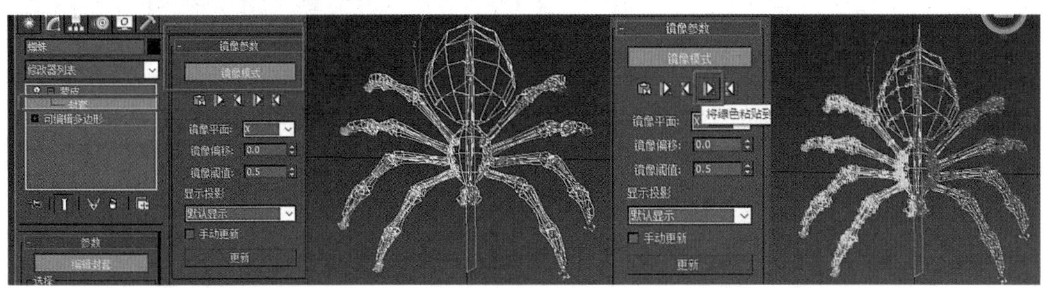

图 11-110

（15）检测蒙皮权重。给蜘蛛做简单的身体动作来检查蒙皮权重是否正确。打开【自动关键点】，首先在第0帧位置给所有骨骼打上一个关键帧，然后在第10帧，给腿和身体做简单的动作。如果腿和身体发生拉伸，那就需要继续调整蜘蛛的权重，如果没有问题则可以继续进行下一步，如图11-111所示。

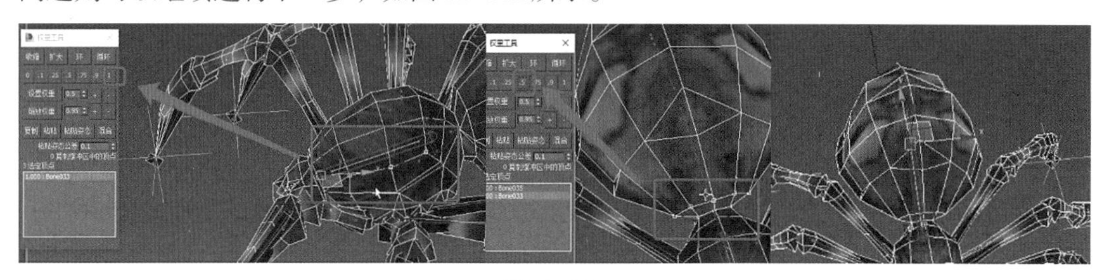

图11-111

（16）镜像蜘蛛权重。选中蜘蛛模型，点击封套，在修改面板中找到【镜像参数】。然后点击【镜像模式】激活镜像模式，可以看到场景中蜘蛛骨骼出现绿色和蓝色的骨骼线。接着点击【将绿色粘贴到蓝色顶点】，把场景中的蜘蛛绿色顶点复制到蓝色顶点上，另外一半蜘蛛模型权重就赋予完成，如图11-112所示。

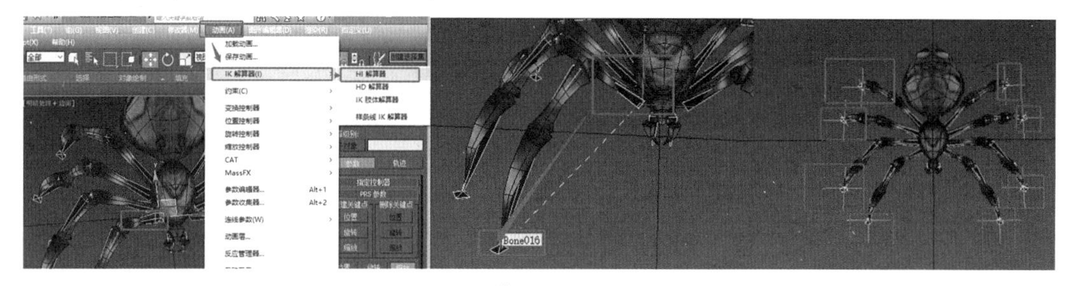

图11-112

（17）给腿部骨骼添加IK解算器。选中左边第一只腿的根骨骼，在菜单栏中点击【动画】。出现下拉按钮，点击【IK解算器】中的【HI解算器】。再回到场景中把根骨骼链接给最后一根骨骼，链接完会出现一个十字的虚拟对象，这样才完成第一条腿的链接。同理，其他七条腿都是相同操作，如图11-113所示。

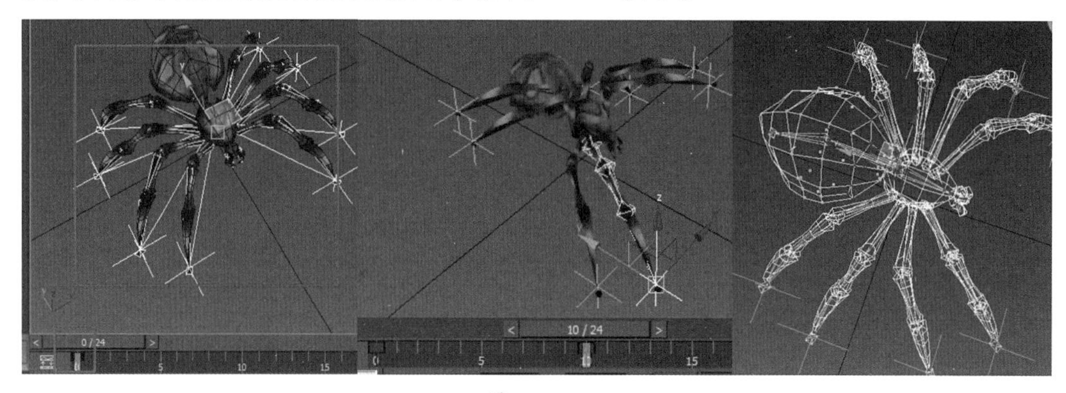

图11-113

11.5 多足动物动作设计

11.5.1 多足动物行走动作

11.5.1.1 实例简介

本实例通过对多足动物蜘蛛的走路运动规律的分析，利用移动、旋转等变换工具制作出蜘蛛的关键帧，从而用最少的时间制作出蜘蛛的走路动作。

11.5.1.2 实现步骤

（1）创建虚拟对象和骨骼的链接。打开已经蒙皮好的蜘蛛的3ds Max文件，给蜘蛛添加一个【虚拟对象】，调整虚拟对象的位置，点击链接 。然后在场景中选中蜘蛛胸部的根骨骼，按住鼠标左键不放，拖曳给虚拟对象以完成绑定链接，如图11–114所示。

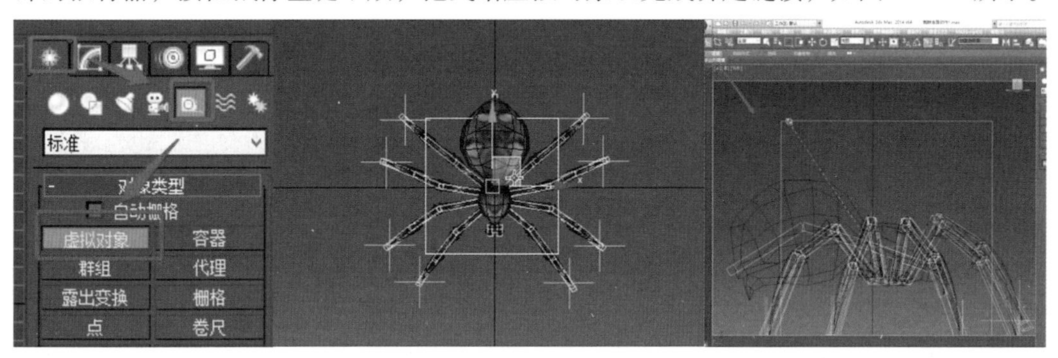

图11–114

（2）调整时间配置。在软件右下角的【时间配置】 中修改时间滑块的帧数，给蜘蛛时间滑块设置为24帧（如图11–115所示）。然后在软件右下方打开【自动关键点】，然后把时间滑块拖到第0帧，选中所有的蜘蛛骨骼，在第0帧位置按键盘上的K键，给蜘蛛所有骨骼记录一个关键帧，如图11–116所示。

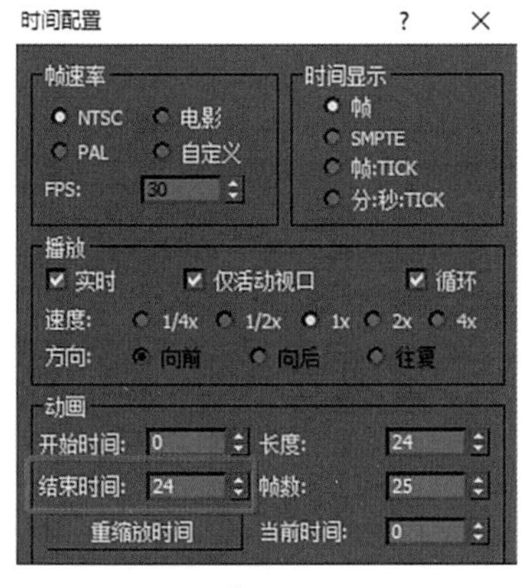

图11–115

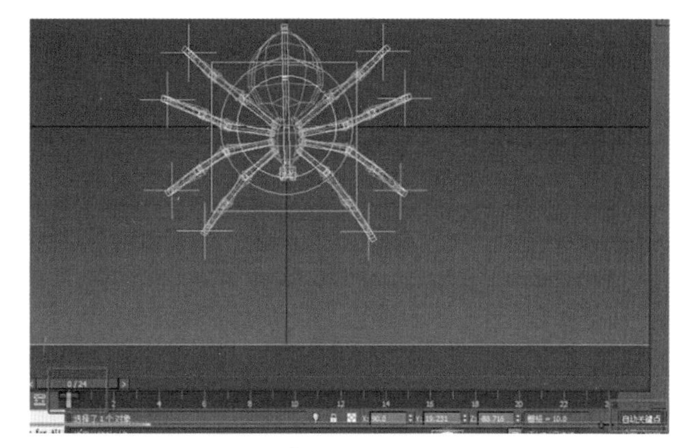

图11–116

（3）调整蜘蛛第0帧动作。在顶视图进行第0帧胸部的动作调整，选中蜘蛛的胸部根骨骼，选择旋转工具，向右旋转选中的根骨骼。然后再选中腹部的两根骨骼都向右旋转一点，如图11-117所示。

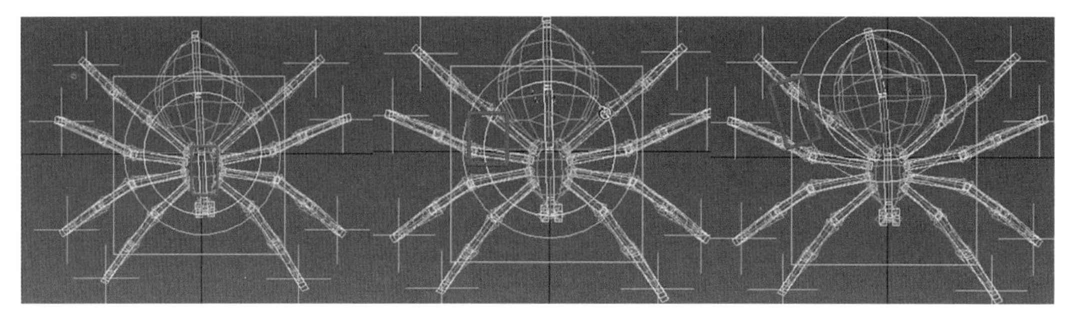

图11-117

蜘蛛腿的运动是交替进行的，左边第一条腿向前、右边第一条腿向后，右边的第二条腿向前、左边的第二条腿向后。同理，第三对腿和第四对腿都是依次交替行进的，如图11-118所示。

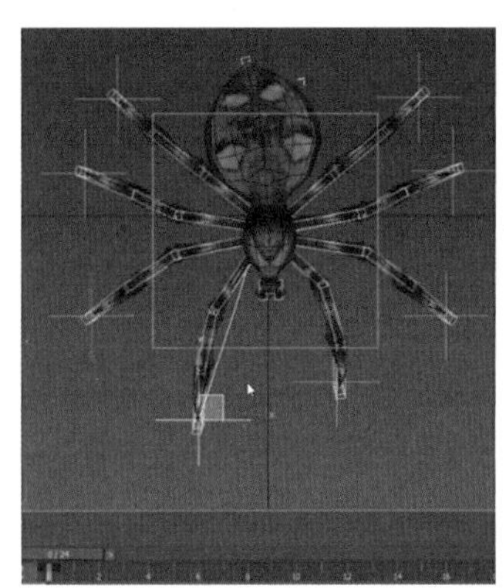
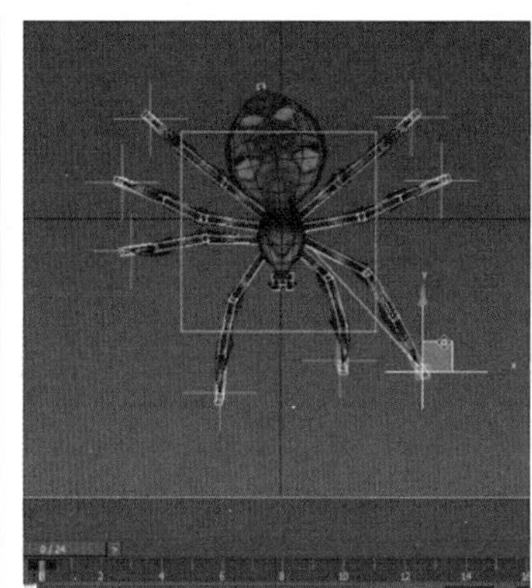
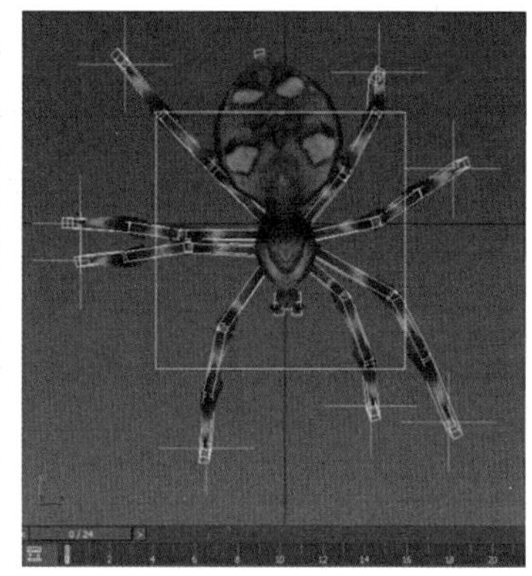

图11-118

调整完第0帧动作，然后复制第0帧到第24帧。第0帧和第24帧相同，蜘蛛走路动作是一个循环动作。

（4）调整中间帧第12帧的动作。选中旋转工具，选中蜘蛛身体的根骨骼向左旋转，然后调整尾部的两根骨骼也向左旋转，如图11-119所示。

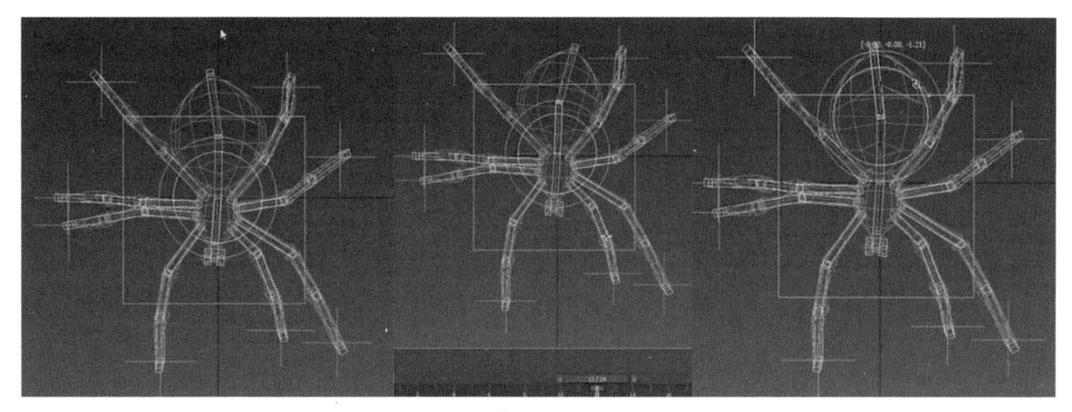

图 11-119

这时蜘蛛的两只前腿运动就和第0帧相反，右边第一只腿向前，左边第一只腿向后；右边的第二只腿向后，左边的第二只腿向前。同理，第三对和第四对腿都呈现交替向前向后的运动，如图11-120所示。

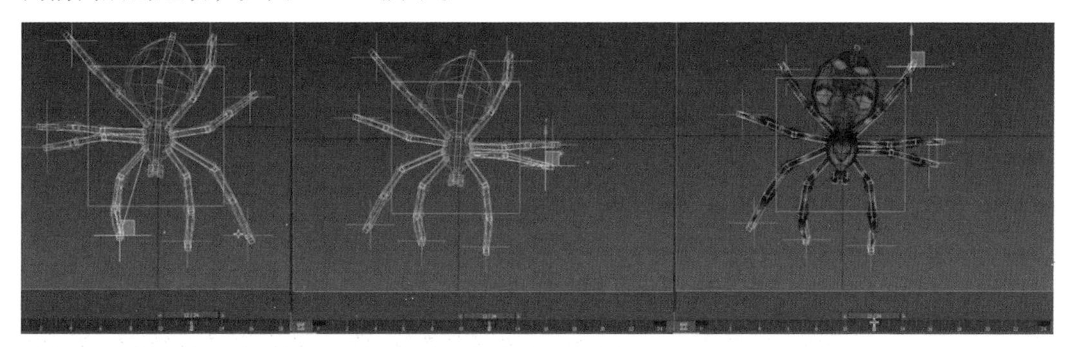

图 11-120

（5）调节第0到第12帧的中间帧第6帧动作。调完第0到第24帧的中间帧第12帧，一个基本的走路动作就差不多完成了，然后继续调整细节，在第6帧需要调蜘蛛的抬腿动作，利用【移动工具】，选中右边的十字IK虚拟对象，把右边的第一只腿抬起，左边的第二只腿抬起，右边的第三只腿抬起，左边的第四只腿微微抬起，抬腿动作都是交叉进行的。第一只腿是需要抬高一点，后面几只相对应的幅度要小一点，如图11-121所示。

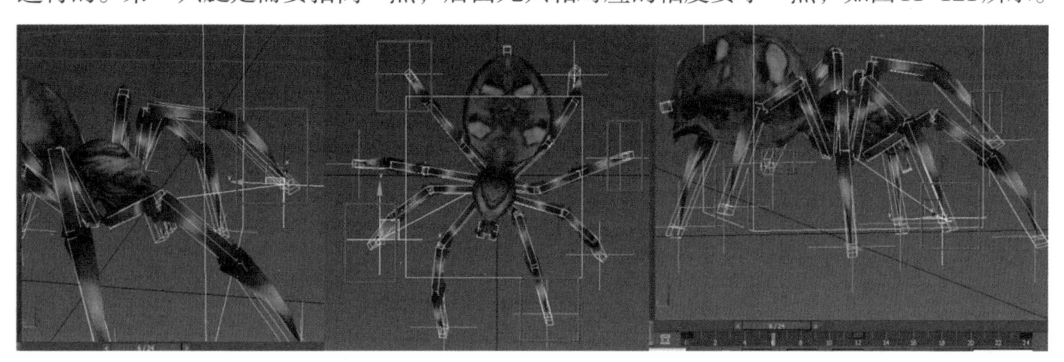

图 11-121

抬腿动作调完，选中尾部的骨骼，然后利用旋转工具在左视图把尾部略微调上一点，需要带点幅度，如图11-122所示。

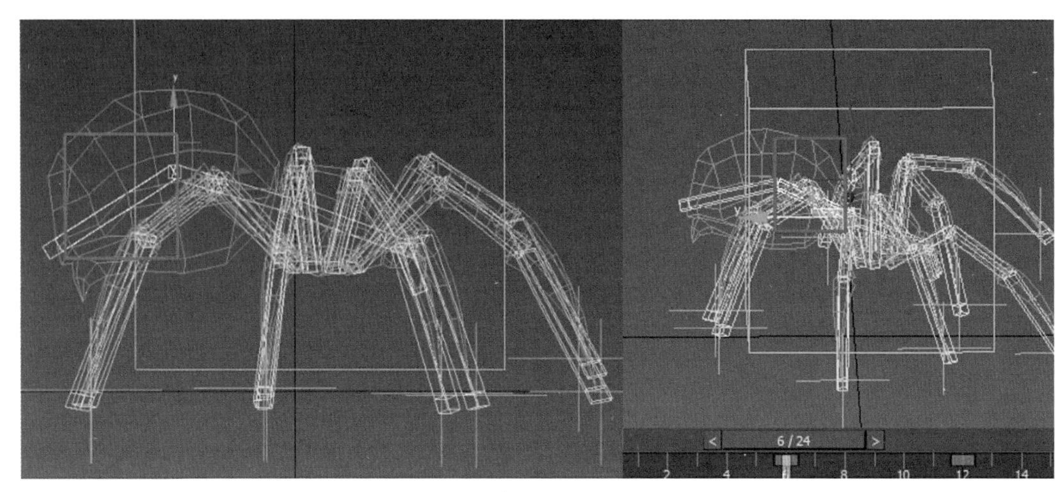

图11-122

（6）同理调节第18帧的制作动作。把时间滑块移动到第18帧，首先调整尾部的骨骼，复制第6帧的尾部骨骼到第18帧，因为第6帧和第18帧他们的身体起伏基本一样。然后选择【移动工具】调整蜘蛛腿的动作，和第6帧相反，这时候蜘蛛的左边第一只腿需要抬起，右边第二只腿抬起，左边第三只腿抬起，右边第四只腿抬起。第一只需要抬高一点，其他略低，如图11-123所示。

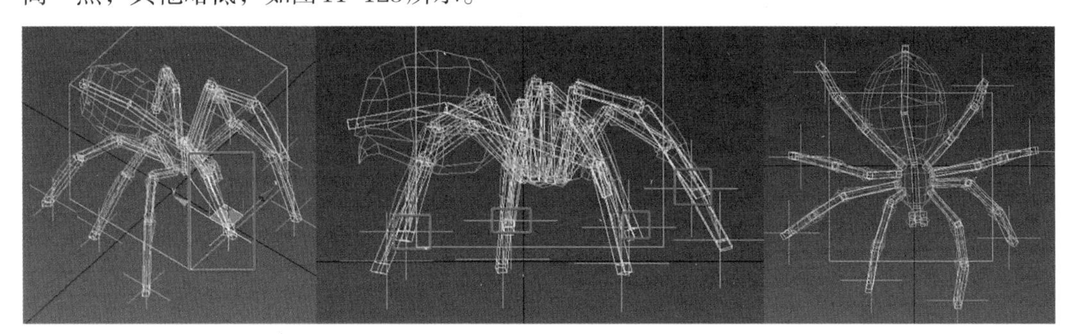
图11-123

（7）调整第6帧和第18帧的身体起伏重心。把时间滑块拖到第6帧，选择绿色的虚拟对象，然后利用移动工具把蜘蛛的整体重新略微提高一点，即在第0帧的基础上调高，因为走路时整个身体是会发生起伏变化的。选中绿色的虚拟对象，复制第6帧的重心到第18帧，这样蜘蛛的一个循环走路动作才能协调，如图11-124所示。

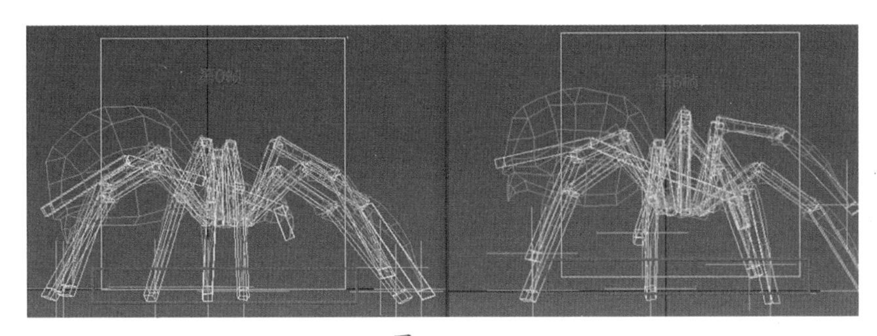

多足动物
行走动作

图 11-124

11.5.2 多足动物跑步动作

（1）调整时间配置。打开蜘蛛的模型文件，在软件右下角的【时间配置】中修改时间滑块的帧数，给蜘蛛时间滑块设置为14帧。然后在软件右下方打开【自动关键点】，然后把时间滑块拖到第0帧。选中所有的蜘蛛骨骼，在第0帧位置按键盘上的K键，给蜘蛛所有骨骼和虚拟对象记录一个关键帧，如图11-125所示。

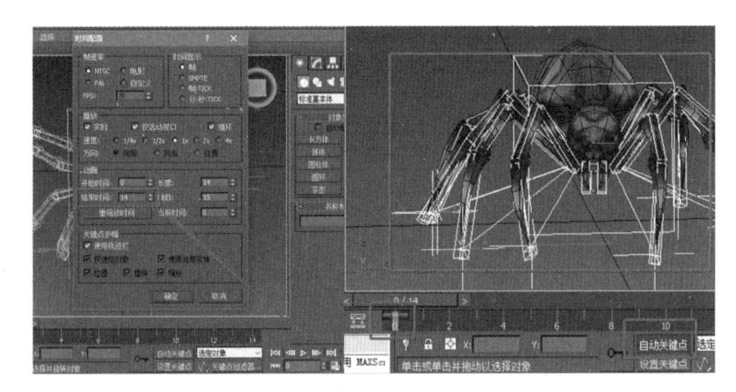

图 11-125

（2）调整第0帧动作。冻结蜘蛛模型，按键盘上的F3以线框显示。先调整蜘蛛的胸部根骨骼向左旋转，然后尾巴根骨骼也向左旋转一点，如图11-126所示。

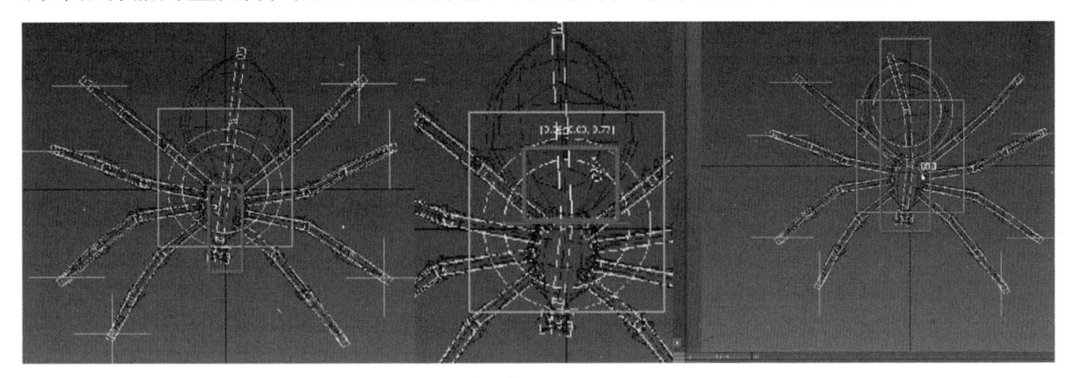

图 11-126

调完身体动作，接着调腿的动作。首先调整左边的第一只腿，选中左边第一只腿的十字IK，然后向后收缩一点，选中右边第一只腿向前；左边第二只向前，右边第二只向后；左边第三只向后，右边的第三只向前；左边第四只向前，右边第四只向后，如图11-127所示。

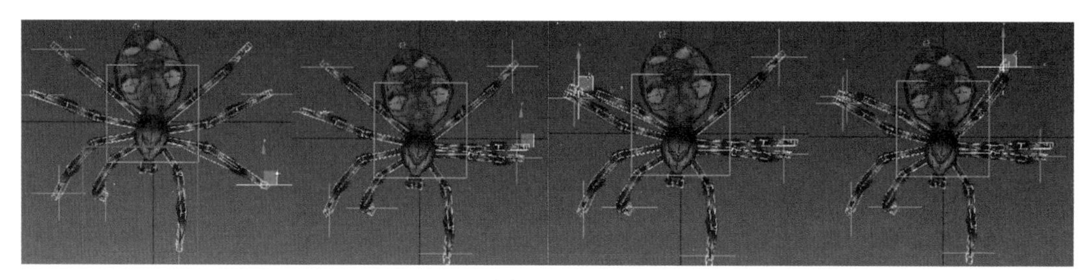

图11-127

提示：第0帧动作做完，复制第0帧所有动作到第14帧，做原地跑步动作。第0帧和第14帧是相同帧。

（3）调中间帧第7帧动作。第7帧动作和第0帧动作是一个相反的动作。这时蜘蛛的胸部骨骼向右旋转，尾部两根骨骼也向右旋转。左边第一只腿向前，右边第一只向后；左边第二只向后，右边第二只向前；左边第三只向前，右边第三只向后；左边第四只向后，右边第四只向前，如图11-128所示。

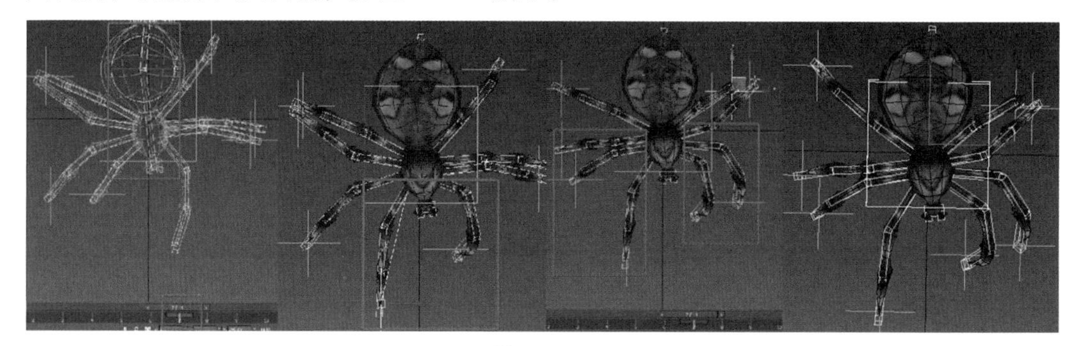

图11-128

（4）调中间帧第4帧动作。在第4帧蜘蛛尾巴需要向上翘起，此时第4帧蜘蛛腿需要有个交叉起伏高低变化，场景切换到【左视图】。观察一下腿的起伏，第0帧和第7帧、第14帧的腿都是落地状态。把第0帧和第7帧所有的腿都放在网格线上，再把所有骨骼和虚拟对象的第0帧复制到第14帧，如图11-129所示。再次切换到【透视图】将左边第一只腿抬高，右边第二只抬起，左边的第三只腿抬起，右边第四只抬起，如图11-130所示。

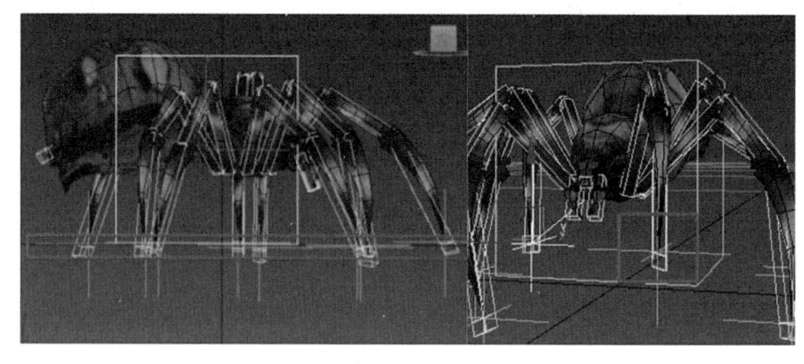

图11-129

提示：左边第一只抬腿动作是最高的，其他腿依次变低。

（5）调中间帧第11帧动作。在第11帧把蜘蛛尾巴向上翘起，第11帧也需要腿有高低变化，第11帧抬腿动作和第4帧是相反的。第11帧右边第一只腿抬高，左边第二只抬高，右边第三只抬高，左边第四只抬高，如图11-131所示。

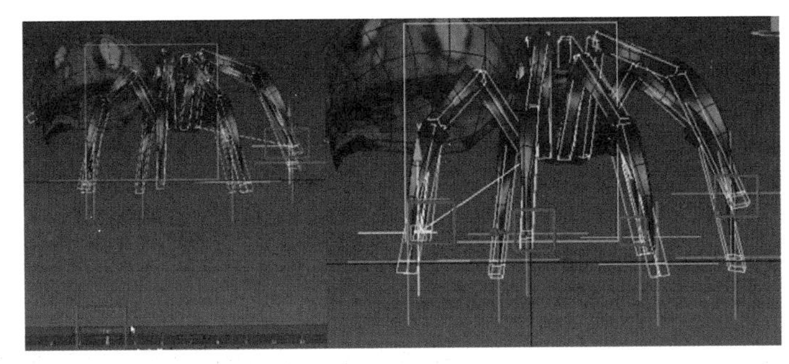

图11-130

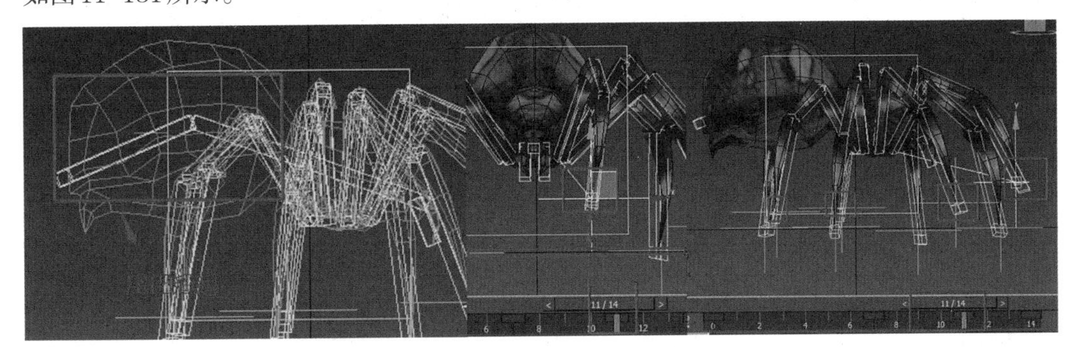

图11-131

提示：右边第一只腿的抬腿动作是最高的，其他腿依次变低。

（6）调整整个身体的重心起伏动作。调完所有的腿和身体的动作之后，时间滑块放到第4帧，场景切换到【左视图】。选择移动工具，在场景中选中绿色的虚拟对象，把蜘蛛的重心向上拉起一个幅度。然后复制第4帧的蜘蛛重心，把第4帧的重心复制到第7帧上，完成蜘蛛的跑步动作。点击播放按钮，在透视图观察蜘蛛的跑步动作，如图11-132所示。

多足动物奔跑动作

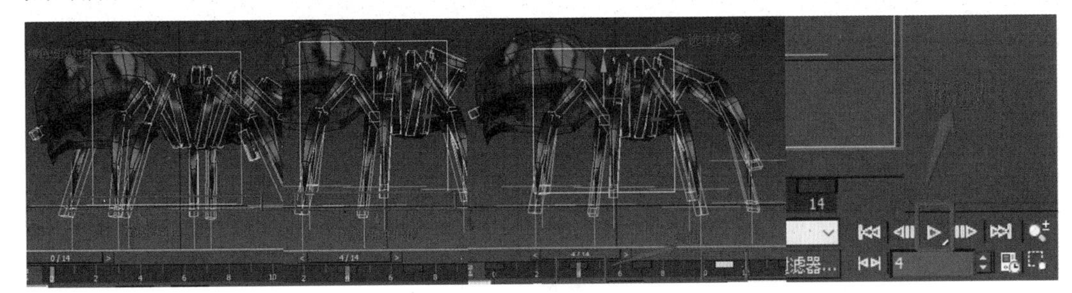

图11-132

11.5.3 多足动物攻击动作

（1）调整时间配置。打开蜘蛛的模型文件，在右软件右下角的【时间配置】中修改时间滑块的帧数，给蜘蛛时间滑块设置为26帧。然后在软件右下方打开【自动关键点】，然后把时间滑块拖到第0帧，选中所有的蜘蛛骨骼，在第0帧位置按键盘上的K键，给蜘蛛所有骨骼和虚拟对象记录一个关键帧，如图11-133所示。

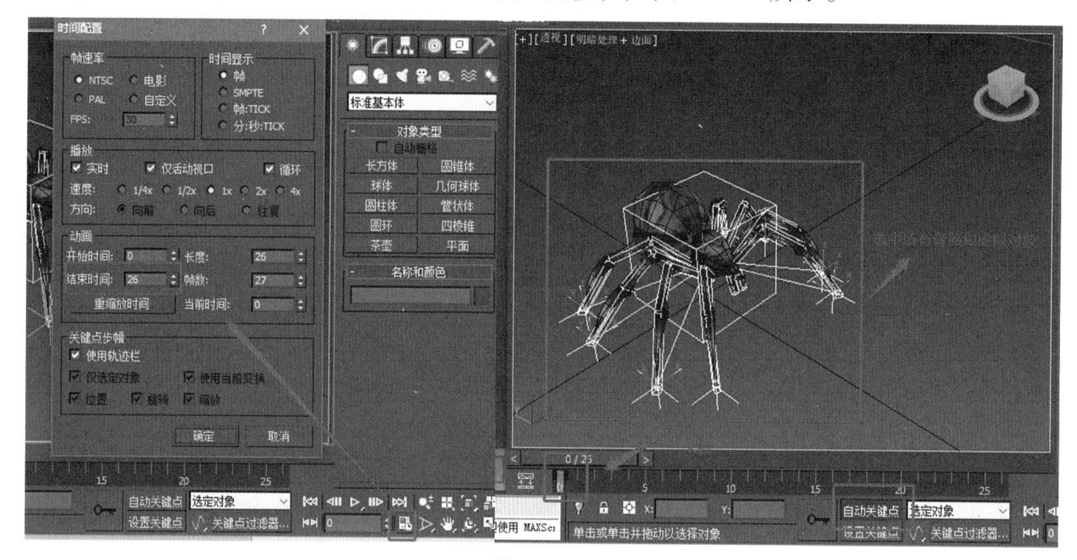

图 11-133

（2）调整第5帧动作。选中重心的虚拟对象，使用移动工具把蜘蛛重心向上和向前移动一定距离。然后调整胸部根骨骼，在左视图把胸部根骨骼向下旋转，尾巴向里面收缩一点，如图11-134所示。

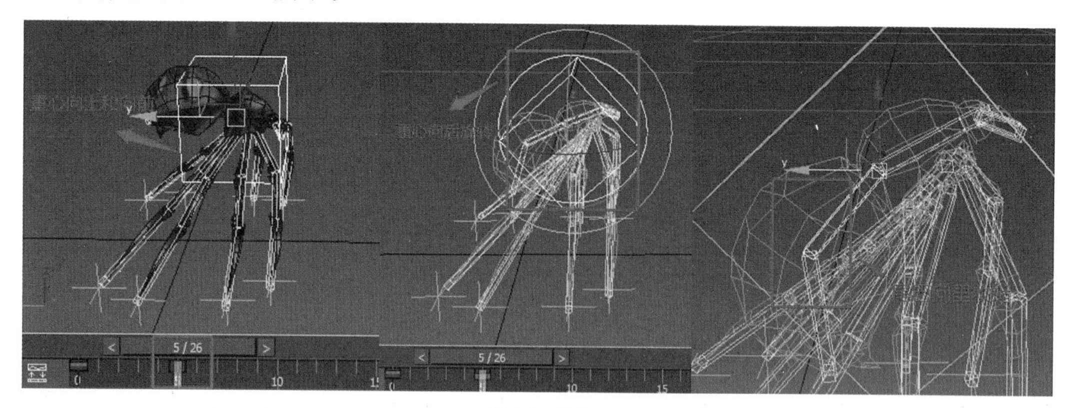

图 11-134

选中蜘蛛的前两对腿，把前两对腿向上和向前移动，呈现向前扑的姿势。再使两对后腿向后，第三对腿在身体的中间位置，呈现拱起的状态，第四对腿放直，如图11-135所示。

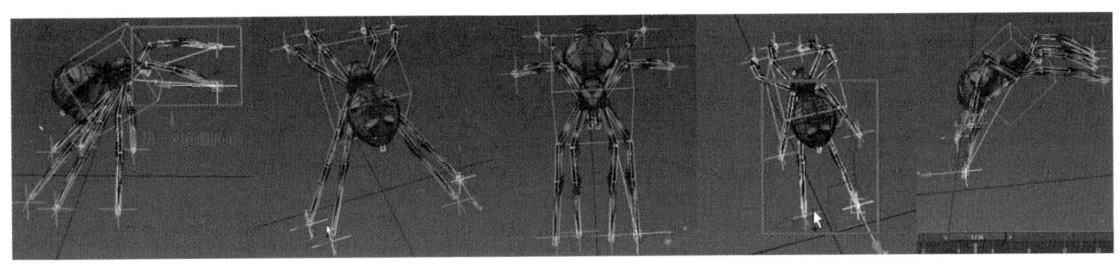
图 11-135

（3）调整第6帧动作。在第6帧，身体需要向下调整，向右旋转重心，让蜘蛛的头朝下，尾部朝上。前面第一对腿落在地上，第二对腿靠近地面，但还没有落地，第三对腿落在身体的中心位置呈现拱起姿势，第四对腿向上拱起，离地面有一定的距离，如图11-136所示。

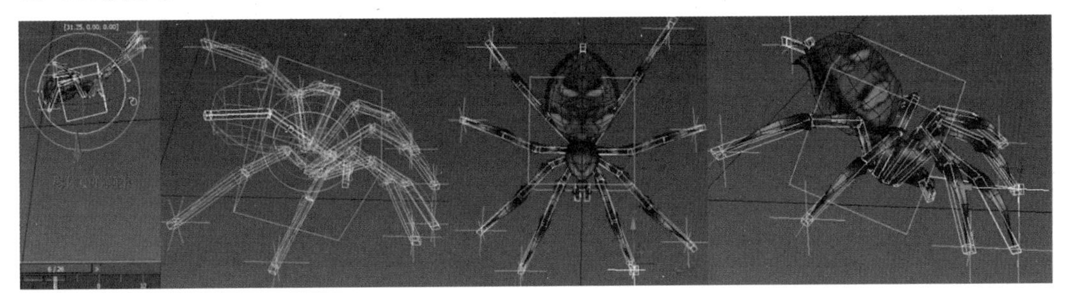
图 11-136

提示：四对腿的高度是依次变化的，第一对腿靠近地面，第四对腿离地面最远。

（4）调整第8帧动作。第8帧整体的重心向下，向左旋转重心，呈现微微倾斜的状态。蜘蛛的所有腿都调整落在地平线上，如图11-137所示。

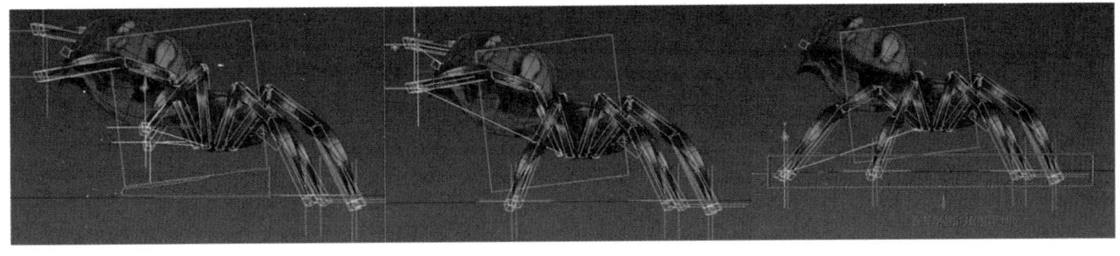
图 11-137

场景切换到顶视图，两只前腿向前，第二对腿都向后一点，后两对向前，然后在侧视图旋转胸部和尾部骨骼向上翘起，第8帧的尾部是翘起的最高点，如图11-138所示。

（5）复制第0帧。把时间滑块移动到第0帧，在场景中选中所有的骨骼和虚拟对象，复制时间滑块的第0帧到第26帧，第0帧和第26帧是相同的动作，如图11-139所示。

（6）调整第11帧动作。在第11帧，先给所有骨骼和虚拟对象打上一个关键帧。这时候的尾部和胸部开始向左旋转向下，右边第一只腿向后抬起，左边第一只不动；左边第二只向后抬起，右边第二只不动；右边第三只向后抬起，左边第三只不动；左边第四

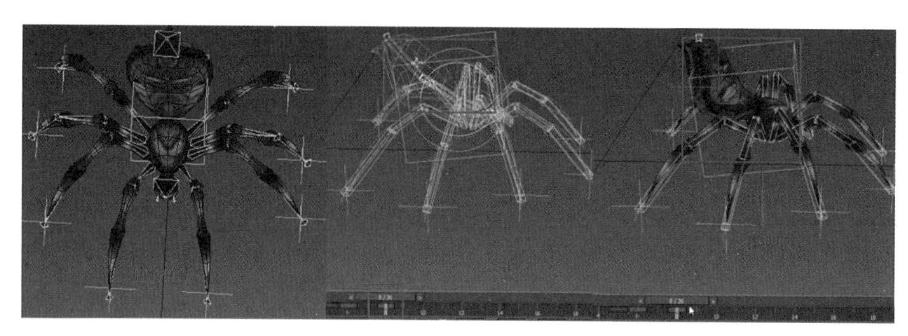

多足动物
攻击动作

图 11-138

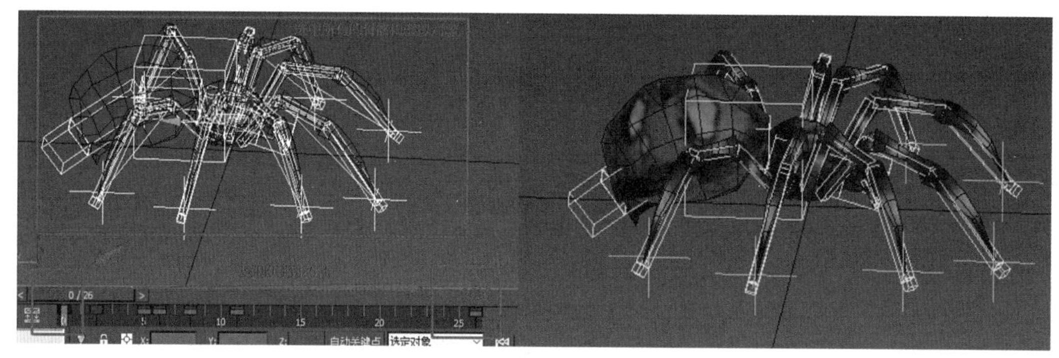

图 11-139

只向后抬起，右边第四只不动，如图 11-140 所示。

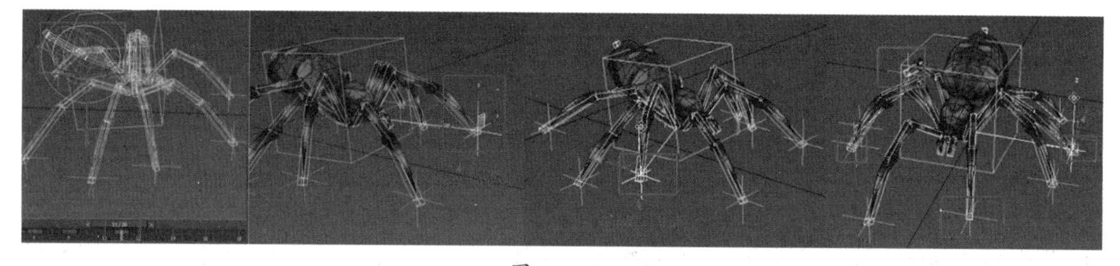

图 11-140

提示：蜘蛛落下，在第 11 帧开始要向后爬，所以这时的腿需要开始向后退。

（7）调整第 14 帧动作。在第 14 帧的时候，同样给所有的骨骼和虚拟对象打上一个关键帧。右边第一只腿落下，然后向后退，左边的第二只落下向后，右边的第三只落下微微向后，左边的第四只落下向后一点，右边的第四只向前一点，如图 11-141 所示。

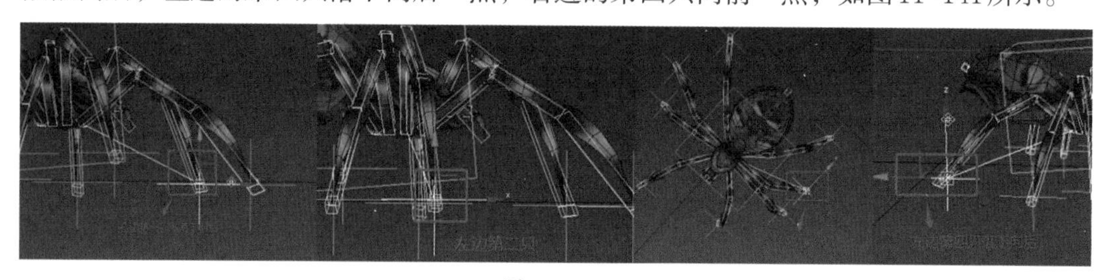

图 11-141

这时，在第14帧是与第11帧的抬腿动作是相反的状态。左边第一只腿抬起，右边第二只抬起，左边第三只抬起，右边第四只抬起，如图11-142所示。

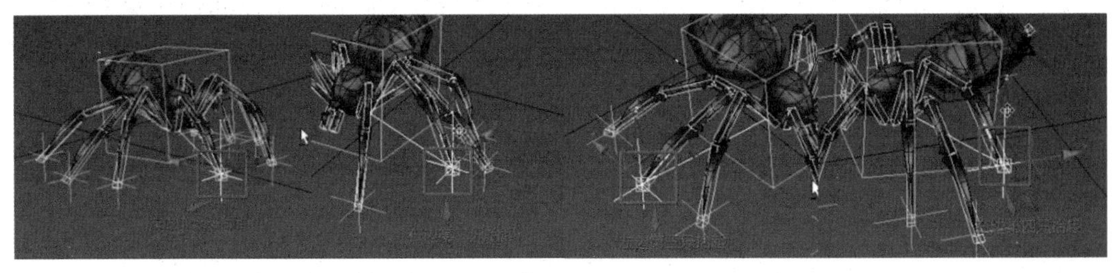

图11-142

第14帧的尾部需要向下，趋于平缓，不要翘太高，胸部骨骼向左旋转放低一个幅度，如图11-143所示。

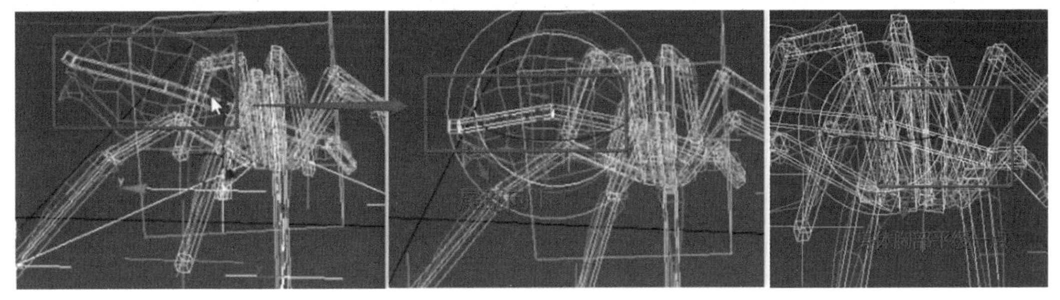

图11-143

（8）调整第17帧动作。在第17帧，先给所有的骨骼和虚拟对象打上关键帧。第17帧的胸部骨骼再次向左旋转放低，尾部向上旋转一个幅度，如图11-144所示。

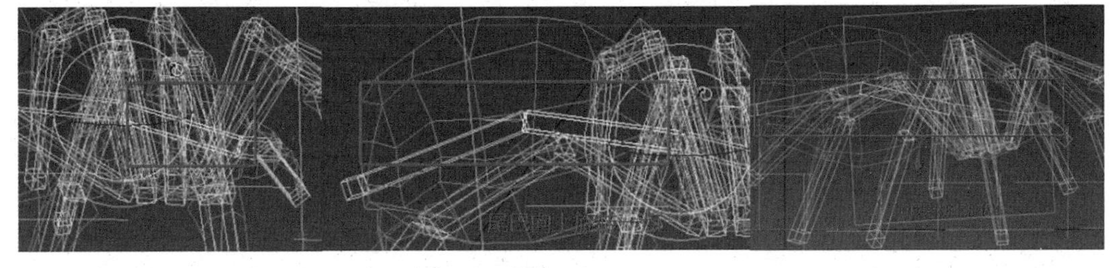

图11-144

右边第四只腿向后，右边第三只向后，右边第二只向前，右边第一只向前；左边第一只腿向后，左边第二只向前，左边第三只向后，左边第四只向前挪动，如图11-145所示。

然后给第17帧切换抬腿的动作，和第14帧相反，在第17帧时，左边第一只腿落在地平线上，右边第二只腿落下，左边第三只落下，右边的第四只落下；右边第一只腿抬起，左边第二只抬起，右边第三只抬起，左边第四只抬起，如图11-146所示。

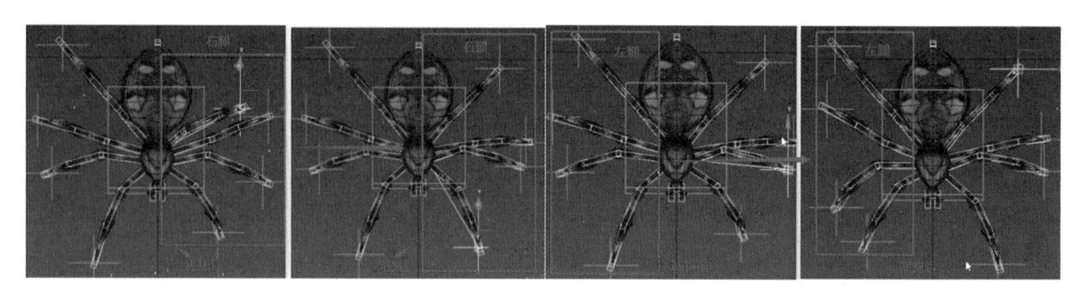

图 11-145

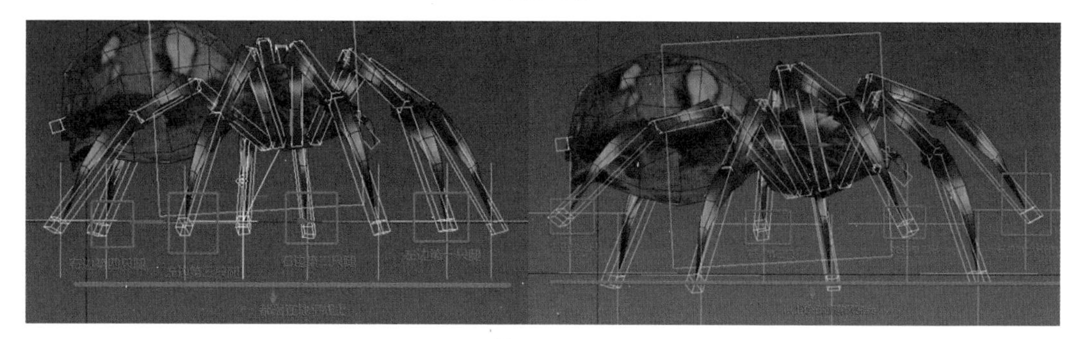

图 11-146

（9）调整第 20 帧动作。在第 20 帧，先给所有的骨骼和虚拟对象打上关键帧。首先，场景切换到【顶视图】。右边的第一只向后，左边第二只向后，右边第三只向后，左边第四只向后；同理，左边第一只向前，右边第二只向前，左边第三只向前，右边第四只向前，如图 11-147 所示。

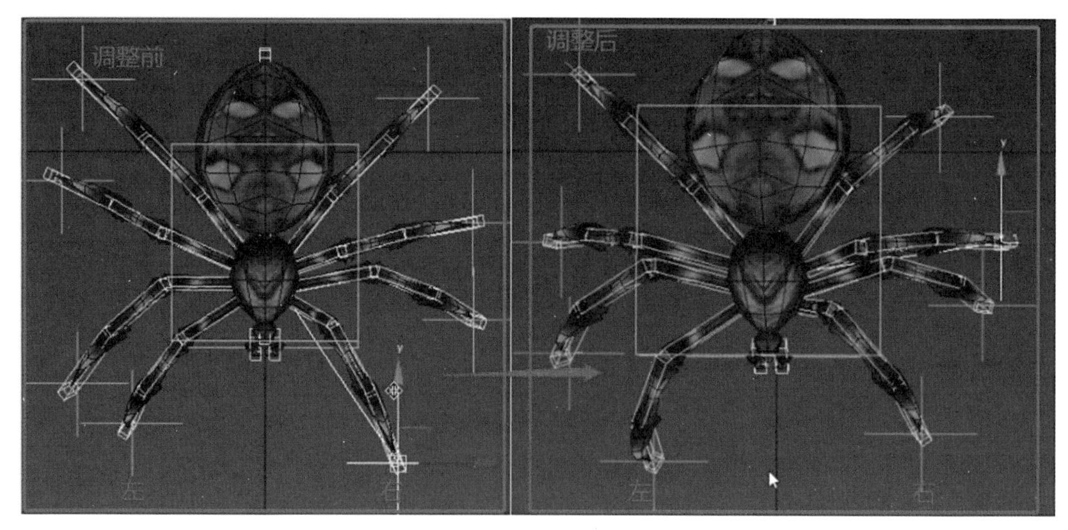

图 11-147

提示：给所有的骨骼和虚拟对象打上关键帧，是为了防止有漏帧动作。因为蜘蛛是向后退的动作，所以向前的腿可以保持原地不动。

切换抬腿动作，场景切换到【左视图】。右边第一只腿、左边第二只、右边第三只、左边第四只都落在水平线上。然后左边第一只腿抬高一个幅度，右边第二只抬起，左边第三只抬起，右边第四只抬起，如图11-148所示。

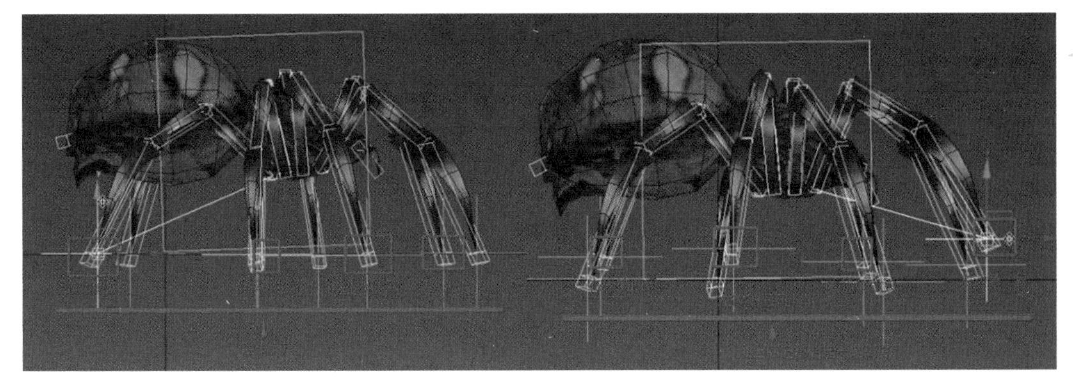

图11-148

（10）调整第23帧动作。把时间滑块移动到第23帧，场景切换到【左视图】。左边第一只腿落下向后，右边第二只腿落下向后，左边第三只腿落下向后，右边第四只腿落下向后；同理，右边第一只腿抬起，左边第二只腿抬起，右边第三只腿抬起，左边第四只腿抬起。最后播放观察蜘蛛的攻击动作，如图11-149所示。

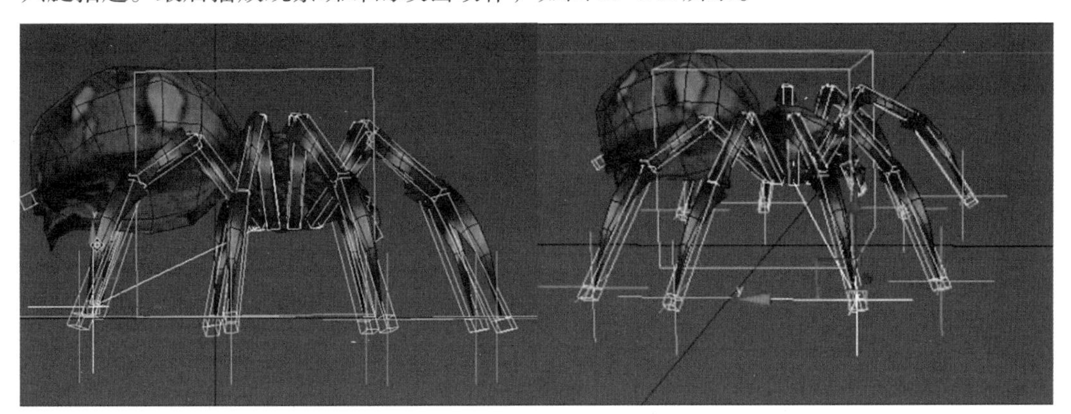

图11-149

11.6 思考与练习

1. 对Biped骨骼造型设计时，需要在什么模式下进行？
2. 骨骼蒙皮中的【权重】有什么作用？
3. 虚拟对象在动作设计中有什么作用？

11.7 单元测试

试题

第12章 飞行类动物骨骼与动画制作

12.1 本章概述

飞行类动物在动物世界中占有很大比重，大到苍鹭、雄鹰，小到蝴蝶、蜻蜓甚至蚊子等。小型飞行类动物作为场景陪衬时，无须做比较复杂的动画调节，甚至用Bone骨骼稍稍调节即可。但对于非常醒目的大型飞行类动物，无论现实中的还是虚幻角色，都需要精细调节，如雄鹰、会飞的恐龙，如翼手龙、无齿翼龙等，都需要对其飞行动作进行细心调节，保证协调性。本章就飞行类动物骨骼设定、蒙皮绑定以及动作设定诸方面作详细讲解。

概述

12.2 飞行类动物骨骼主体设定

12.2.1 实例简介

实例运用3ds Max 2016中的提供的Biped骨骼系统，通过各种变换调整，将Biped骨骼与白鹭模型进行准确对位，创建出飞行动物主体骨骼。

12.2.2 实现步骤

（1）调整坐标位置。打开的模型是正面朝后视图，所以打开【角度捕捉】，出现弹窗，把弹窗中的【角度】改为180°，然后选择旋转工具把白鹭的模型旋转到前视图。再次选中场景的模型，把坐标放到模型的脚底。然后在工具栏中，检查旋转缩放是否都是归于0。如果不是，需要点击右边的【实用程序】，点击下面的【重置变换】中的【重置选定内容】，再选中模型，单击鼠标右键，出现列表，选中【转换为可编辑多边形】，塌陷一下重置变换，这样模型的坐标才算归于初始状态。再次选中模型，调节在时间轴下方中的XYZ数值，把鼠标移动到相对应的位置上，单击鼠标右键归0，如图12-1所示。

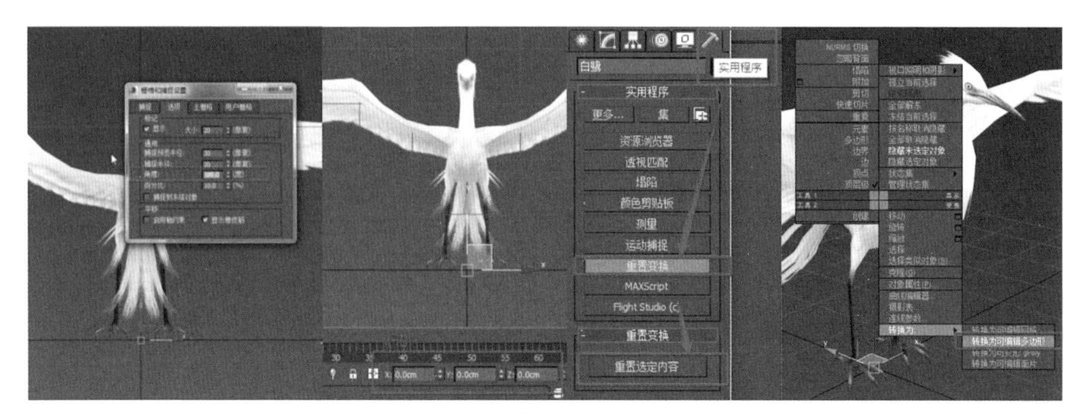

图 12-1

飞行类动物骨骼主体设定

（2）创建Biped骨骼，在右边的【创建】面板中，选中【系统】选项，在系统下点击选择【Biped】骨骼，然后在场景模型的位置拖一个Biped人体骨骼出来对准模型重心位置，如图12-2所示。

（3）冻结白鹭模型。这样做是为了防止在创建和调整骨骼的过程中选中模型，导致模型位置发生偏移。首先选中模型，单击鼠标右键出现列表，选择【对象属性】。出现对象属性弹窗，勾选【冻结】，然后不勾选【以灰色显示冻结对象】，再点击确定。这样，模型就冻结好了，如图12-3所示。

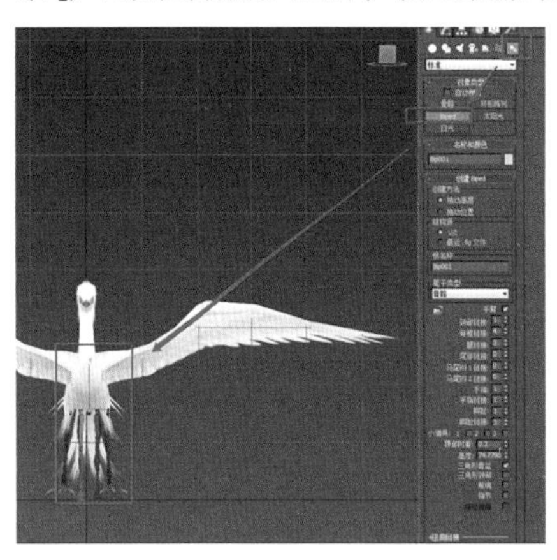

图 12-2

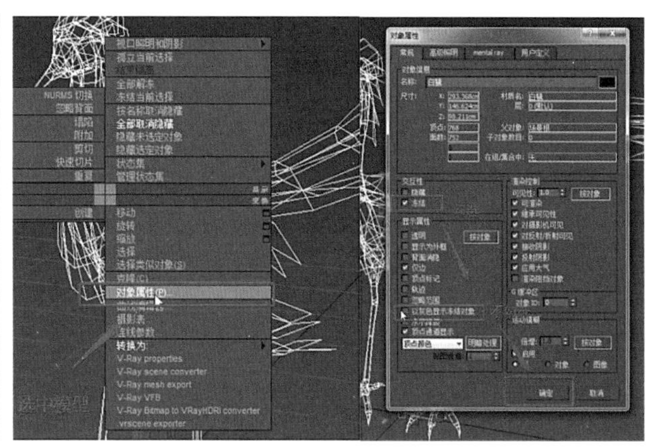

图 12-3

（4）骨骼对位模型。按键盘上的F3显示，以线框显示模型。在【运动】面板中激活【体形模式】，然后选中骨骼重心，把骨骼重心移动到模型的重心位置，然后再次在【运动】面板中选择结构类型为【标准】，如图12-4所示。

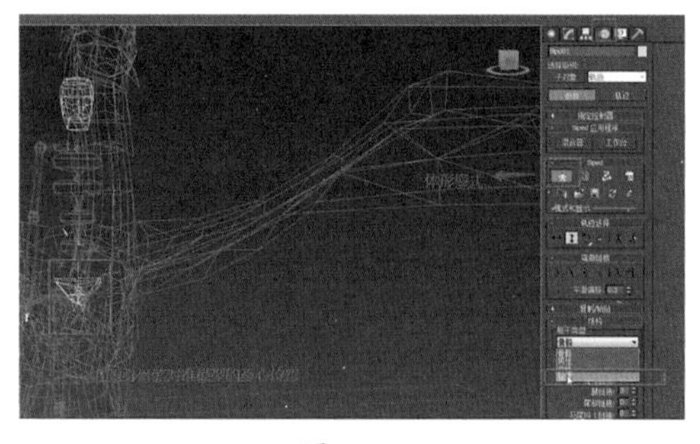

图 12-4

提示：结构类型选择哪一个都可以，通常使用的结构类型为标准。

（5）腿部骨骼对位。首先白鹭只有两只腿，所以在工具栏中打开【角度捕捉】，然后选中骨骼的重心，场景切换到【左视图】，把骨骼重心向前旋转90°。选中绿色的左腿骨骼，旋转绿色骨骼的左腿向下，并且对准白鹭的左腿位置，先对位两根长腿的骨骼，如图12-5所示。

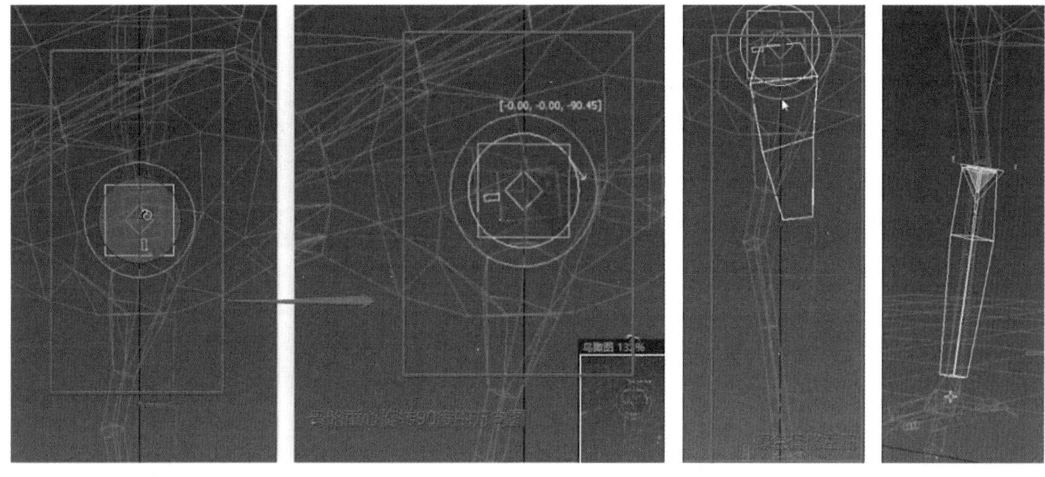

图12-5

然后再在前视图和透视图对位脚掌位置，在【运动】面板中修改【脚趾】数量为4，脚趾链接为3。然后，依次对位脚掌和脚趾的位置，如图12-6所示。

提示：腿的骨骼关节处需要对位到模型的骨骼关节线上。

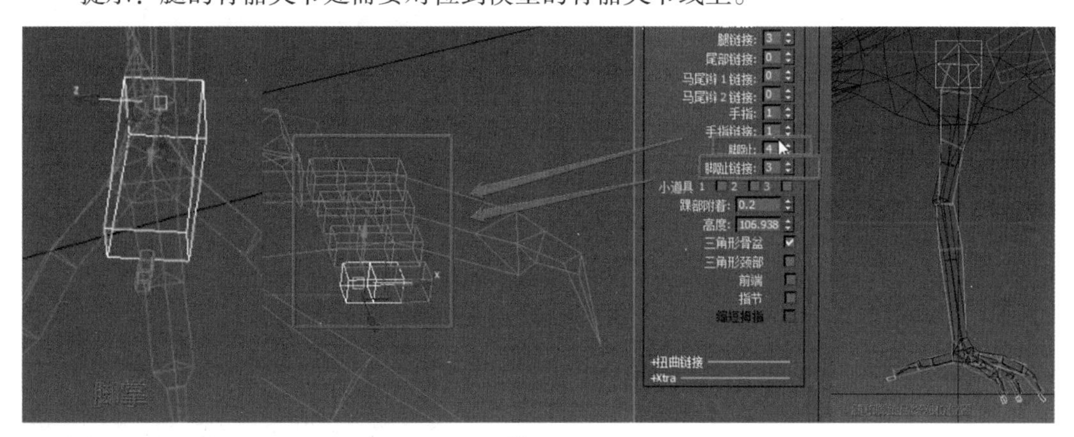

图12-6

（6）脊椎骨骼和头部骨骼对位。在【运动】面板中，选择【结构】下修改【脊椎链接】为7，这样可以在场景中看到有7根脊椎。然后在工具栏中把【参考坐标系】改为【局部】。

提示：改为【局部】坐标系是为了在缩放和旋转骨骼的时候骨骼不会变形，如图

12-7所示。

首先从靠近臀部骨骼的第一根脊椎开始对位，然后依次旋转缩放每个脊椎骨骼，依次对准相对应的模型，对位完脊椎，再对位脖子和头部骨骼，头部骨骼直接缩放至和模型头部一样大小。最后依次选中手部的所有骨骼，使用缩放工具，缩小骨骼，如图12-8所示。

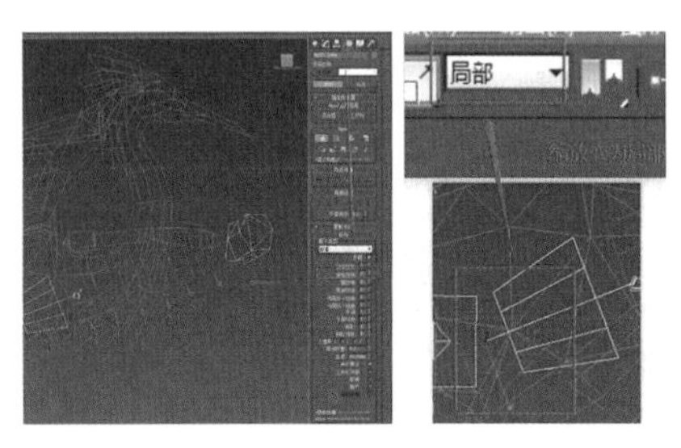

图 12-7

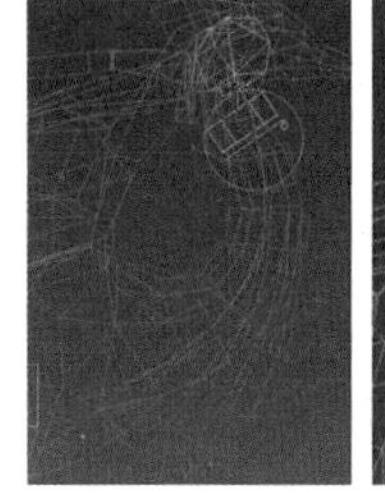

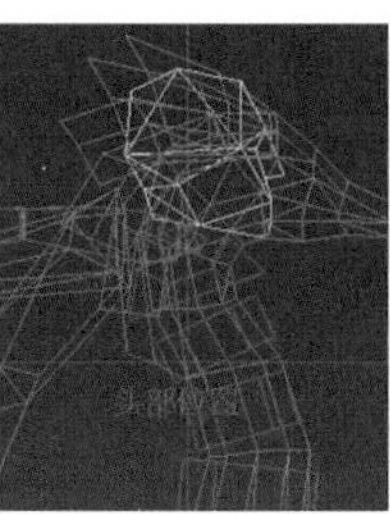

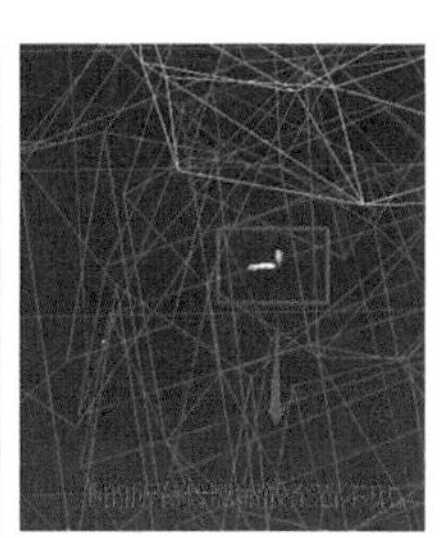

图 12-8

（7）镜像骨骼。双击选中左边绿色骨骼的左腿，在【运动】面板中，选择【复制/粘贴】，先点击【创建集合】，再点击【复制姿态】，最后点击【向对面粘贴姿态】。这样蓝色骨骼的右腿就成功镜像了，如图12-9所示。

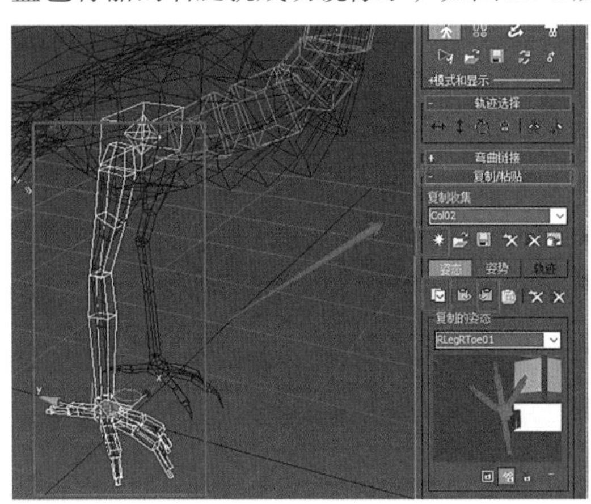

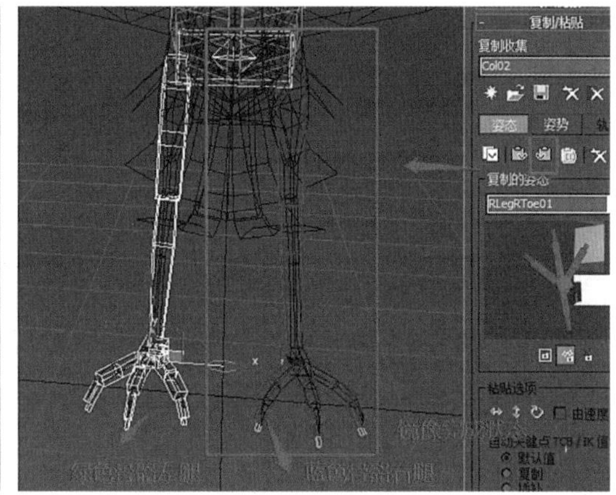

图 12-9

（8）所有骨骼匹配完的模型状态，如图12-10所示。

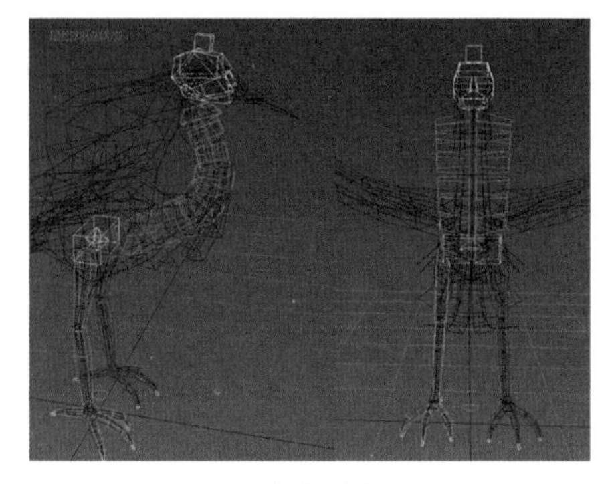

图 12-10

12.3 为翅膀添加Bone骨骼

12.3.1 实例简介

本实例主要运用3ds Max 2016提供的Bone骨骼，为白鹭创建翅膀和尾巴骨骼，然后在各个视图中匹配骨骼位置。

12.3.2 实现步骤

（1）创建翅膀骨骼。在匹配完白鹭的主体骨骼后，然后在右边的【创建】面板下，点击【系统】中的【骨骼】。场景切换到顶视图，在顶视图中创建翅膀骨骼，在右边翅膀上创建骨骼的时候发现骨骼过大，所以删除创建的骨骼。然后修改一下【骨骼参数】，骨骼【骨骼对象】的宽度和高度都改为4cm。场景切换到前视图，在前视图中创建右边翅膀骨骼。创建翅膀骨骼的时候从翅膀的根部创建，按照翅膀的伸展方向依次创建，在右边翅膀上创建4根骨骼，每个骨骼关节处需要对准翅膀的关节线，如图12-11所示。

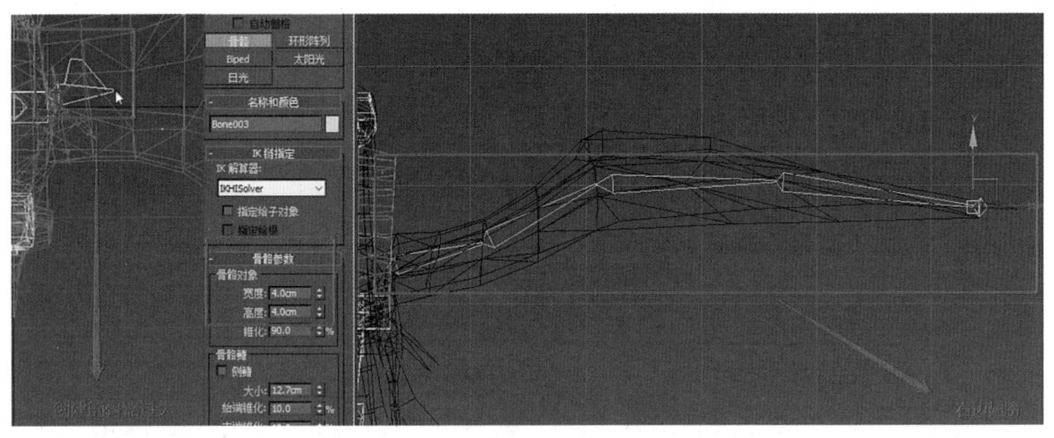

图12-11

（2）镜像左边翅膀骨骼。首先在顶视图移动一下右边翅膀的位置至翅膀中心，再调整一下骨骼的大小。在工具栏中点击【镜像】，出现镜像弹窗，在弹窗中选择X，选择【复制】，最后再点击【确定】。这样在场景中就出现了一个镜像的翅膀骨骼。再次选中镜像的根骨骼，把镜像的骨骼在【前视图】中移动到左边翅膀的位置，对位好翅膀的位置，如图12-12所示。

（3）创建尾巴骨骼。场景切换到左视图，在左视图先给长尾创建4根骨骼。再给短尾创建2根骨骼，分别在不同视图观察尾巴骨骼的位置，对位好尾巴的位置，如图12-13所示。

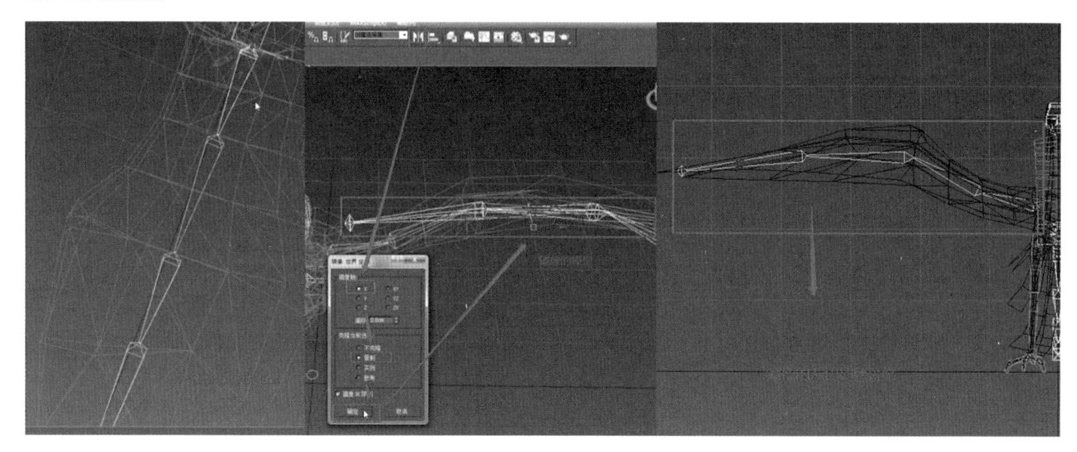

图12-12

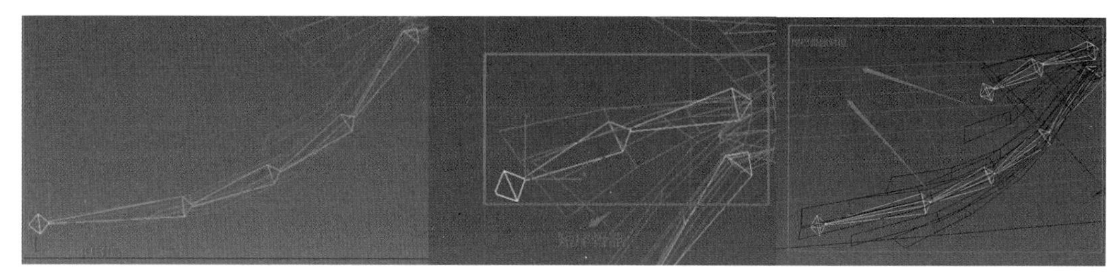

图12-13

（4）链接骨骼。按键盘上的Shift键不放，选中两只翅膀的根骨骼和尾巴的根骨骼，再点击工具栏中的【选择并链接】，把尾巴和翅膀的根骨骼都链接给臀部骨骼。这样就完成了Bone骨骼的绑定链接，如图12-14所示。

为翅膀添加Bone骨骼

（5）匹配骨骼的最终效果，如图12-15所示。

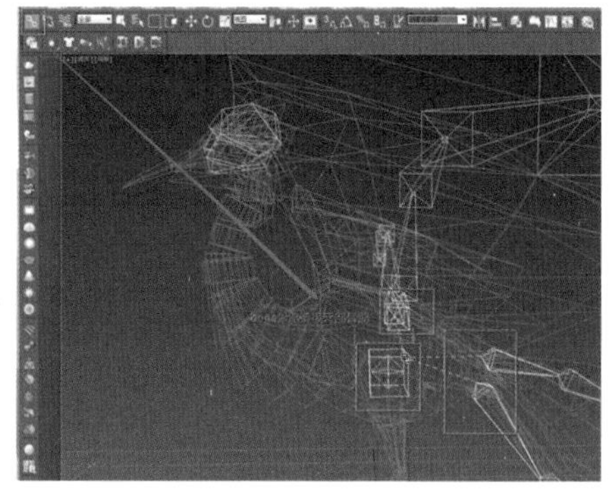

图12-14

图12-15

12.4 权重调整

12.4.1 实例简介

本实例主要运用3ds Max 2016中的【蒙皮】进行蒙皮权重设置，通过设置封套和顶点的权重值，来实现对白鹭骨骼和模型的绑定。

12.4.2 实现步骤

（1）模型显示为外框。在【显示】面板中的【显示属性】下勾选【显示为外框】，场景中的骨骼就会以线框显示，如图12-16所示。

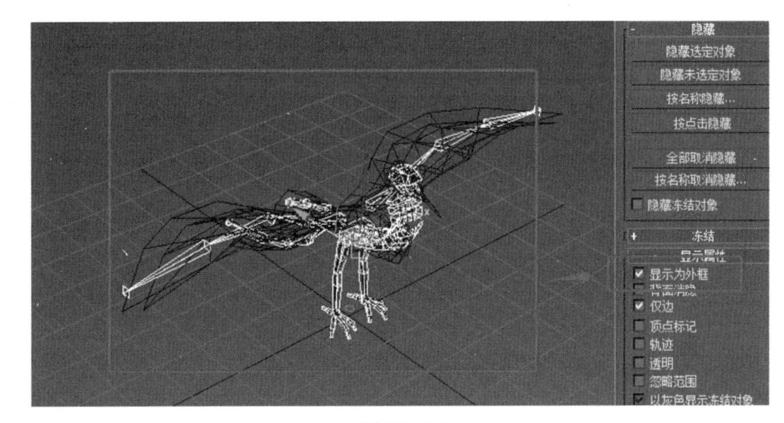

图12-16

提示：以线框显示是为了方便后面的蒙皮权重的操作。

（2）添加【蒙皮】。首先单击鼠标右键，出现下拉列表，选择【全部解冻】之前冻结的白鹭模型。然后选择【移动】按钮，选中白鹭模型，在软件右边选择【修改】面板。

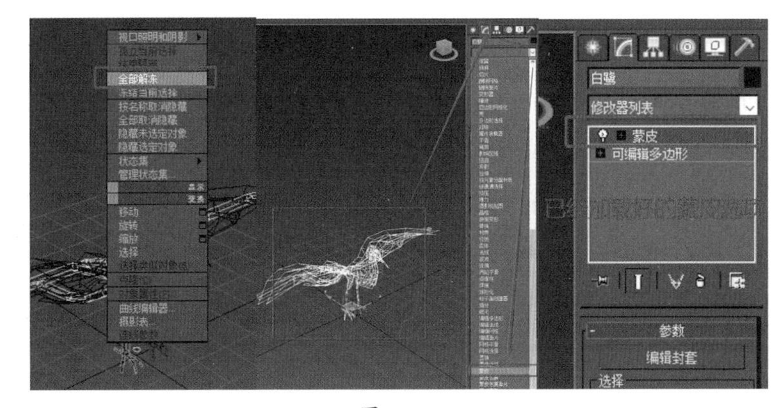

图12-17

点击【修改】面板的下拉按钮找到【蒙皮】选项，再点击鼠标左键确定。然后在修改面板中就出现了蒙皮选项。这样蒙皮就加载完成了，如图12-17所示。

（3）给蒙皮添加骨骼（初始蒙皮）。选中白鹭模型，在【修改】面板中的蒙皮列表下面找到【骨骼】，点击【添加】，出现【选择骨骼】弹窗。选择键盘上的Ctrl + A全选所有骨骼，再点击【确定】，蒙皮列表下就出现一系列的骨骼，这样白鹭模型的初始蒙皮就做好了，如图12-18所示。

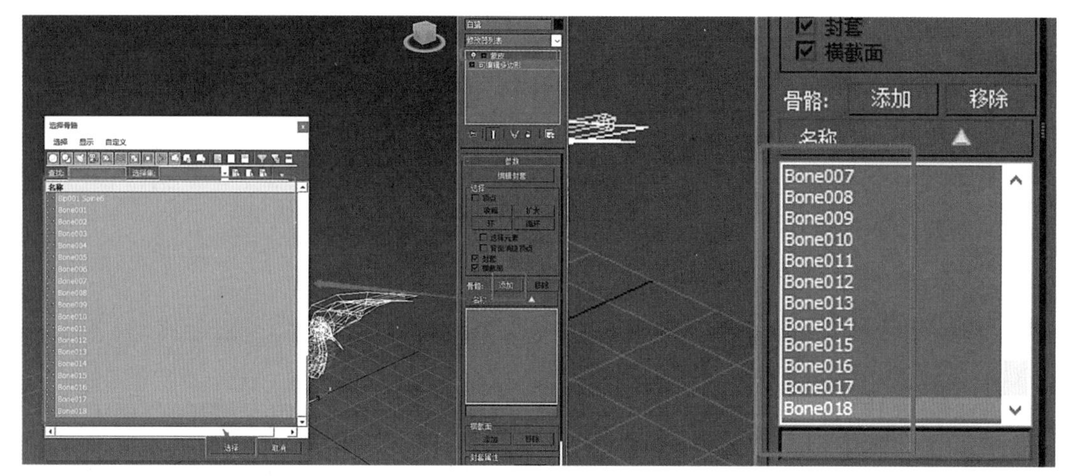

图12-18

提示：初始蒙皮是在添加蒙皮的时候就已经赋予了基本的权重值。

（4）打开权重工具。打开蒙皮加号 下拉选项，点击【封套】，然后在【参数】下勾选顶点，然后打开【权重工具】，出现权重工具弹窗，如图12-19所示。

（5）检查头部蒙皮权重。在场景中选中头部的骨骼线，可以看到头部的颜色都为蓝色，这代表头部模型没有完全受头部骨骼控制，所以需要调整头部的顶点权重，在权重工具中指定权重值，让头部骨骼控制头部变为红色，在靠近头部的脖子权重渐变控制，如图12-20所示。

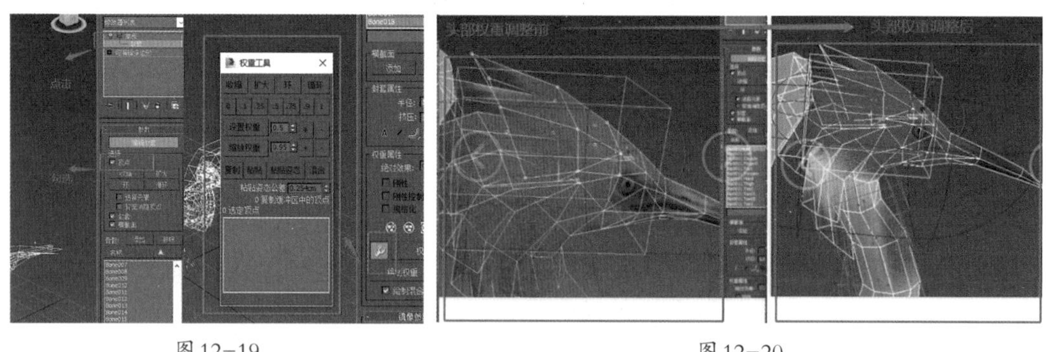

图12-19　　　　图12-20

提示：权重控制中，没有颜色代表不受控制，权重值为0，蓝色代表控制得最弱，权重值一般在0.1左右，红色代表完全控制，权重值为1。

（6）检查脖子蒙皮权重。依次选中脖子的脊椎骨骼线，如果脖子骨骼权重都是渐变控制，那么脖子的蒙皮权重就不用调整。脊椎的第二根骨骼权重有控制到翅膀的权重，选中翅膀骨骼的顶点，把控制到的顶点权重变为0，如图12-21所示。

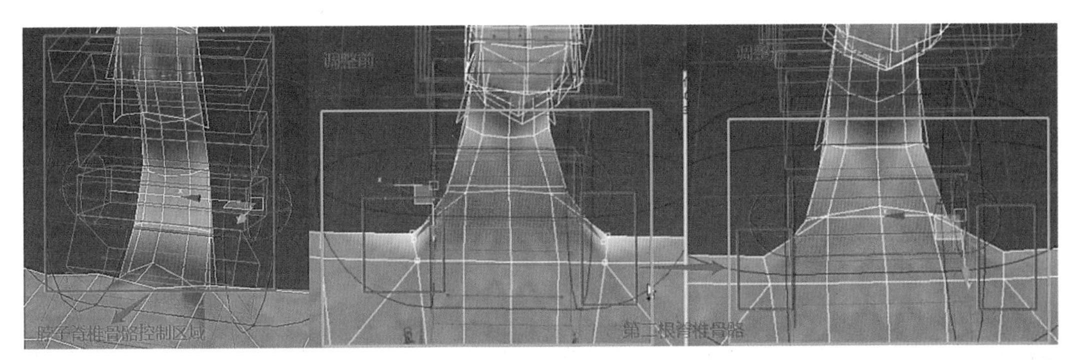

图 12-21

选中靠近臀部位置的第一根脊椎骨骼，发现背部位置没有蒙皮，选中脖子根部和背部的顶点，所给权重值在0.2到0.75之间，如图12-22所示。

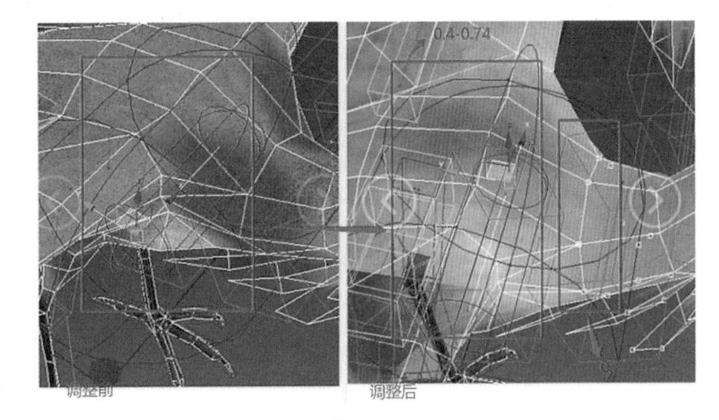

图 12-22

（7）检查翅膀蒙皮权重。选中右边翅膀的第1根骨骼，调整翅膀中间骨骼权重值为1，关节处顶点权重值赋予每个骨骼各0.5，如图12-23所示。

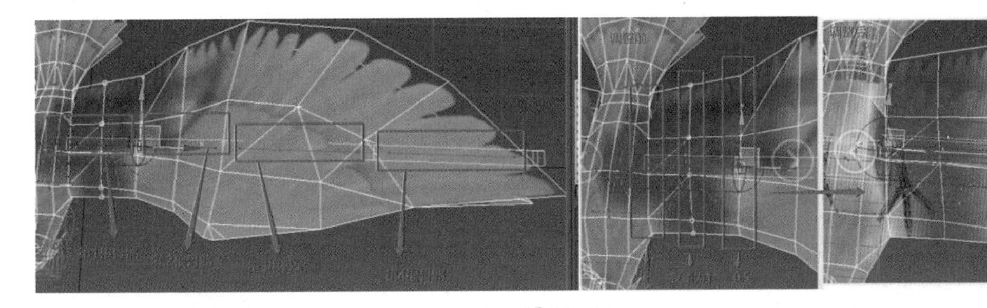

图 12-23

选中右边翅膀第2根骨骼，给关节顶点的权重值为每个0.5，给其他部分顶点的权重值为1。第3根翅膀中间顶点权重值为0.75左右，关节处为0.5。第4根翅膀骨骼的翅尖顶点权重值为1，其他为0.5左右渐变，如图12-24所示。

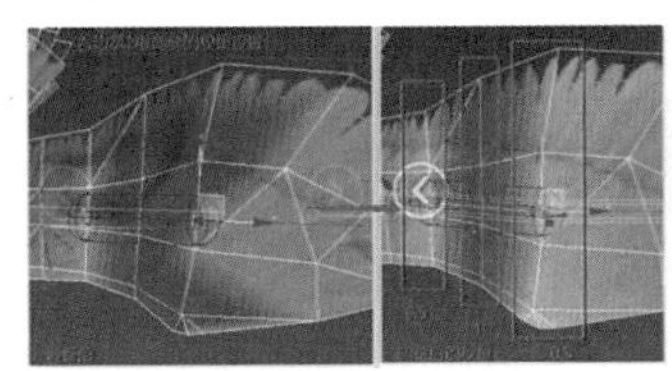
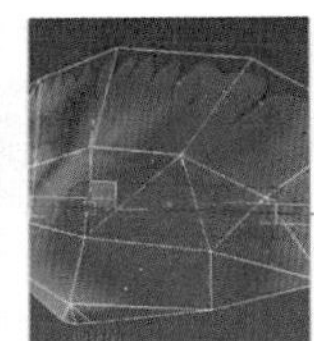
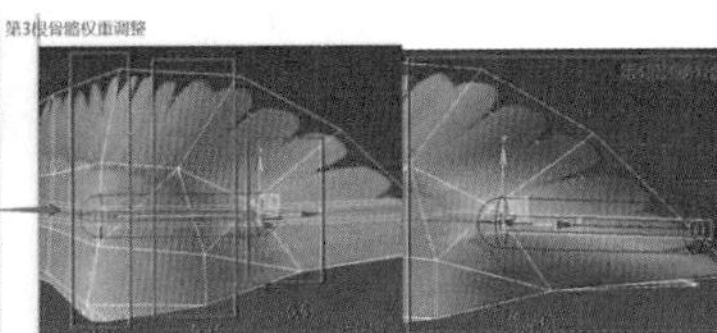

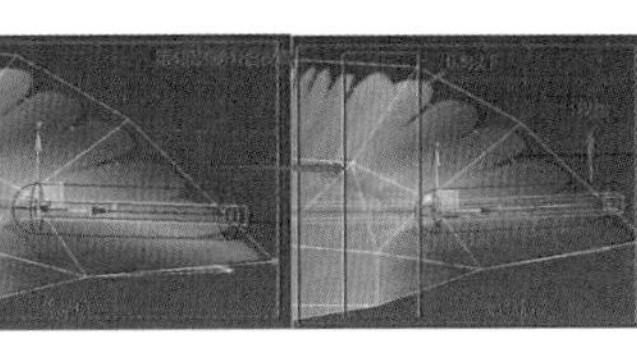

图 12-24

同理，左边翅膀权重值的设置和右边翅膀的设置是相同设置，都是关节处顶点给每个骨骼为0.5的权重值，其他顶点根据骨骼对应的翅膀位置给予相对应的权重值。

（8）检查尾巴蒙皮权重。首先观察短尾的骨骼权重，先选中短尾的第一根骨骼，发现蒙皮有控制到翅膀的位置。选中翅膀受到控制的顶点，给予权重值为0，在骨骼位置的顶点权重值为1，然后其他顶点依次渐变控制给予相对应的权重值。第二根尾尖的骨骼权重为0.5到1渐变，如图12-25所示。

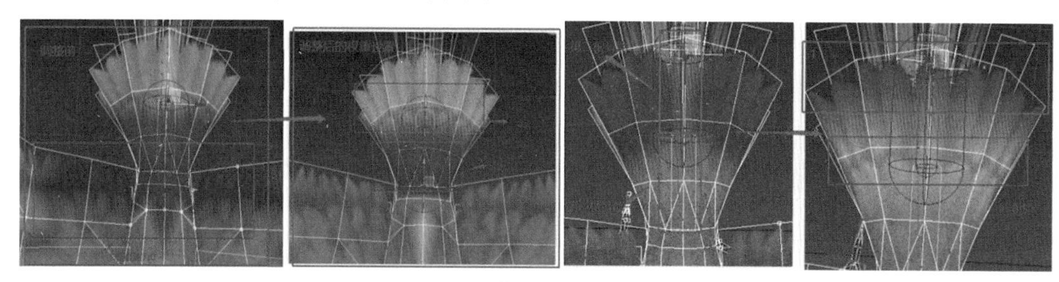

图12-25

观察长尾的权重。先选中长尾的根骨骼，发现根骨骼有控制到短尾的部分。选中短尾的顶点，给权重值为0。对于长尾控制到身体的部分，选中身体的顶点，给权重为0.5，让臀部和尾部各控制一半。同理长尾的其他骨骼在关节处顶点都各自控制一半，设权重值为0.5，如图12-26所示。

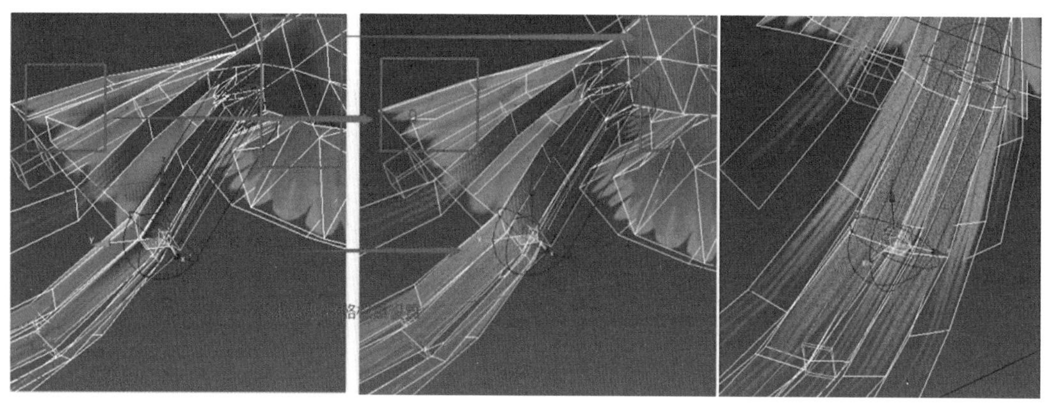

图12-26

（9）检查腿部蒙皮权重。首先选中左腿的大腿骨骼，发现权重值没有控制好，先选中大腿的中间顶点，给予顶点权重值为1，然后其他顶点依次渐变给予相应权重。观察小腿骨骼权重是没有问题，最后依次选中脚趾的骨骼，给予脚趾关节顶点权重值为0.5，爪子处的顶点给予爪子处骨骼权重为1。所有的脚趾都是相同操作。同理，右腿骨骼权重和左腿是相同操作，如图12-27所示。

（10）通过动作测试权重问题。首先按键盘上的K键在第0帧给所有的骨骼打上一个关键帧，减选Bone骨骼，选中所有的Biped骨骼，在【运动】面板中选择【关键点信息】，打上关键帧，如图12-28所示。

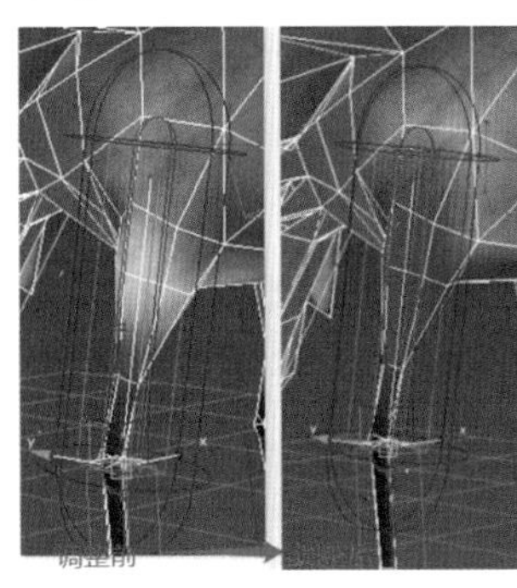
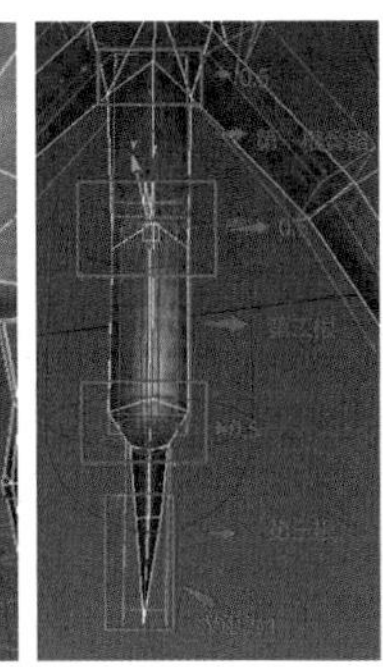

图12-27

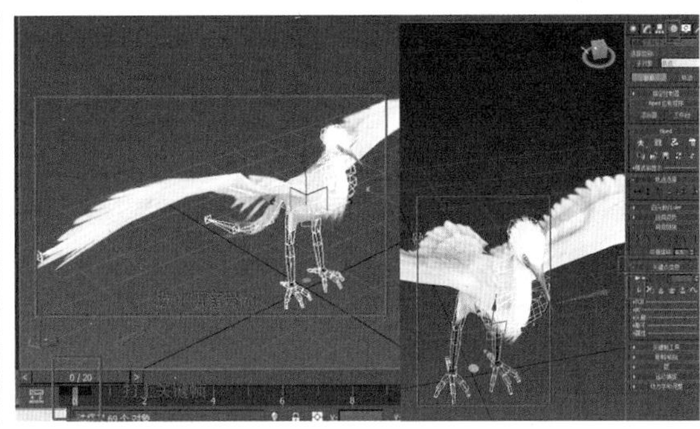

图12-28

打开【自动关键点】，把时间滑块移动到第10帧，给白鹭做一个简单的动作，测试一下蒙皮权重是否调整好。先给翅膀做一个飞起的动作，脖子向前，腿部弯曲，尾巴翘起。通过动作观察，白鹭动作没有问题，那么代表权重设置好了。如果有拉伸和变形，那还需要调整相对应的出问题的权重，如图12-29所示。

图12-29

权重调整

12.5 飞行动画创建

12.5.1 实例简介

本实例主要运用3ds Max 2016中的【自动关键点】生成过渡动作，以白鹭飞行运动规律为参照，手动调节关键帧动作来快速制作白鹭原地飞行动画。

12.5.2 实现步骤

（1）调整时间配置。打开已经绑定好蒙皮的白鹭模型文件，在软件右下角的【时间配置】中修改时间滑块的帧数，将飞行时间设置为25帧，然后在软件右下方打开【自动关键点】，如图12-30所示。

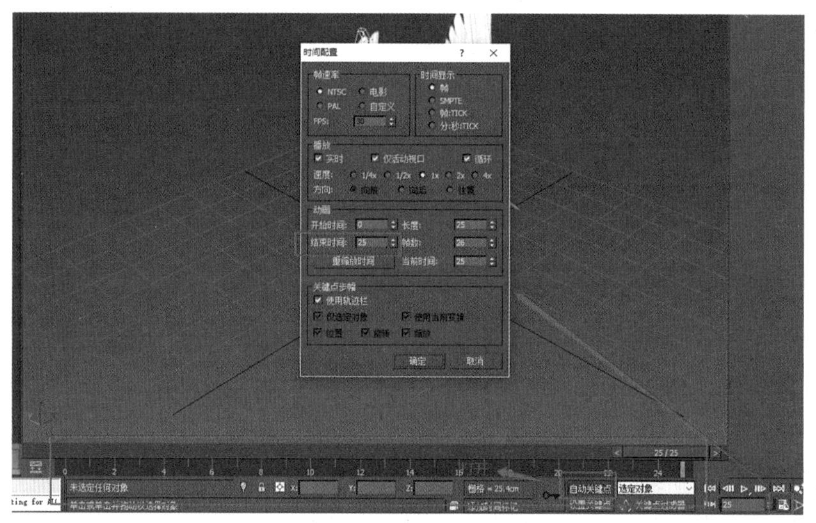

图12-30

（2）冻结模型。为了更好地调整动作，需要选中模型，单击右键【对象属性】，出现【对象属性】弹窗，勾选【冻结】，然后点击【确定】，如图12-31所示。

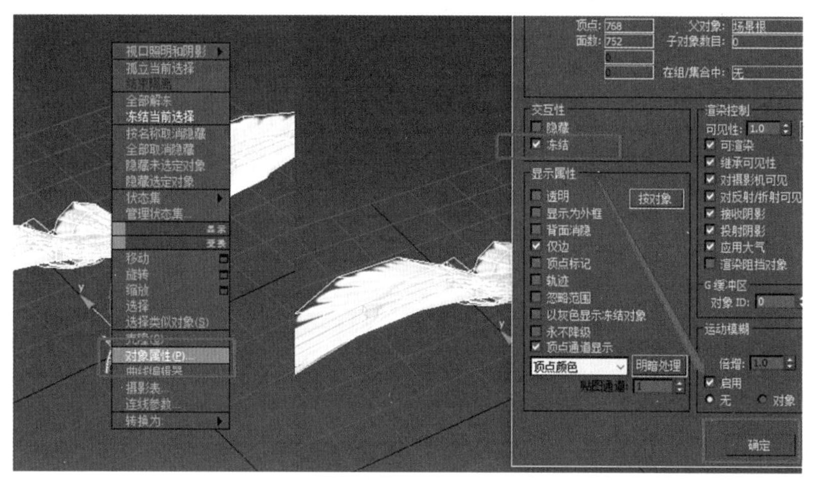

图12-31

（3）给第0帧打上关键帧。把时间滑块拖到第0帧，先选中尾巴和翅膀的骨骼，在第0帧位置按键盘上的K键，给Bone骨骼记录一个关键帧。然后再选中所有Biped骨骼，在【运动】面板下的【关键点信息】中，点击【设置关键点】，那么所有骨骼就打上了

关键帧，如图12-32所示。

提示：在第0帧给所有的骨骼打上关键帧是为了防止后面做动作时，影响到第1帧动作发生变动。

（4）调第0帧动作。打开【自动关键点】，场景切换到前视图。先选中左边翅膀的根骨骼双击，双击根骨骼就会选中整个翅膀的骨骼，然后把翅膀向上旋转一定高度，旋转翅膀弯曲并且垂直于地面。同理，选中右边翅膀所有骨骼，使用旋转工具，把右边翅膀也向上旋转一定高度，并且呈现弯曲状态，两只翅膀呈现对称状态，如图12-33所示。

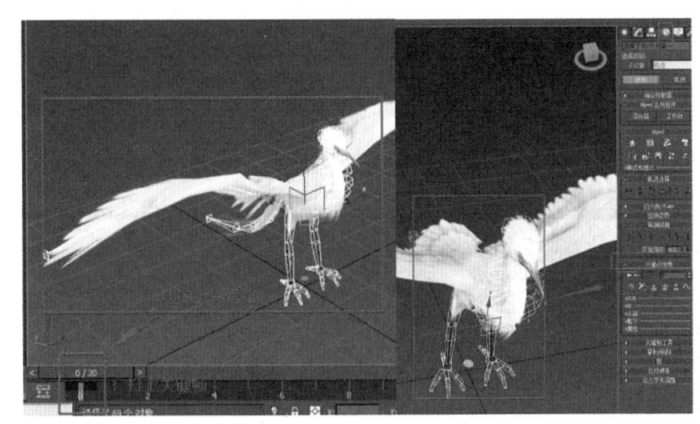

图12-32

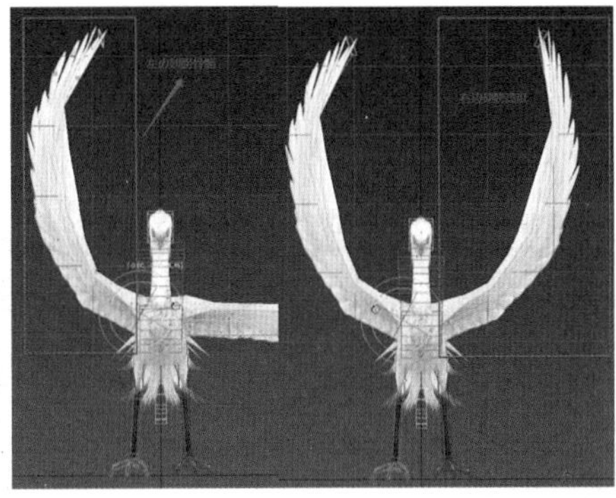

图12-33

场景切换到透视图，先选中绿色骨骼的左腿，把绿色骨骼的左腿爪子收拢弯曲，整个左腿移动旋转向后伸直。然后双击左腿根骨骼，选中整个左脚，在【运动】面板中，选择【复制/粘贴】，先点击【创建集合】，再点击【复制姿态】，最后点击【向对面粘贴姿态】。这样蓝色骨骼的右腿就成功镜像。左腿的动作就被复制到右腿上，如图12-34所示。

图12-34

调整尾巴动作，选中尾巴根骨骼双击，然后旋转长尾羽毛向上翘起呈现弯曲状态，短尾羽毛向上呈现拱起状态。再选中脖子的骨骼，分别调整白鹭脖子伸直向前，如图12-35所示。

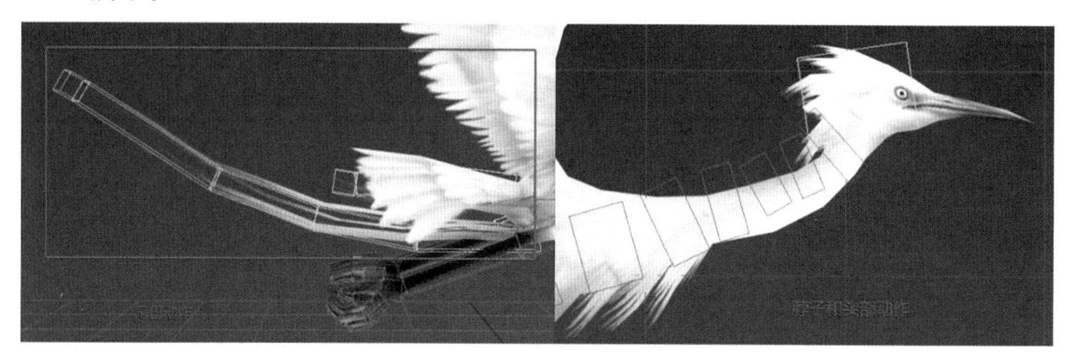

图 12-35

第0帧最终动作状态，如图12-36所示。

飞行动画创建

图 12-36

（5）复制第0帧动作。把时间滑块移动到第0帧，在场景中选中所有的骨骼，复制第0帧到第25帧。原地飞行动作，首末帧动作是一样的，如图12-37所示。

图 12-37

（6）调中间帧第13帧动作。把时间滑块移动到第13帧，这时候的白鹭翅膀动作和第0帧相反。两只翅膀的动作都是向下垂直弯曲的，两只腿的动作基本保持不变。这时候短尾羽毛向上翘起，长尾羽毛根部骨骼向上翘起，然后尾尖呈现向下拱起状态，头部和脖子略微向上翘起，如图12-38所示。

（7）调中间帧第6帧动作。把时间滑块移动到第6帧，第6帧是第0帧和第13帧的中间帧，场景切换到【前视图】。依次调整两只翅膀的根骨骼和身体直至呈现在一条水平线上，然后翅膀从根部开始，慢慢地向上弯曲翘起一定幅度。场景切换到【左视图】，第6帧的尾巴动作是自动过渡的动作，所以不需要手动调关键帧。因为在做第0帧和第13帧关键帧的时候，第6帧动作就自动生成过渡动作。第6帧的尾巴比较平缓。脖子和头也不用调关键帧，如图12-39所示。

图12-38

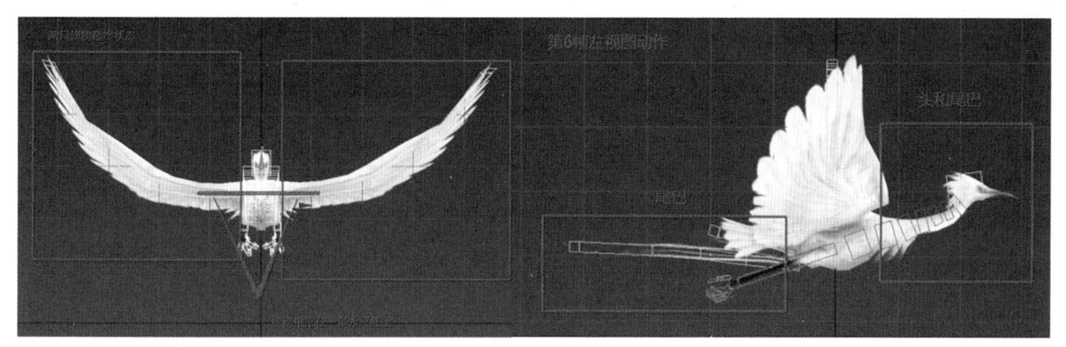

图12-39

（8）调中间帧第19帧动作。把时间滑块移动到第19帧，第19帧的动作也和第6帧相反。把场景切换到【前视图】，分别调整左边和右边翅膀向下弯曲拱起，两只翅膀根骨骼和身体在一条水平线上。尾巴的动作也是自动生成的过渡动作，头和脖子的动作同样是自动生成的过渡动作，都不用手动调整关键帧，如图12-40所示。

图12-40

（9）调翅膀其他帧数的细节动作。调完第0帧、第13帧、第19帧、第25帧的动作，白鹭的基本飞行动作就已经做好了，但是还需要调整一下其他帧数翅膀飞行的动作细节。首先调整第3帧的两只翅膀动作，将翅膀继续向上弯曲，两只翅膀达到一个最高点，翅尖相碰到一起。第15帧的翅膀动作是在第13帧动作的基础上向上拱起并且弯曲的，也和第3帧动作呈现相反状态。第9帧翅膀动作是第6帧和第13帧的中间动作，这时翅膀需要向下，两只翅膀的根部骨骼旋转向下，然后平缓地过渡，让翅尖向上翘起一点。第22帧的翅膀动作又和第9帧动作相反，这时两只翅膀根骨骼都向上翘起，并且翅尖向下弯曲，如图12-41所示。

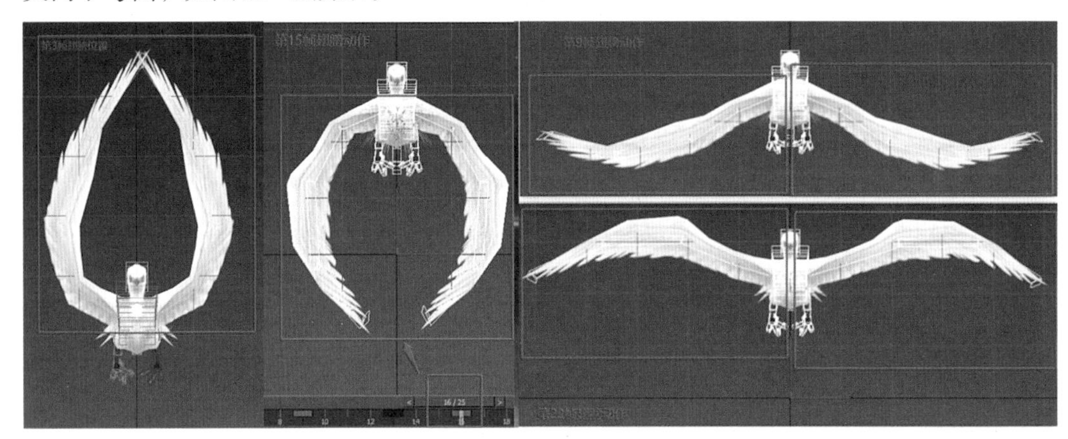

图 12-41

（10）调整飞行重心动作。首先选中重心骨骼，在第0帧给重心骨骼打上一个关键帧，然后复制第0帧重心到第25帧，最后把时间滑块拖到第13帧，选中重心骨骼在第13帧把重心骨骼向上移动一定高度。飞行动作的重心起伏调整好，最后再播放一下白鹭的飞行动作，如果观察动作没有问题，就代表飞行动作已经做好了，如图12-42所示。

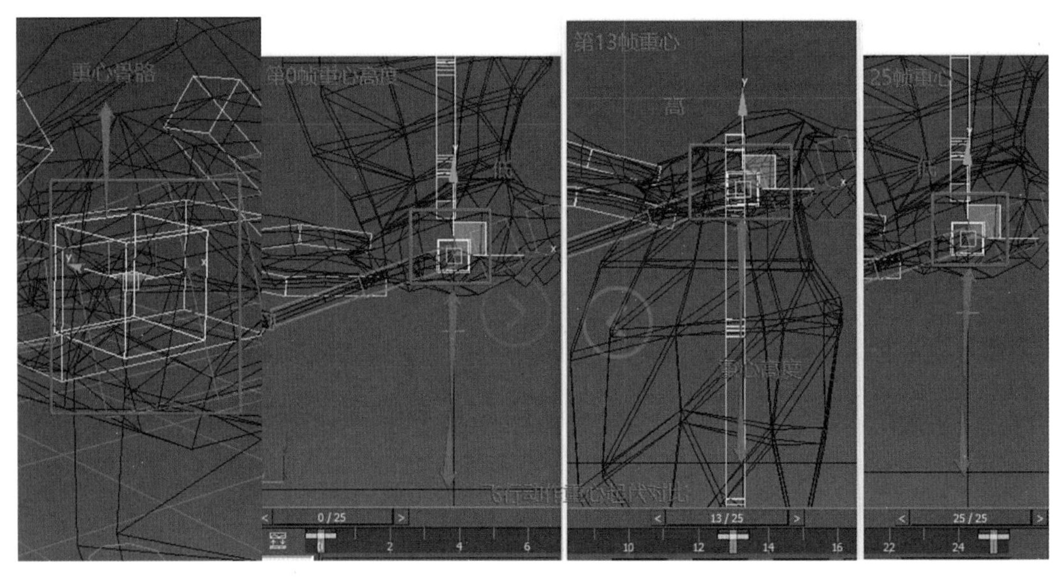

图 12-42

12.6 思考与练习

1. 在飞行类动物骨骼设定过程中Biped骨骼和Bone骨骼怎样配合使用?
2. 在蒙皮权重调整时，会出现红黄蓝三种颜色，分别代表什么?
3. 初始蒙皮的意义是什么?

12.7 单元测试

试题

第13章 CAT骨骼系统及应用

13.1 CAT骨骼系统概述

概述

CAT（Character Animation Toolkit的简称）作为一款专业的角色动画设计插件，由新西兰达尼丁的著名软件公司Character Animation Technologies研发。该插件目前已被3ds Max整合，主要分为角色搭建、动作设计、姿态管理器、层和动画剪辑管理器以及关键帧动画等模块，包含3个工具，CAT肌肉、肌肉股、CAT父对象。其优势在于，CAT骨骼系统中不仅包含两足动物，而且包含四足及多足动物骨骼，骨骼调节高效灵活，能够充分结合IK、FK进行直观控制，是对Character Studio骨骼系统的有力补充。CAT内置多种完整的动物骨骼系统，如图13-1所示。

图13-1

13.2 CAT骨骼应用基础

（1）介绍CAT位置。打开3ds Max 2016软件，选择软件右边的【创建】面板，点击【辅助对象】，在辅助对象的下拉按钮中选择【CAT对象】，在这里可以看到对象类型有三个，分别是CAT肌肉、肌肉股、CAT父对象。骨骼创建主要是在CAT父对象中，如图13-2所示。

图13-2

（2）介绍CAT父对象。点击【CAT父对象】，在对象类型下出现两个列表，分别是【CATRig参数】和【CATRig加载保存】。【CATRig参数】中的【CAT单位比】是调整创建的骨骼大小。在【CATRig加载保存】中，里面有许多预制的骨骼，包括多足、四足、两足等动物的骨骼预制，可以选择需要的骨骼，然后在场景中一键创建，如图13-3所示。

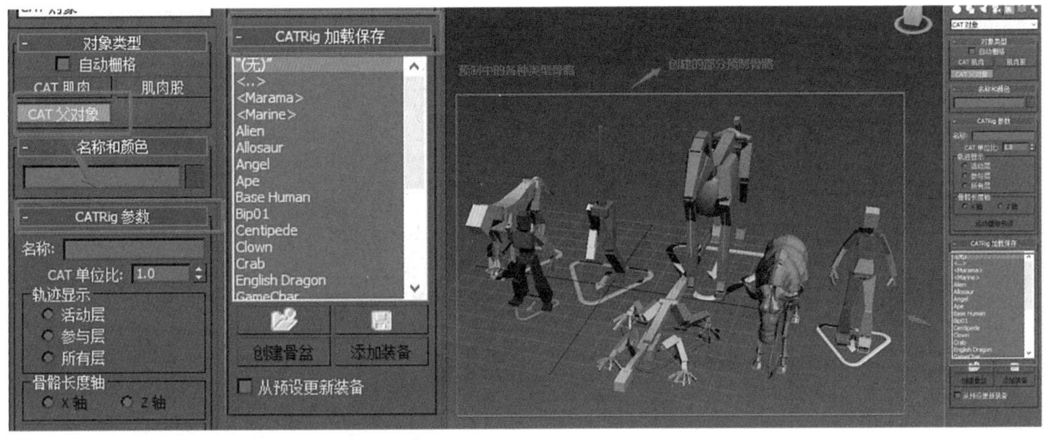

图13-3

（3）自定义制作骨骼介绍。如果要创建自定义的骨骼，那么在【CATRig加载保存】中选择【无】，然后在场景中创建一个三角形的CAT骨骼控制器。创建好之后，选择三角形的控制器，在【修改】面板中会出现相应的参数设置。这时，在【CATRig加载保存】下会出现【创建骨盆】和添加装备等设置，这里的【创建骨盆】就是创建角色的臀部重心，选择创建好的骨盆。在【修改】面板中会出现【连接部设置】，这里就可以添加腿、手臂、脊椎、尾部、骨骼、装备等骨骼，如图13-4所示。

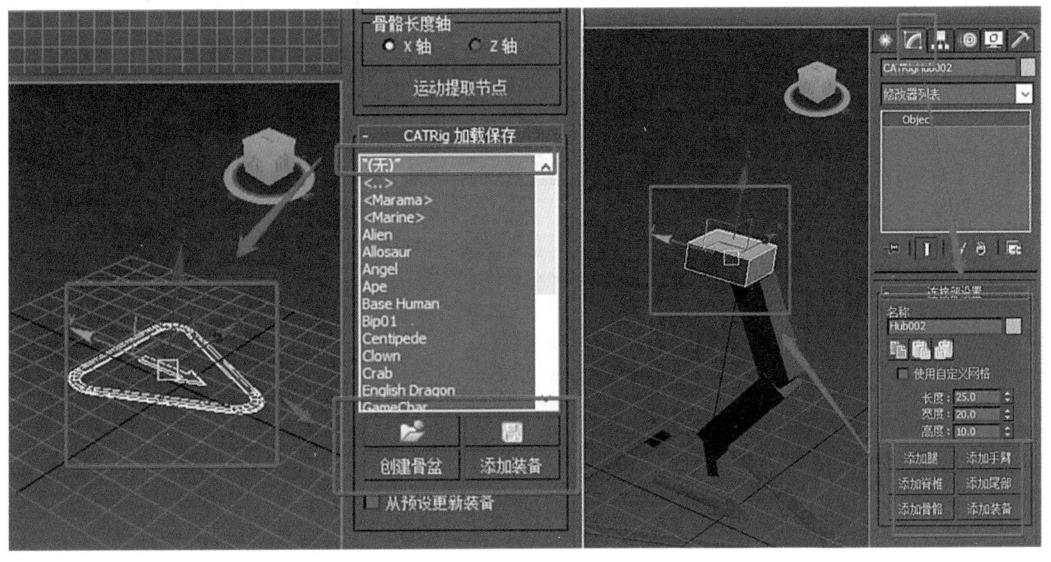

图13-4

（4）对CAT动画层的介绍。CAT动画调整是在【运动】面板中。创建任意一个预制的骨骼，如在场景中创建一个龙的骨骼。选中CAT控制器，再点击【运动】面板，在【层管理器】中首先添加一个ABS动画层，添加一个CATMotion层控制动画运动，如图13–5所示。

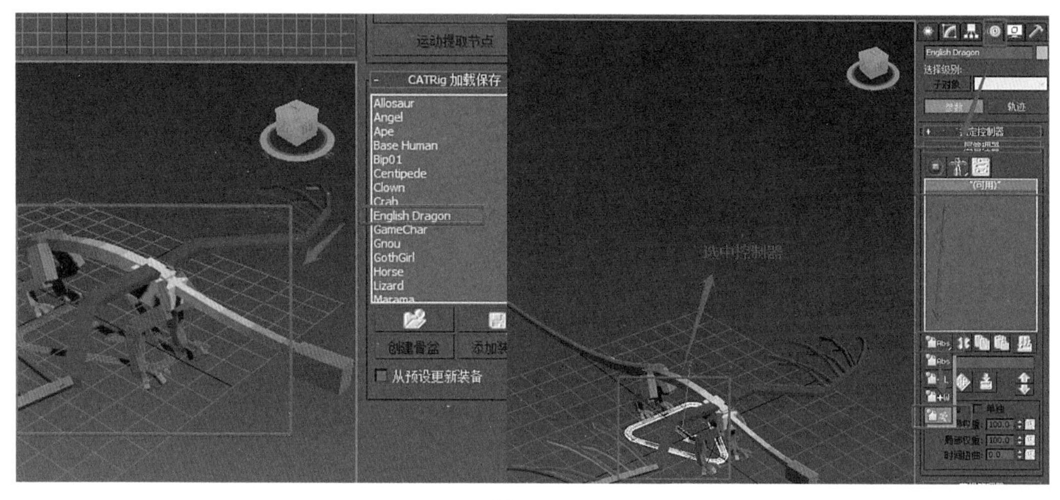

图 13–5

如果需要修改角色动画，可以先激活动画层，然后打开【CATMotion编辑器】可以修改和调整动画动作等。以上都是CAT骨骼常用的一些设置，如图13–6所示。

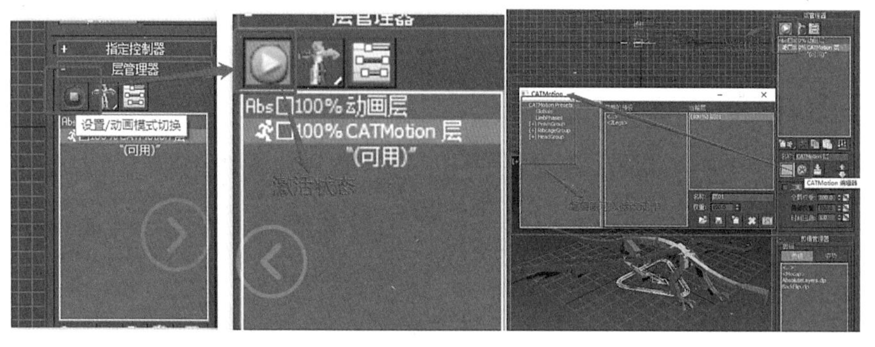

图 13–6

CAT骨骼应用基础

13.3 CAT骨骼的运动控制

本实例主要是通过自定义创建CAT骨骼和肌肉系统来制作一个卡通角色的弹跳动画。

13.3.1 自定义创建CAT骨骼

（1）创建CAT骨骼控制器。打开需要做动画的卡通模型角色，选择右边的【创建】面板，点击【辅助对象】。在辅助对象的下拉按钮中选择【CAT对象】，然后在【对象类型】中点击【CAT父对象】，在【CATRig加载保存】中的骨骼默认选择为【无】。然后在场景的模型底部创建一个CATRig的三角形控制器，如图13-7所示。

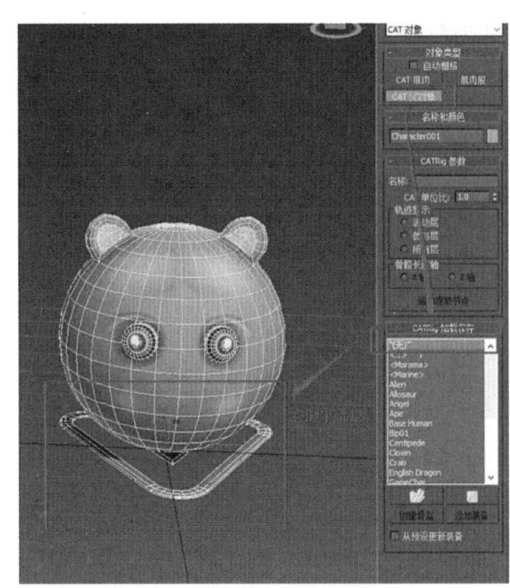

图 13-7

再选中CATRig三角形控制器，在时间轴下方XYZ位置，把鼠标移动到每个小三角上，然后单击鼠标右键把XYZ的值都归为0，让CATRig控制器处于场景网格的中心位置，模型也处于网格的中心位置。

（2）创建骨盆骨骼。选中CATRig三角形控制器，在【修改】面板下，点击选择【创建骨盆】，然后在场景模型的位置就生成了一个方体模型，这个模型就是Hub002骨盆骨骼，如图13-9所示。

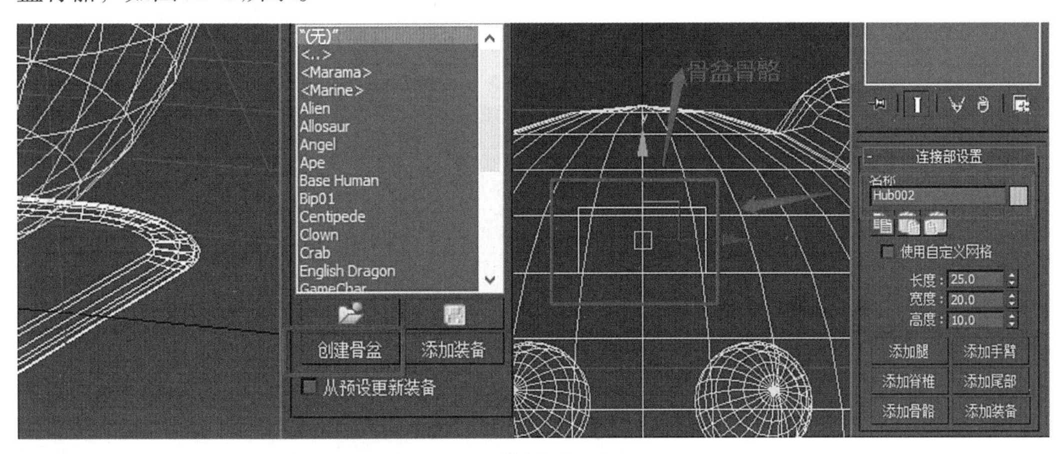

图 13-9

选中Hub002骨盆骨骼，场景切换到前视图。把Hub002骨盆移动到卡通球体角色的底部位置，对准底部顶点，如图13-10所示。

（3）添加脊椎骨骼。选中Hub002骨盆骨骼，在【创建】面板中的【连接部设置】

下点击【添加脊椎】，在场景中就生成了一列脊椎骨骼模型，如图13-11所示。

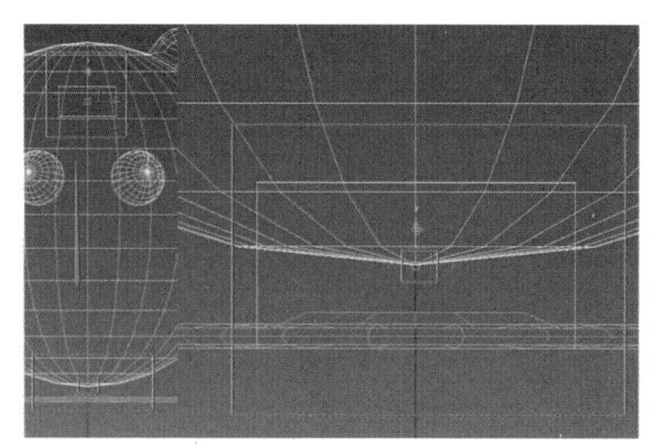

图13-10

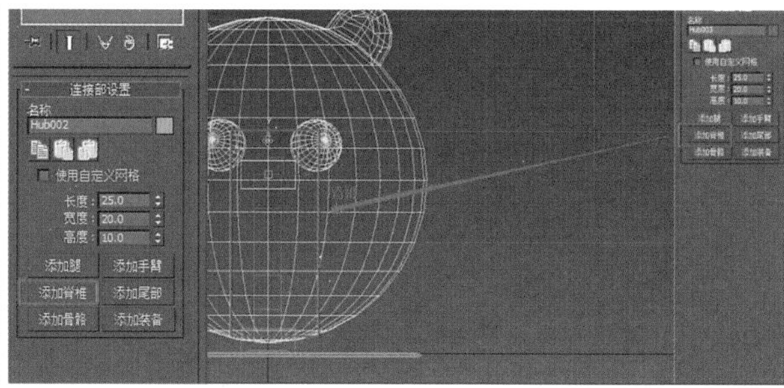

图13-11

选中Hub003骨骼，把Hub003骨骼中心点对位至模型顶部位置。创建的脊椎中，默认就有5根脊椎，如图13-12所示。

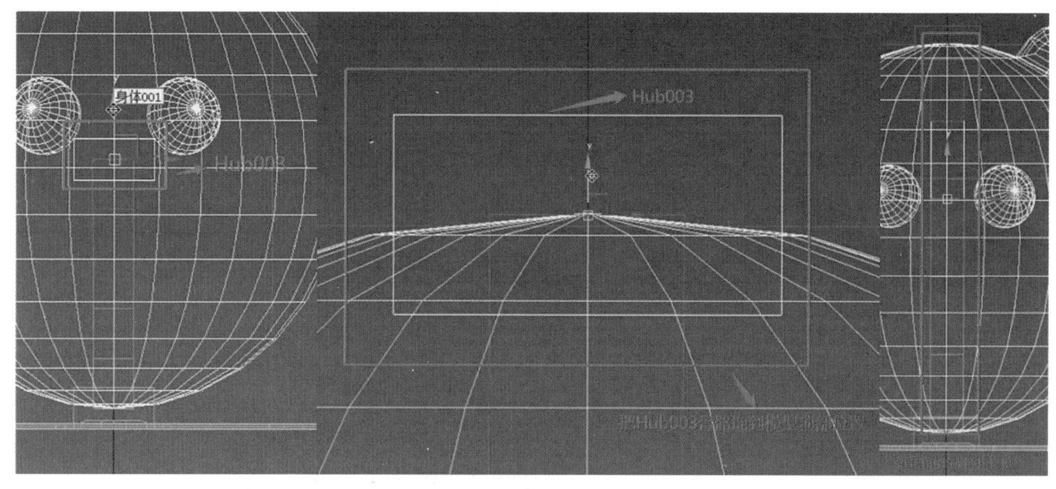

图13-12

然后选择其中任意一根脊椎。在右边的【创建】面板中把【脊椎设置】中的【骨骼】改为1，按键盘上的Enter键确定。在场景中脊椎的骨骼就会变为1根，如图13-13所示。

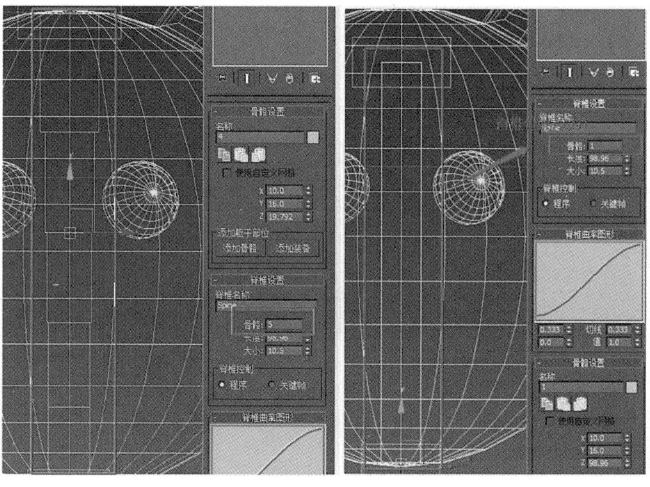

图13-13

（4）修改骨骼命名。选中脊椎，在工具栏中的【创建选择集】给脊椎命名为“脊椎”，选中Hub003骨骼，把Hub003骨骼命名为“顶部”。选中Hub002骨骼，把Hub002骨骼命名为“底部”，如图13-14所示。

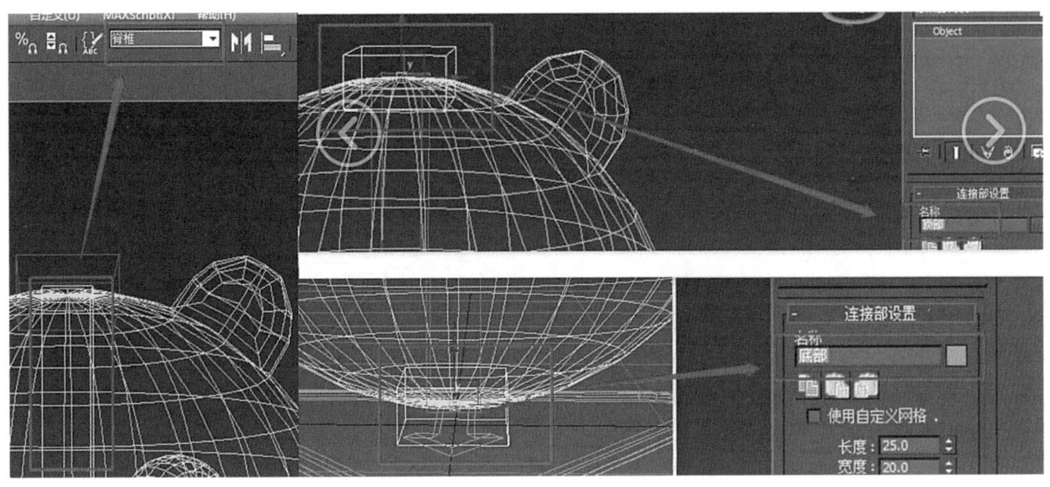

图13-14

（5）给模型添加蒙皮。改完名字后，选中卡通模型，在【修改】面板的下拉按钮中选择【蒙皮】，这样在模型的【修改】面板中就有了蒙皮，如图13-15所示。

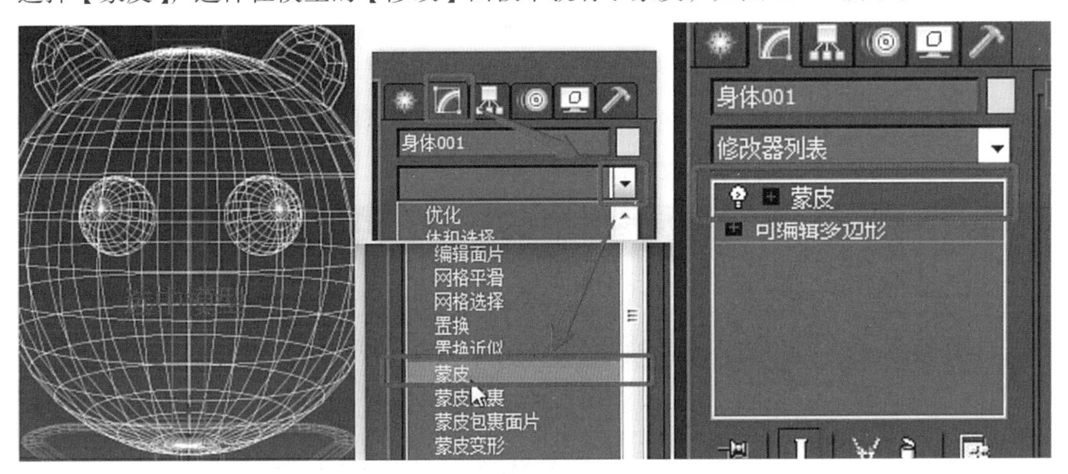

图13-15

（6）给蒙皮添加骨骼。在【蒙皮】参数列表下选择点击添加【骨骼】，出现【选择骨骼】弹窗。在【选择集】中选择之前命名的“脊椎”，在名称中就会自动选中想要的骨骼。选中CATRigSpine脊椎骨骼，点击【选择】添加骨骼，这样在参数骨骼框中就加载了脊椎骨骼，代表模型和脊椎骨骼已经完成蒙皮绑定，如图13-16所示。

自定义创建CAT骨骼+CAT骨骼制作简单动作

（7）检查蒙皮。点击蒙皮下拉按钮中的封套，在场景中选中脊椎骨骼，看到模型的顶点全部是红色的，代表卡通角色模型完全受脊椎骨骼的控制。如果没有，需要选中相对应的顶点，把顶点权重值都改为1，如图13-17所示。

提示：因为这个角色没有任何的肢体，所以就用一根脊椎骨骼蒙皮。一根骨骼蒙皮可以全部控制整个模型，权重值就不用做过多修改。

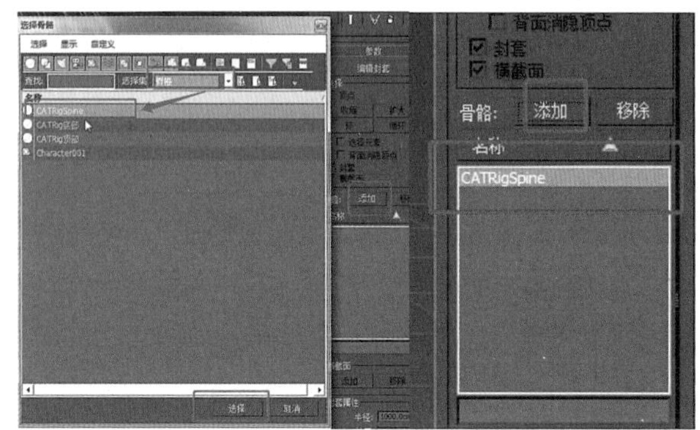

图13-16

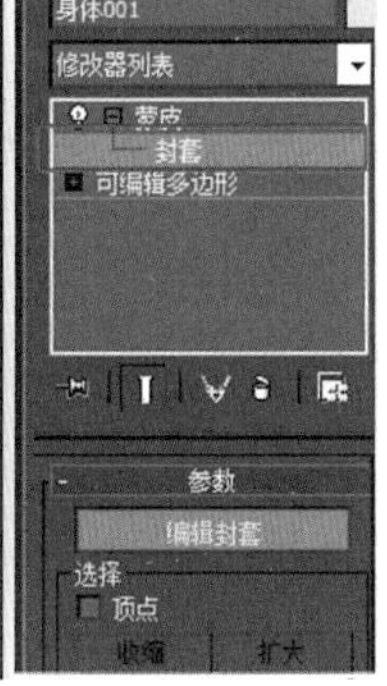

图13-17

13.3.2 CAT骨骼制作简单动作

（1）添加Abs动画层。选中三角形控制器，在【运动】面板中，选择【层管理器】，点击Abs下拉按钮添加一个【Abs】动画层。选中脊椎骨骼，然后在【层】面板下的【链接信息】中选择【动画模式】。在动画模式下勾选【操纵导致拉伸】，最后在【运动】面板中激活Abs动画层。接着选中“顶部”骨骼，在场景中上下移动骨骼，“脊椎”骨骼也会进行拉伸放大或缩小，如图13-18所示。

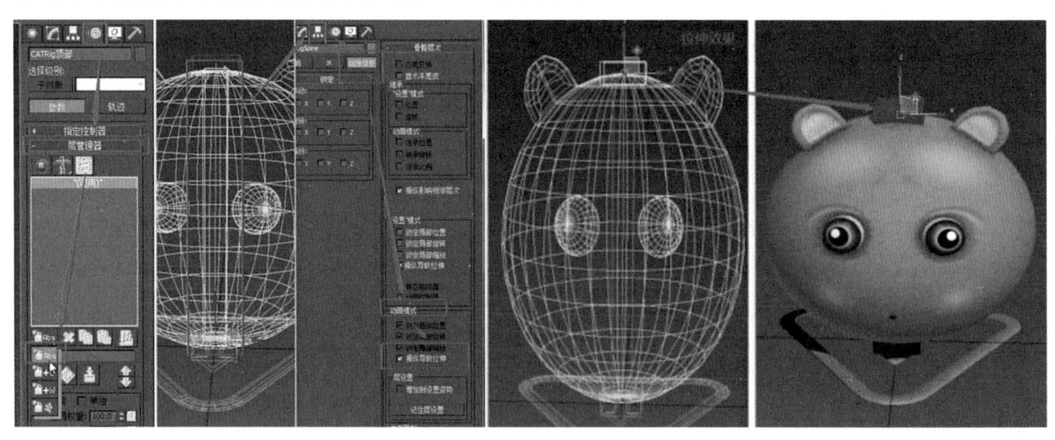

图13-18

提示：在【层】面板下勾选动画模式中的【操纵导致拉伸】是为了让脊椎骨骼可以产生拉伸。如果不勾选，“脊椎”骨骼是不管怎么移动“顶部”骨骼都不会发生任何变化。

（2）添加CATMotion层。点击播放动画，发现添加了动画层并没有动画运动，所以还需要在【运动】面板中的【层管理器】添加一个【CATMotion层】，然后点击【设置/动画模式切换】激活动画，这样再点击播放按钮，就可以看到模型在运动了，如图13-19所示。

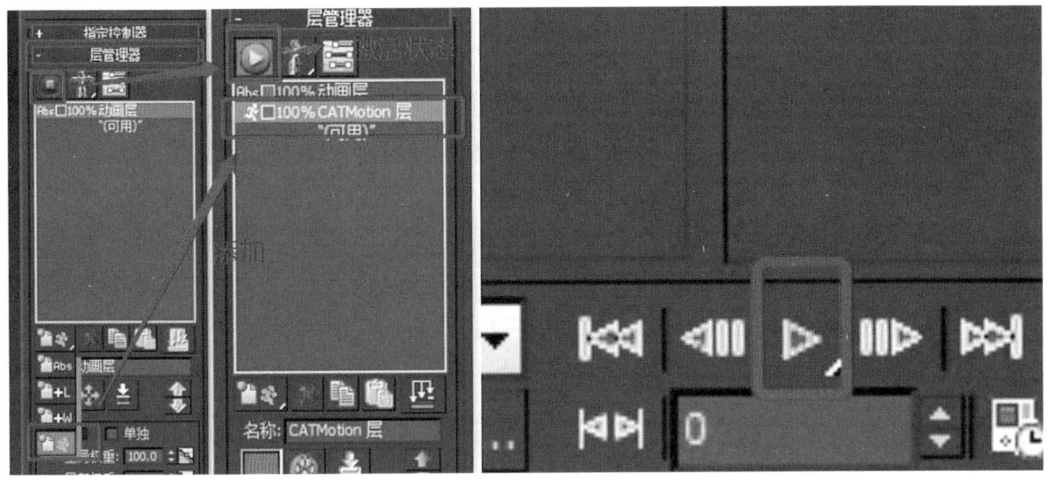

图 13-19

（3）修改“底部”骨骼参数。选中三角形的控制器，在【运动】面板中点击【CATMotion编辑器】，出现CATMotion编辑器弹窗，如图13-20所示。

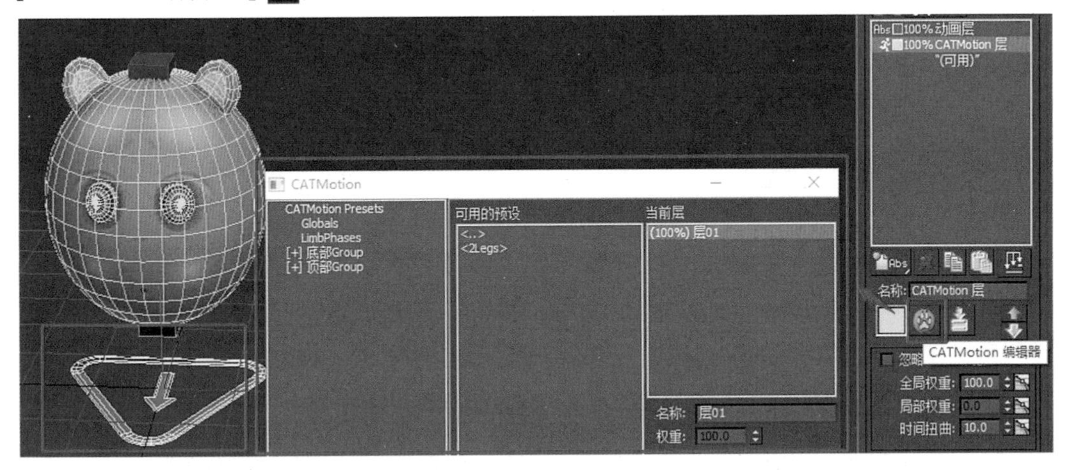

图 13-20

在【CATMotion编辑器】中选择【底部Group】。点击下拉按钮，先点击选择Twist，然后在编辑器右边把鼠标移动到【比例】朝下的小三角位置，单击鼠标右键，把绿色显示框的曲线变为直线，如图13-21所示。选择Roll，在【比例】朝下的小三角位置，也单击鼠标右键把曲线变为直线，如图13-22所示。

然后再点击选择WeightShift，把鼠标移动到【比例】朝下的小三角位置，单击鼠标右键把曲线变为直线，如图13-23所示。

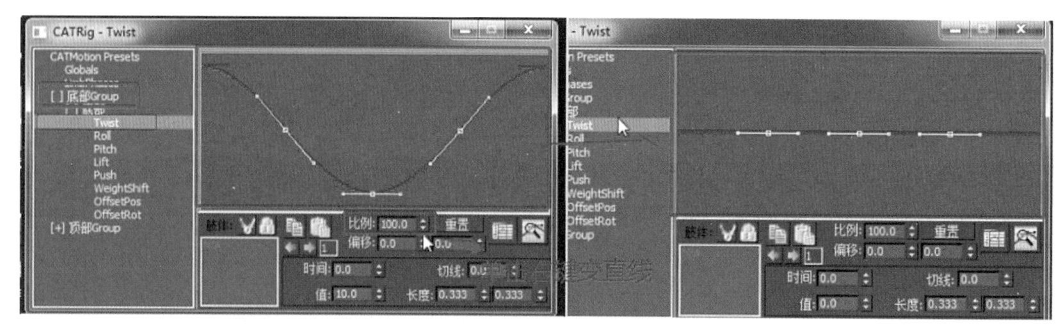

图 13-21

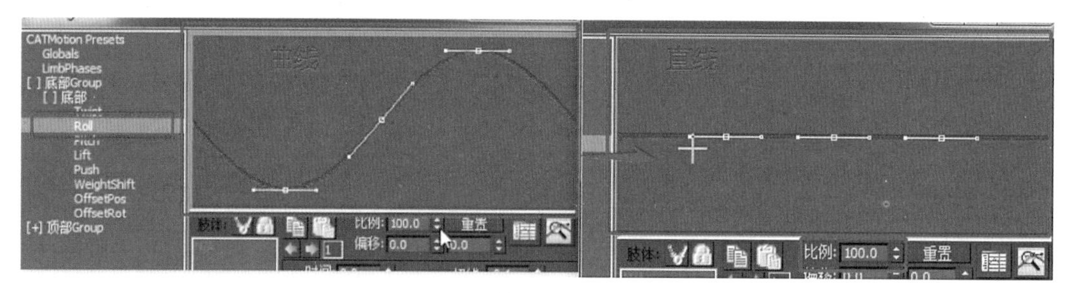

图 13-22

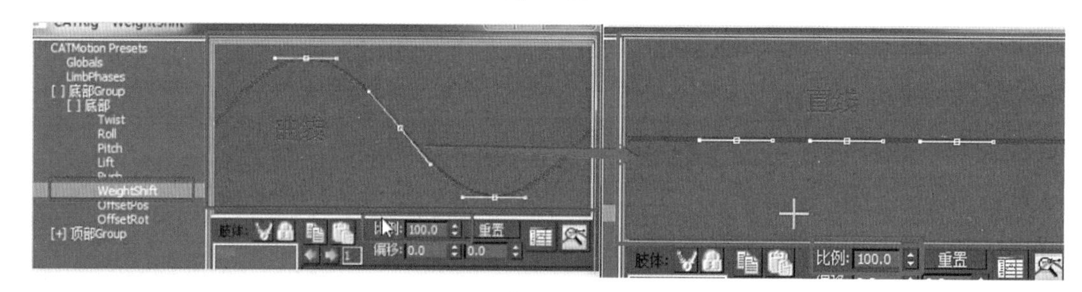

图 13-23

（4）修改“顶部”骨骼参数。在【CATMotion编辑器】中选择【顶部Group】，点击加号的下拉按钮，先点击选择Twist，然后在编辑器右边把鼠标移动到【比例】朝下的小三角位置，单击鼠标右键，把绿色显示框的曲线变为直线，如图13-24所示。

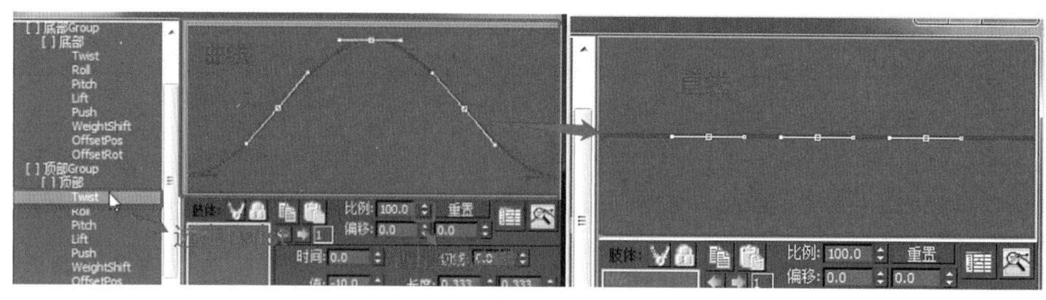

图 13-24

选择Roll，在【比例】朝下的小三角位置，单击鼠标右键把曲线变为直线。同样选中WeightShift，在【比例】位置单击鼠标右键把曲线变为直线，如图13-25所示。

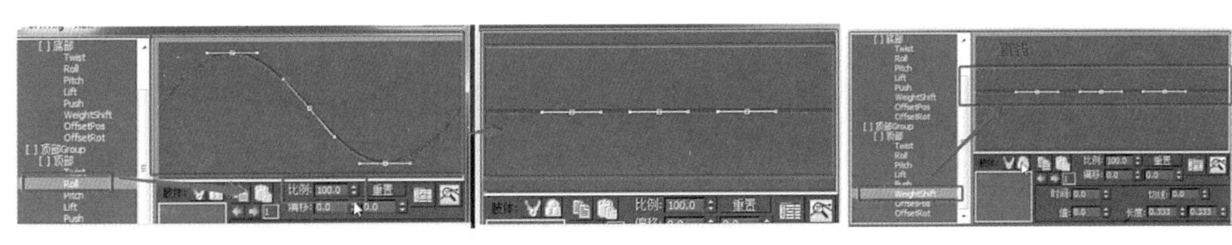

图 13-25

然后在选中【Lift】，把【比例】值改为500，按键盘上的Enter键确定后会自动变为100，但是绿色框中的曲线会发生变化，如图13-26所示。

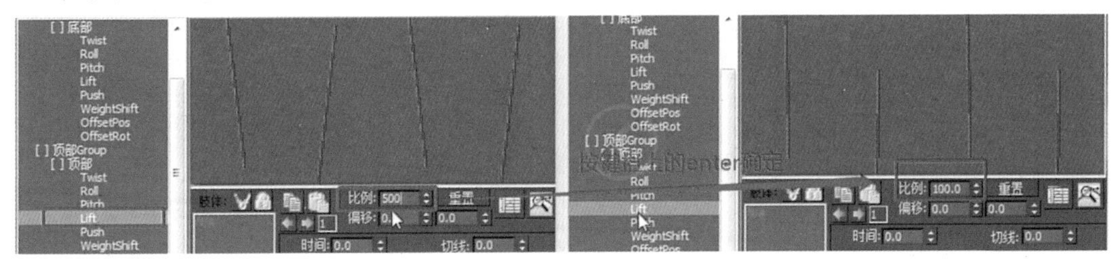

图 13-26

修改完【比例】参数值，会发现曲线没有完全显示，这时需要点击编辑器最右边的一个放大镜按钮，点击完之后，绿色显示框就会显示全部内容。回到场景中观察角色的运动，发现模型顶部骨骼会做一个上下拉伸的动画，但是模型底部骨骼并没有变动，如图13-27所示。

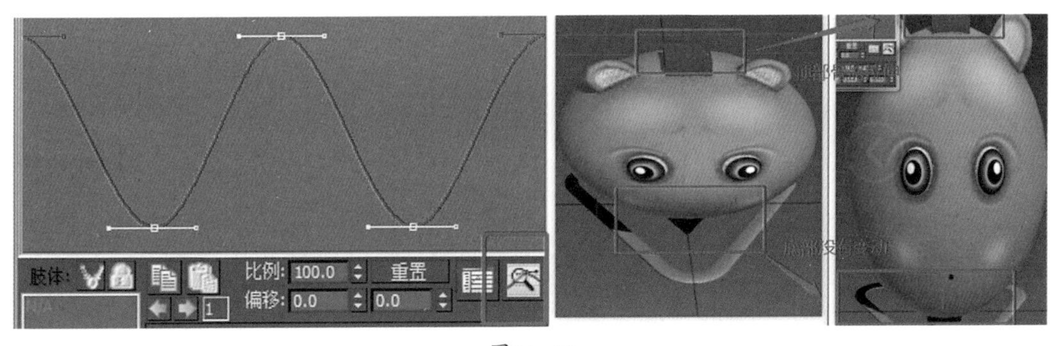

图 13-27

所以复制“顶部”的【Lift】，然后选中“底部”的【Lift】，点击粘贴“顶部”的【Lift】。这样，顶部和底部骨骼都会发生运动，如图13-28所示。

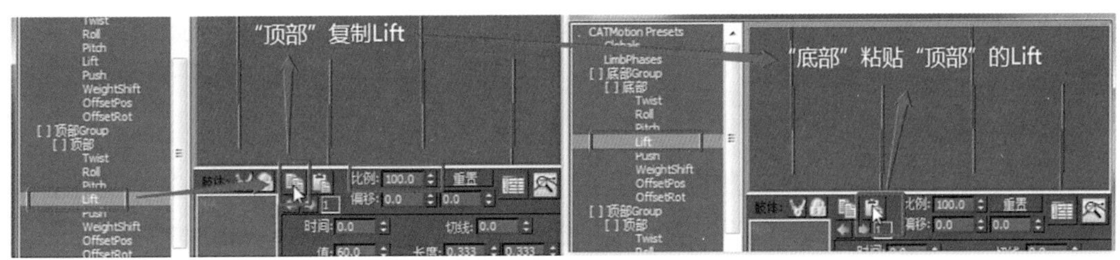

图 13-28

再次在场景中观察这个卡通角色的运动，发现上下都有运动，但是底部的运动却穿帮到网格的下边，这个弹跳动画要求底部骨骼不要穿帮到网格“地平线”下边。选中【底部Group】中的【Lift】，分别选中向下的2个顶点，分别把鼠标移动到【值】的朝下小三角位置，单击鼠标右键把这2个顶点的【值】都变为0。参数都修改后，在场景中就可以看到卡通角色的弹跳动作没有穿帮到网格“地平线”下面了，如图13-29所示。

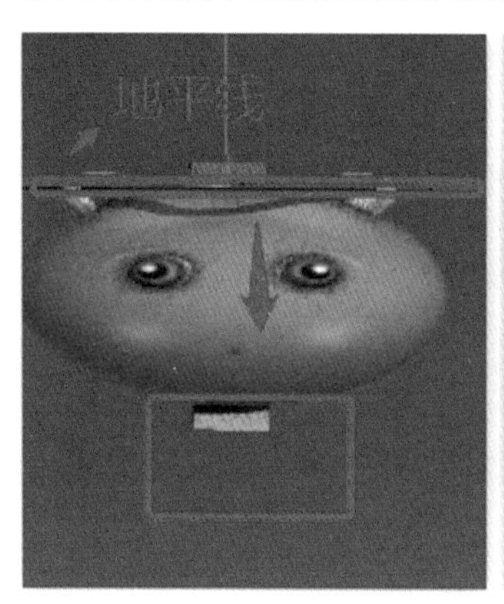

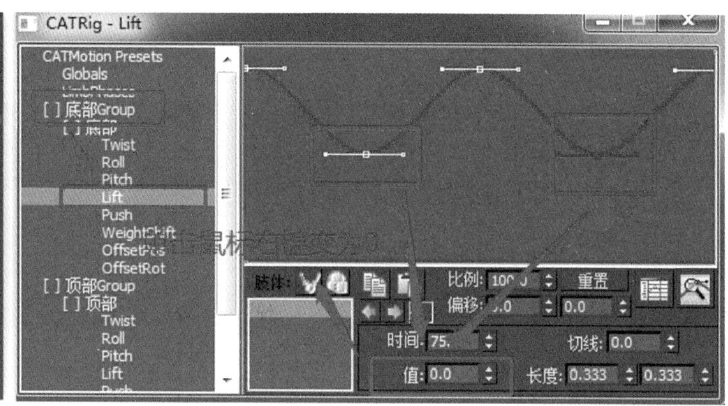

图 13-29

13.3.3 肌肉股的辅助动画制作

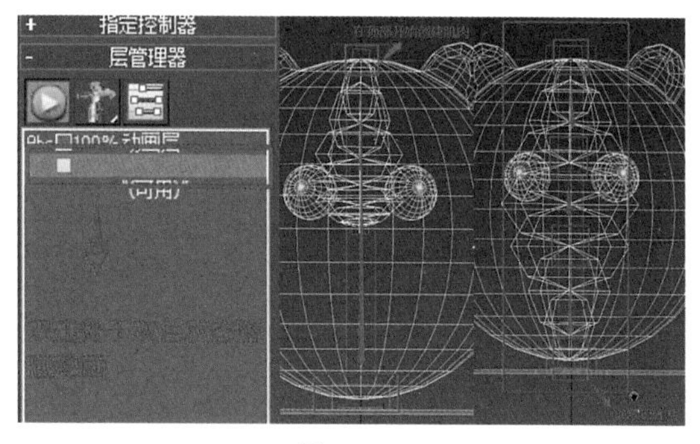

图 13-30

前面做好了卡通角色的弹跳动画，但是它的弹跳并不是想要的效果，想要的效果是在角色弹跳的过程中，这个卡通角色模型会发生一个剧烈的压扁和拉伸状态，所以这里需要用到肌肉系统配合骨骼一起运动。

（1）添加肌肉股。首先三角形选中控制器，然后在【运动】面板中双击“CATMotion层”，让CATMotion层处于灰色状态。灰色状态代表隐藏动画，拖动时间轴时动画不会运动。

在【辅助对象】下选择【CAT对象】中的【肌肉股】，然后在场景卡通角色顶部骨骼位置开始创建一根肌肉股，依次点击四次，如图13-30所示。

提示：创建一根肌肉的时候，需要依次向下点击4次才算创建一根肌肉。

（2）设置肌肉参数。点击肌肉顶部的控制器，在【修改】面板的【肌肉股类型】点击选择【骨骼】，然后可以看到创建的肌肉变为7个可以选中的球体，如图13-31所示。

然后在右边的【修改】面板中，把【球体属性】中的默认7个【球体数】改为1。再回到场景中可以看到7个球体变为1个，如图13-32所示。

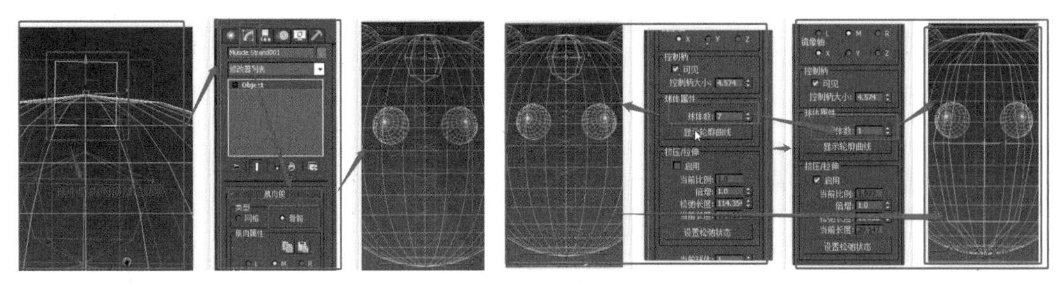

图13-31　　　　　　　　　　　　　　图13-32

然后再选择右边【修改】面板中的【挤压/拉伸】。点击勾选【启用】，这样在场景中可以看到一个挤压拉伸的肌肉球体，如图13-33所示。

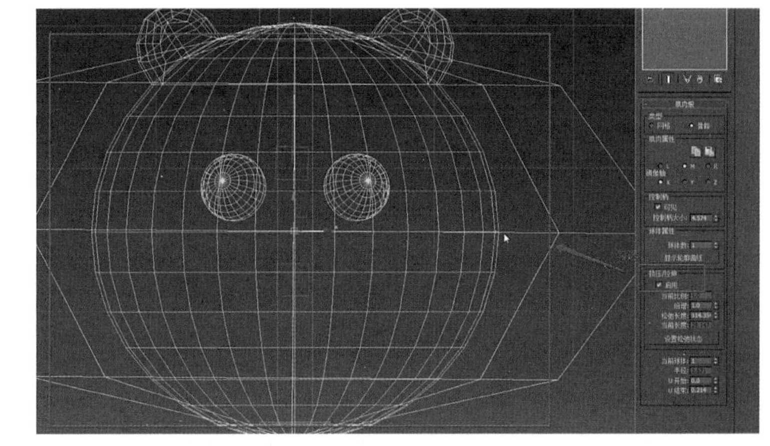

图13-33

（3）修改肌肉大小。在【球体属性】中点击【显示轮廓线】，出现【显示轮廓线】弹窗。在轮廓曲线中有3个关键点，前后2个点拖到0的位置，选择中间的点，把中间的关键点向0的位置靠拢，在调的时候要同时观察场景肌肉的大小变化，如图13-34、图13-35所示。

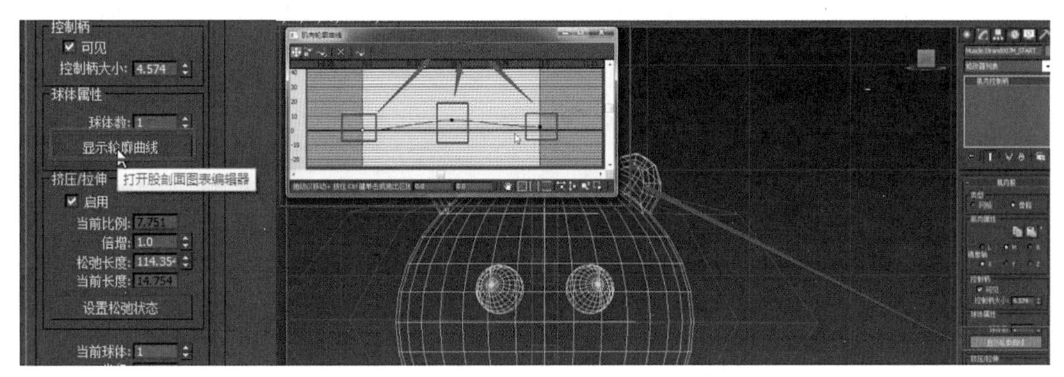

图13-34

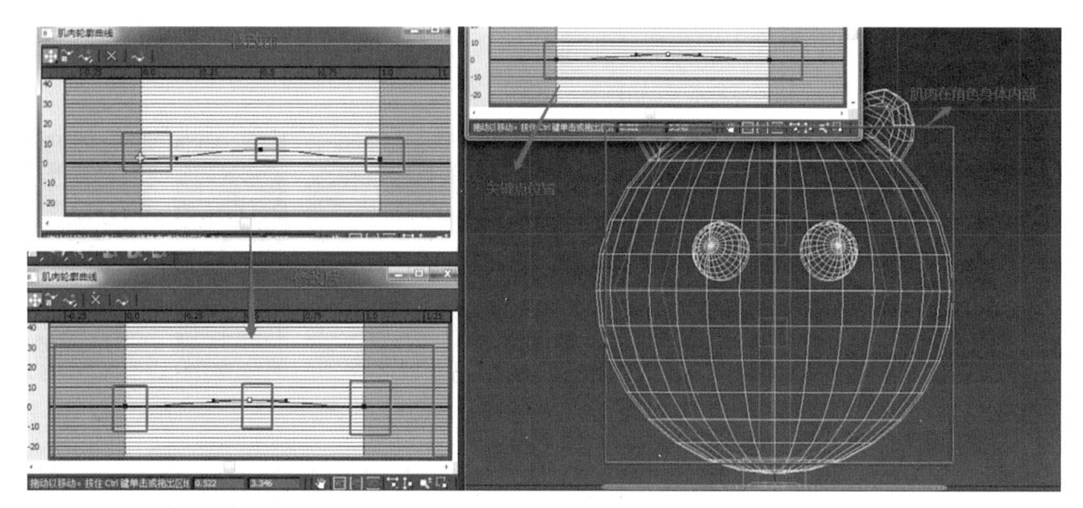

图 13-35

（4）肌肉链接给骨骼。选中顶部的肌肉控制器，然后点击工具栏中的【选择并链接】，在场景中把顶部肌肉控制器链接给顶部骨骼。接着选中底部肌肉控制器，把底部肌肉控制器链接给底部骨骼，如图 13-36 所示。

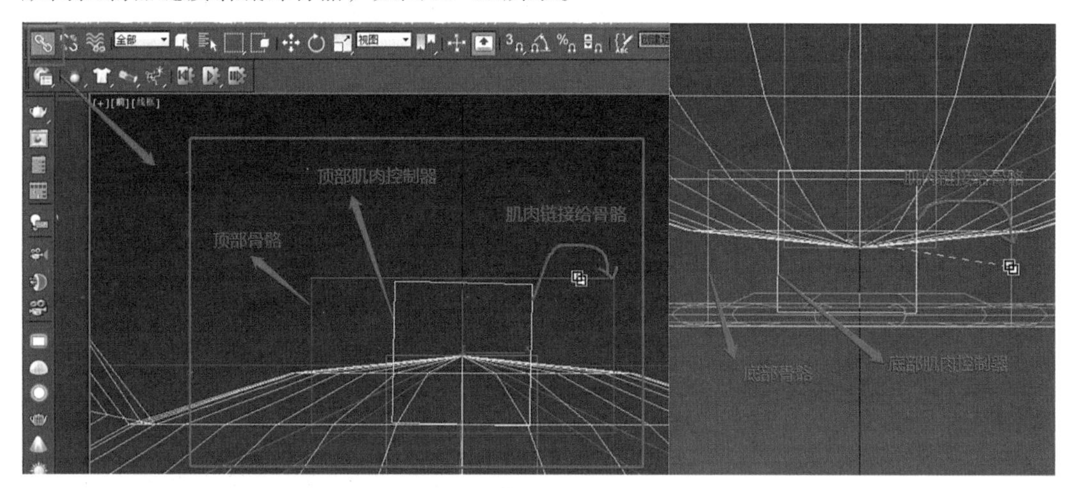

图 13-36

然后在双击激活【运动】面板中的【CATMotion 层】，并且在场景观察卡通角色的运动。发现模型并没有跟随肌肉的拉伸而运动，所以需要继续调整，需要让模型跟随肌肉运动而运动，并且肌肉不能穿帮到模型以外，如图 13-37 所示。

（5）给模型蒙皮添加肌肉。在修改蒙皮的时候，还是和之前一样双击【CATMotion 层】关闭动画。然后选中卡通角色模型，在【修改】面板中，找到【蒙皮】下的【骨骼】,【移除】之前的 CATRigSpine 脊椎骨骼，选择添加肌肉到骨骼框中。然后再激活 CATMotion 层观察动画，发现在角色运动时，肌肉不会露出了，如图 13-38 所示。

（6）最终绑定 CAT 骨骼和肌肉的卡通角色运动效果，如图 13-39 所示。

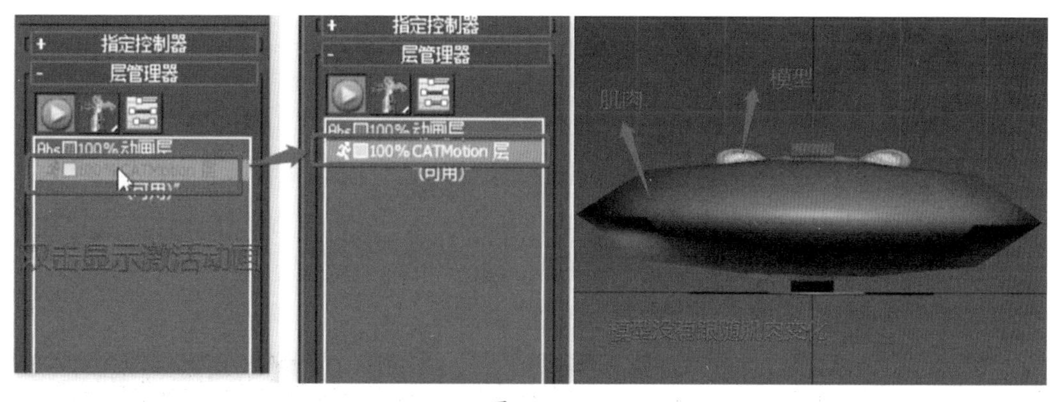

图 13-37

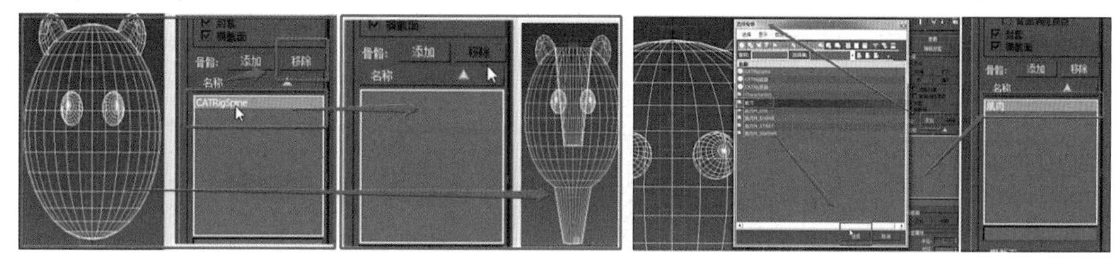

图 13-38

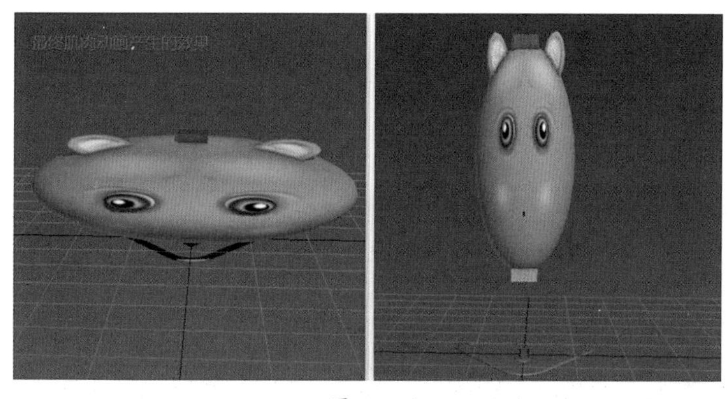

图 13-39

肌肉股的辅助动画制作

13.4 CAT骨骼制作雪豹动作

实例简介：

本实例主要是通过对四足动物雪豹模型进行蒙皮绑定CAT骨骼，然后通过CAT骨骼系统进行相对应的CAT动画控制。CAT骨骼的优势是，利用CAT骨骼系统做动画可以快速生成一个基本的走路动作。基本不用自己手动调整制作关键帧，只需要调整相关的CAT动画层的参数即可。

13.4.1 CAT骨骼创建匹配模型和蒙皮

实现步骤：

（1）打开雪豹的模型文件。在【创建】面板中，选择【辅助对象】下的【CAT对象】。然后在【对象类型】中点击【CAT父对象】，选择【CATRig加载保存】中的【Panther】雪豹的骨骼预设。再回到场景中，在雪豹的底部中心位置按鼠标左键创建一个和雪豹模型差不多大小的雪豹骨骼，如图13-40所示。

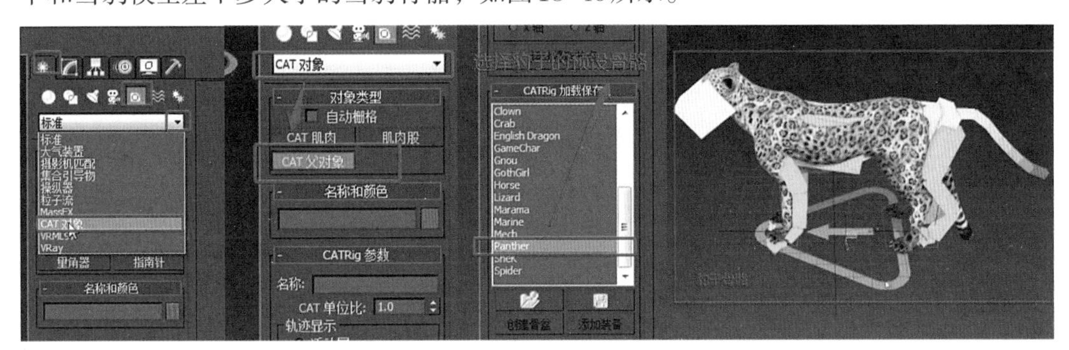

图 13-40

（2）冻结模型。先选中雪豹的Panther三角形控制器，然后在时间滑块下方的XYZ坐标值依次按鼠标右键归为0。再选中雪豹模型，单击鼠标右键出现列表，选择【对象属性】，出现对象属性弹窗，勾选【冻结】和【透明】，再点击确定冻结模型，如图13-41所示。

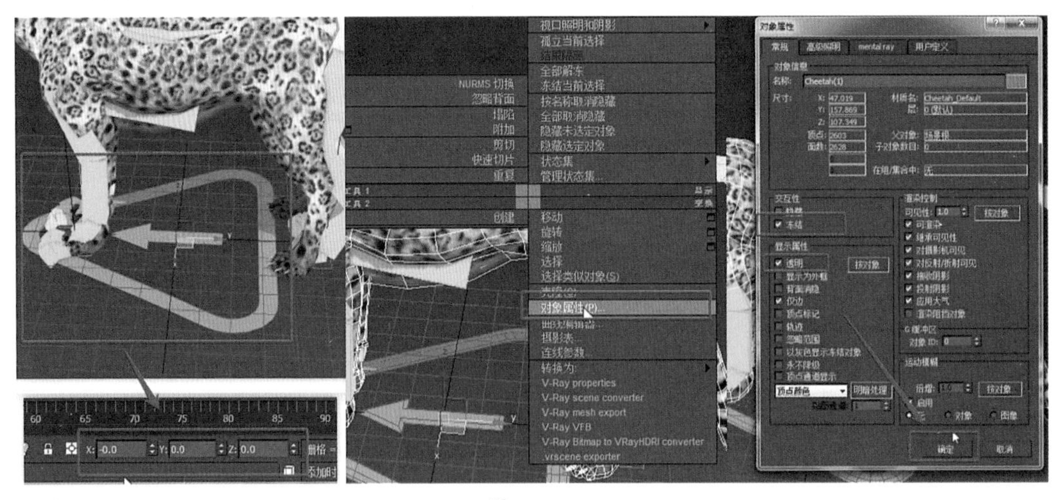

图 13-41

提示：模型的坐标也是处于网格的中心，所以骨骼的总控制器也需要处于网格的中心。

（3）骨骼对位模型。首先开始对位臀部的骨骼，把臀部骨骼对位到雪豹模型的臀部。然后对位右前腿，先移动前腿的IK控制器对位好右前腿脚掌位置，再选中右前脚脚踝位置的骨骼，在【修改】面板中，把默认【手指数】由4改为1，如图13-42所示。

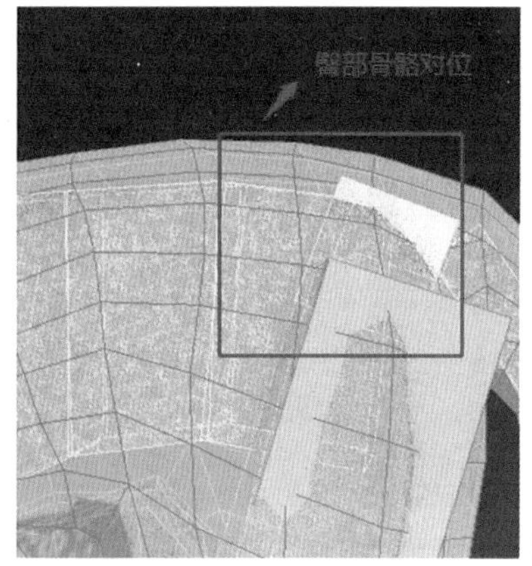

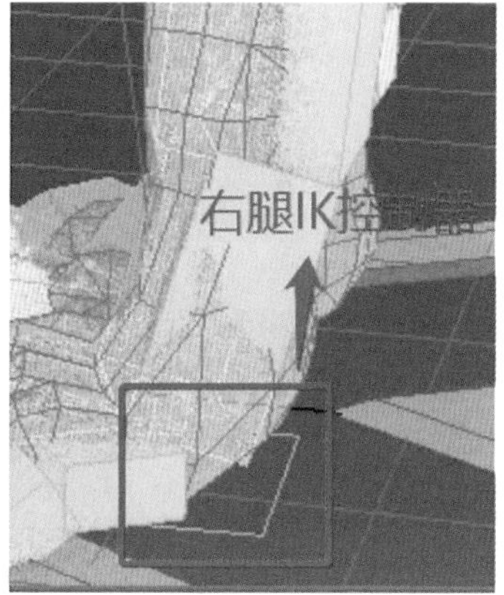
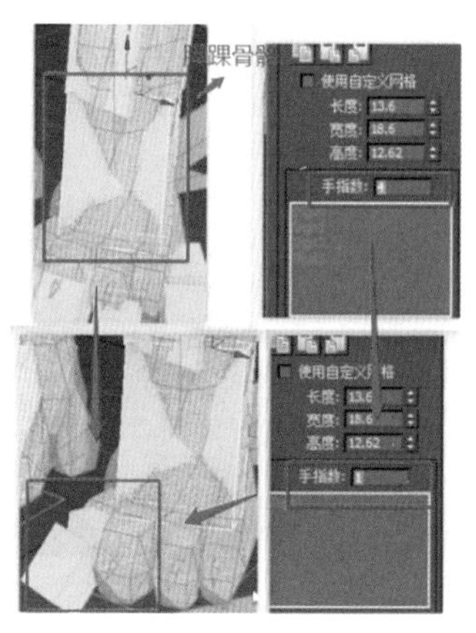

图13-42

利用移动、旋转、缩放工具调整骨骼，依次对位其他骨骼到模型上，如图13-43所示。

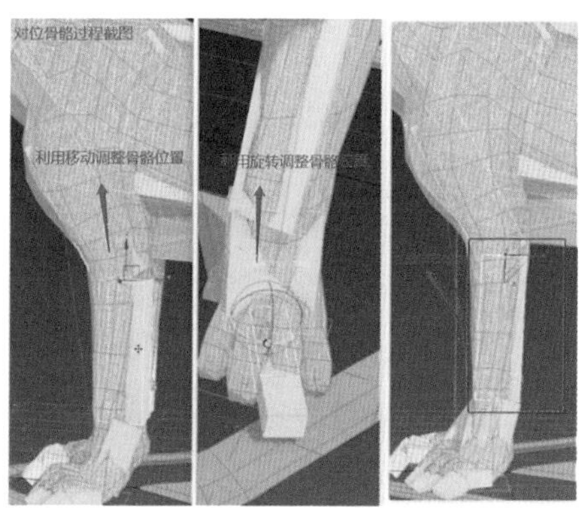

图13-43

同理，右后腿的调整和右前腿一样，先调整一下腿部骨骼的长度大小，再修改一下手指数，选中脚踝骨骼，把手指数变为1，如图13-44所示。

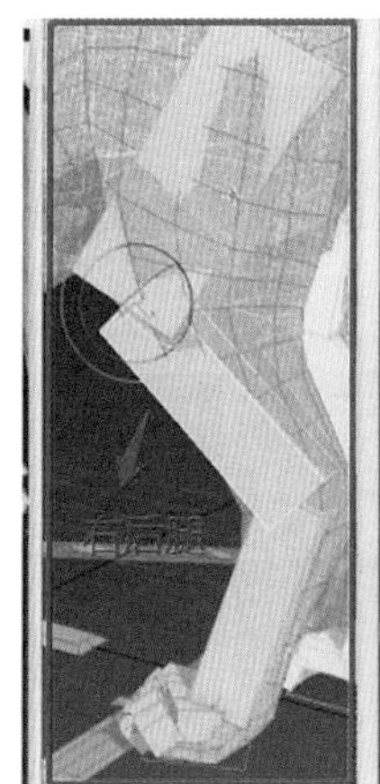
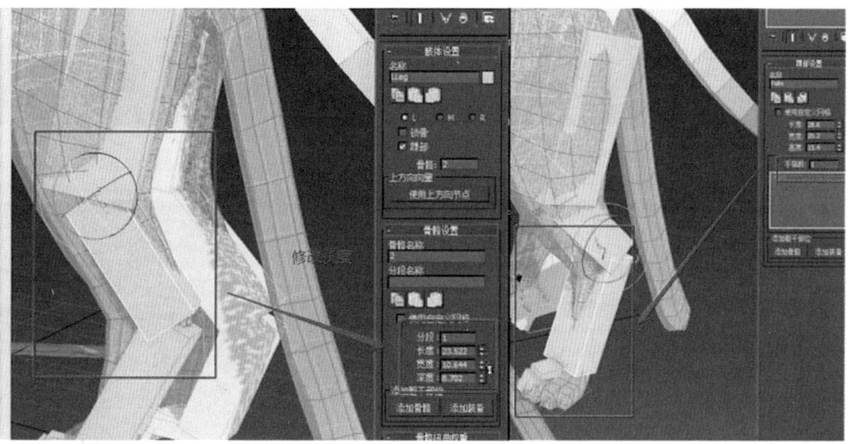

图13-44

然后依次调整右后腿的骨骼对位雪豹的右后腿模型。再依次选中头部骨骼和尾巴骨骼，分别对位脖子、头部和尾巴的骨骼，如图13-45所示。

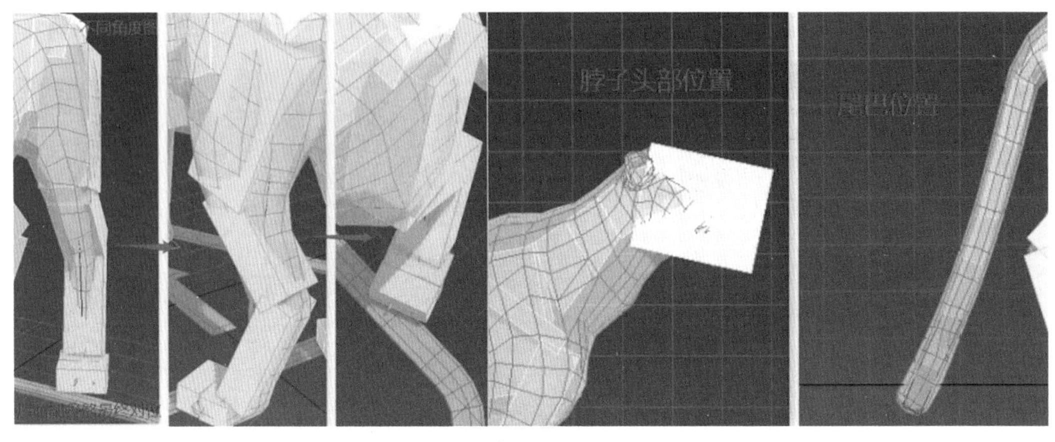

图 13-45

（4）复制腿部骨骼。先选中右前腿的锁骨骨骼，在【修改】面板中的【肢体设置】下点击【复制肢体设置】。然后再选中左前腿的锁骨骨骼，在【肢体设置】下点击【粘贴/镜像肢体设置】，这样就完成了两只前腿的对位，如图13-46所示。

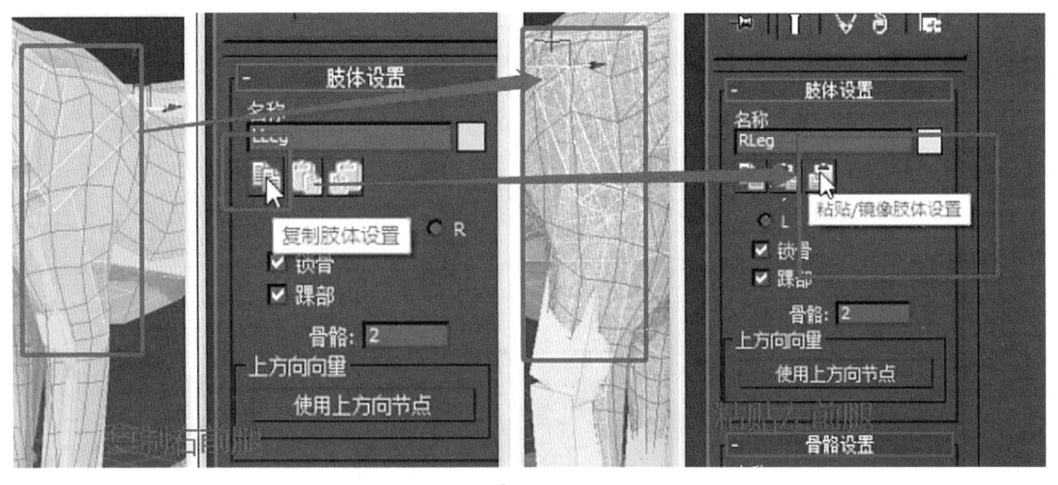

图 13-46

同理，选中右后腿的锁骨骨骼。在【修改】面板中的【肢体设置】下点击【复制肢体设置】，然后再选中左后腿的锁骨骨骼，在【肢体设置】下点击【粘贴/镜像肢体设置】，如图13-47所示。

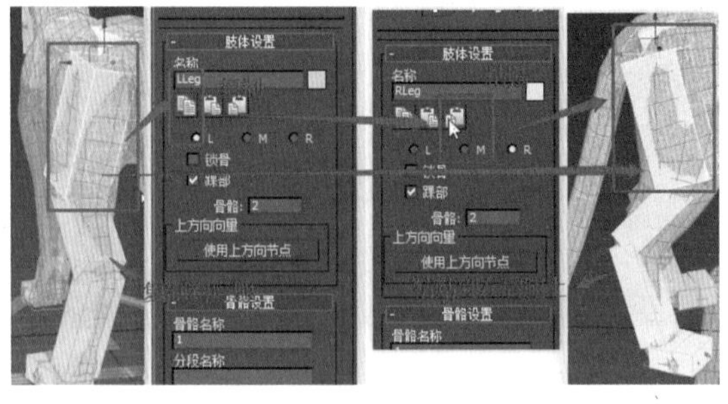

图 13-47

（5）骨骼对位模型最终状态效果，如图13-48所示。

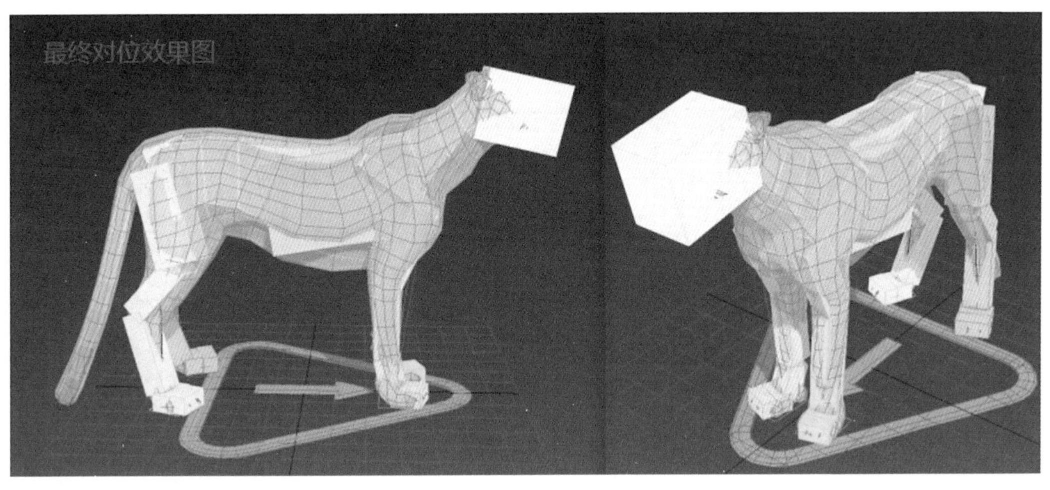

图 13-48

（6）解冻模型。在场景任何地方单击鼠标右键，出现一个列表，选择【全部解冻】解冻之前冻结好的模型。然后选中雪豹模型，单击鼠标右键，点击【对象属性】，在对象属性弹窗中不勾选透明，再点击确定，这样模型就不会透明显示，如图13-49所示。

（7）给所有骨骼创建一个选择集。在场景中双击臀部骨骼，鼠标双击臀部骨骼后就会选中所有的骨骼，然后在【创建选择集】中给选中的骨骼命名为“mengpi”，如图13-50所示。

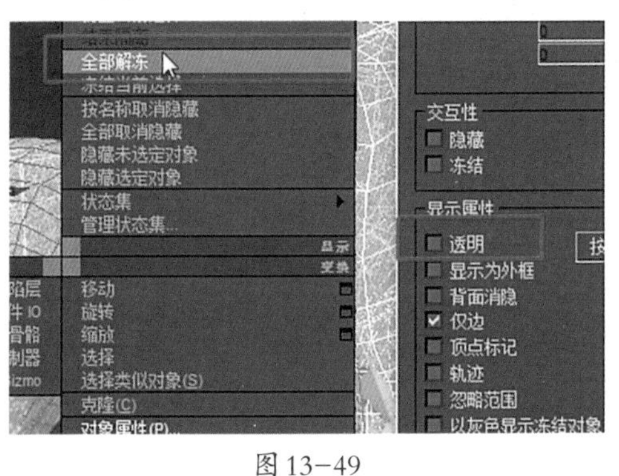

图 13-49

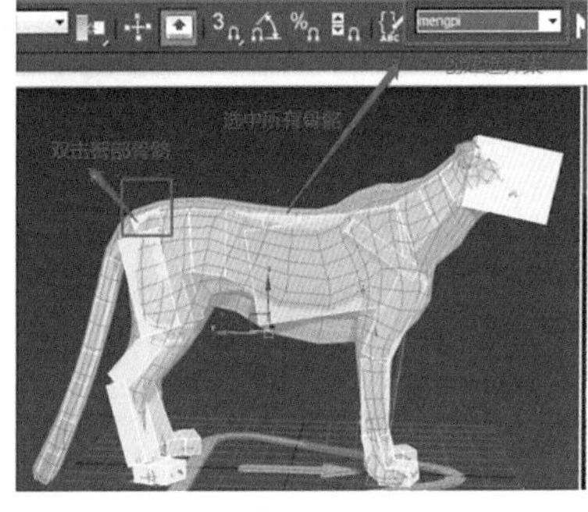

图 13-50

CAT骨骼创建匹配模型和蒙皮

提示：在【创建选择集】中可以随便命名，中英文都可以。

13.4.2 CAT骨骼权重设置和CAT动画制作

（8）初始蒙皮。选中雪豹模型，在【修改】面板的下拉箭头中选择添加【蒙皮】，然后在蒙皮的【骨骼】位置点击【添加】，出现【选择骨骼】弹窗。在弹窗中，点击【选择集】的小三角按钮，选择之前创建的选择集“mengpi”，在显示面板中就会选中所有有选择集的骨骼，选中后点击确定，在骨骼框中就加载了所有骨骼。这样就完成了模型和骨骼的初始蒙皮，如图13-51所示。

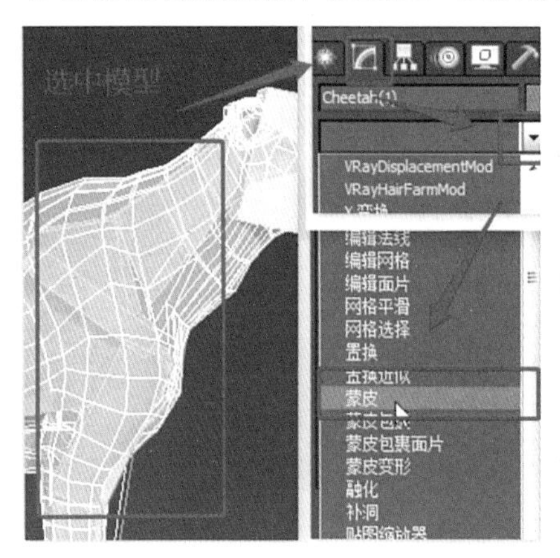
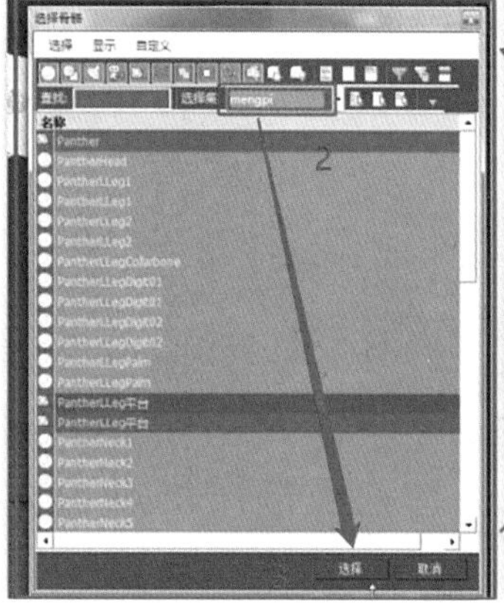
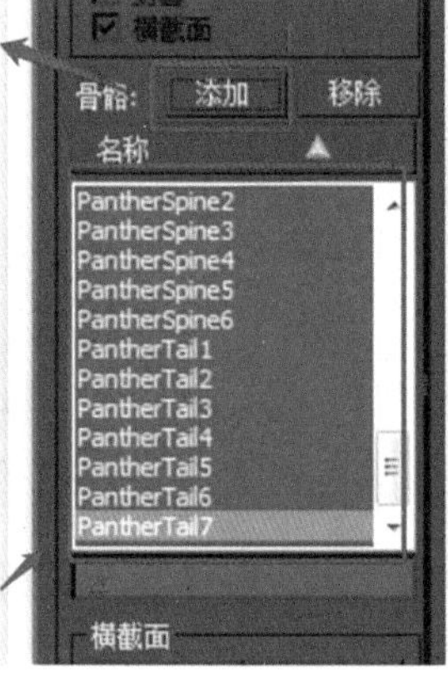

图 13-51

（9）骨骼外框显示。先选中所有的骨骼，在【显示】面板下的【显示属性】中勾选【显示为外框】，这样在场景中的骨骼就都会以线框显示，这样做的好处是更方便检查蒙皮和调整动作，如图13-52所示。

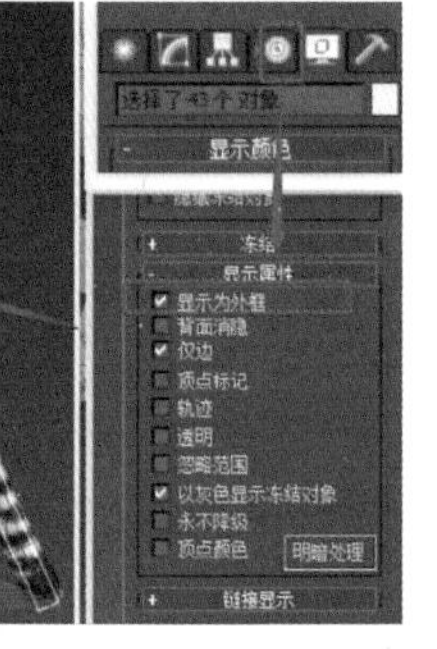

图 13-52

（10）检查蒙皮权重。选中模型，在【修改】面板中点击封套，激活蒙皮修改器。然后勾选顶点，打开权重工具。先检查右后腿的权重，选中大腿骨骼PantherLLeg1，选中相关顶点，给予顶点权重值为0.9，PantherLLeg1骨骼有多余控制到尾巴的骨骼，选中尾巴顶点，给予权重值为0。选中PantherLLeg2骨骼，选择该处的顶点，给予顶点权重值为1，选中PantherLLegPalm脚踝骨骼，选中中间顶点，给予顶点权重值为1。选中爪子的骨骼，给爪子的前部分权重值设置为1，如图13-53所示。

检查右前腿权重，选中右前腿的PantherLLeg1骨骼，让PantherLLeg1骨骼渐变控制，关节处顶点分别由PantherLLegCollarBone锁骨骨骼和PantherLLeg2骨骼各控制一部分。选中PantherLLeg2骨骼，给予中间顶点权重值为1，其余顶点渐变控制。选中PantherLLegPalm脚踝骨骼，发现脚踝骨骼又多控制到爪子的部分，按键盘上的Ctrl键不放，选中爪子的顶点，给予爪子的顶点权重值为0，这样脚踝骨骼就不会控制爪子部分。选中爪子的骨骼，给爪子的前部分权重值设置为1，如图13-54所示。

检查胸腔部位的权重，选中PantherRibcage胸部的骨骼，发现胸部骨骼有控制到头

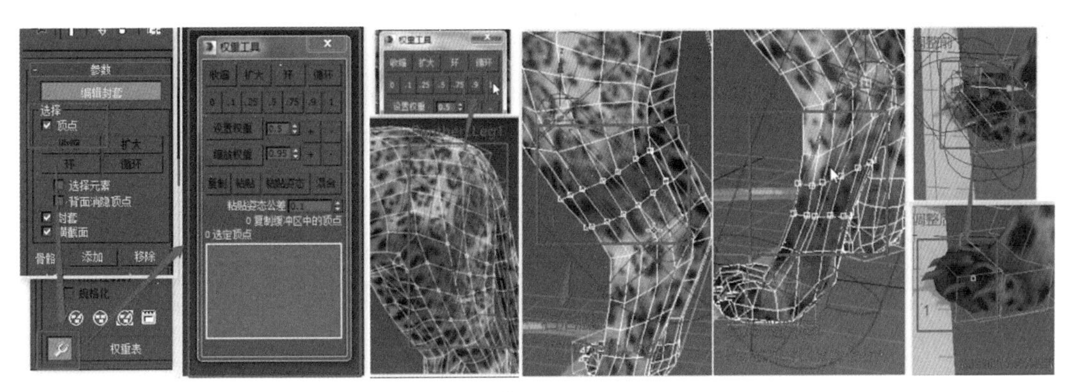

图 13-53

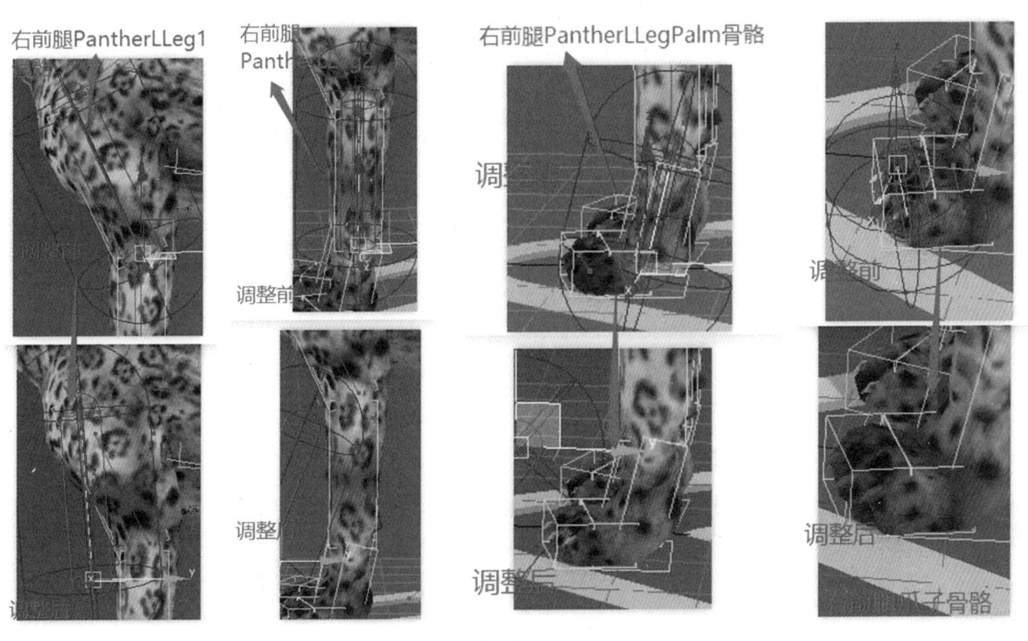

图 13-54

部、腿和臀部位置。依次选中头部、腿和臀部的顶点，给予顶点权重值为0。检查脊椎骨骼权重，脊椎骨骼的蒙皮还算可以，渐变控制，基本不用调整，如图13-55所示。

检查头部骨骼，发现头部权重并没有完全受头部骨骼控制。所以选中头部骨骼，按键盘上的Ctrl键加选，选中头部顶点，给予头部骨骼权重值为1。最后看看尾巴权重，发现尾巴的PantherTail1根部骨骼权重没有蒙皮好。需要选中PantherTail1骨骼，选中该处的顶点，给予中间尾巴和臀部关节处顶点的权重值各为0.5，骨骼中间顶点权重值设置为1。再检查尾巴的其他骨骼发现其基本不用调整，初始蒙皮效果很好，如图13-56所示。

提示：调整完基本骨骼权重，还需要通过动作来检测我们的权重是否有蒙皮好，如果动作发现蒙皮没有蒙好，那么就需要通过动作来调整出问题的蒙皮权重。

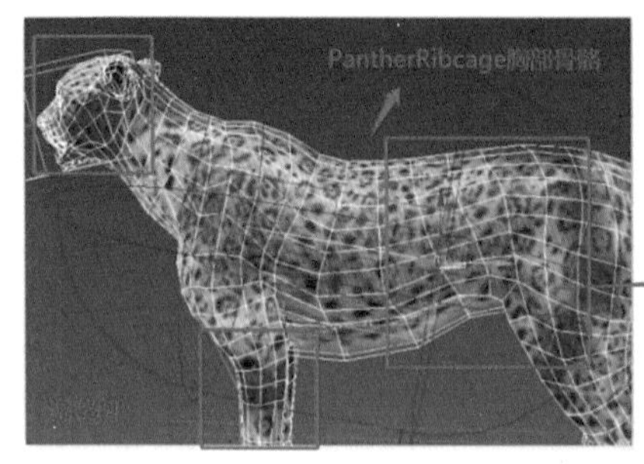

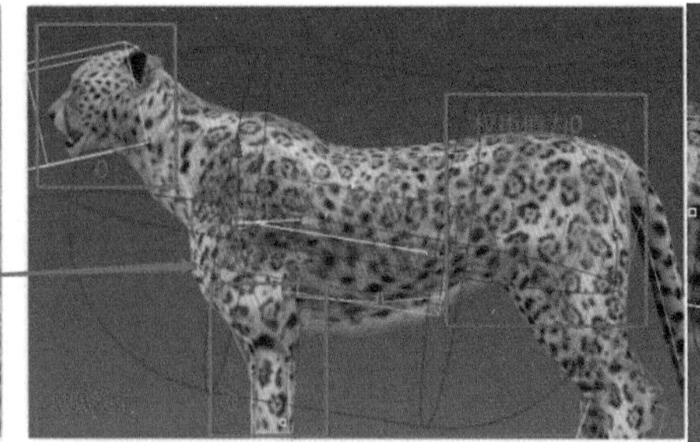

图 13-55

(11) 镜像骨骼。前面已经对右腿骨骼进行了权重的调整，但是并没有调整左腿的权重，在这种对称的骨骼中，调整权重只需要调整其中一半，然后另一半可以镜像过去。首先还是需要在【修改】面板下选中【封套】，选择镜像参数下的【镜像模式】，点击激活【镜像模式】，然后可以看到场景中的豹子会出现一个绿色骨骼线和蓝色骨骼线，然后点击【将蓝色粘贴到绿色顶点】，这样就完成了权重镜像，如图13-57所示。

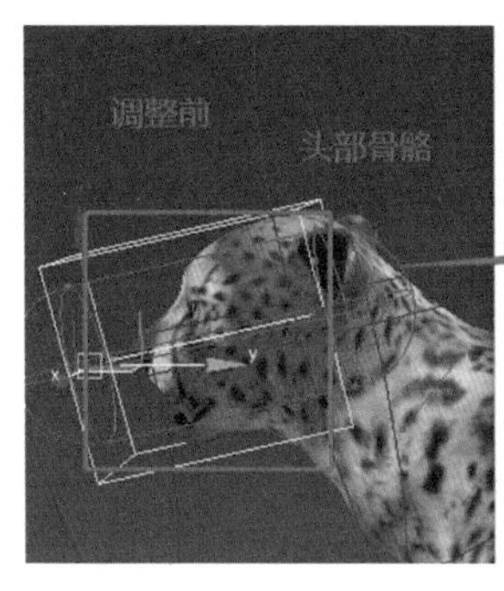

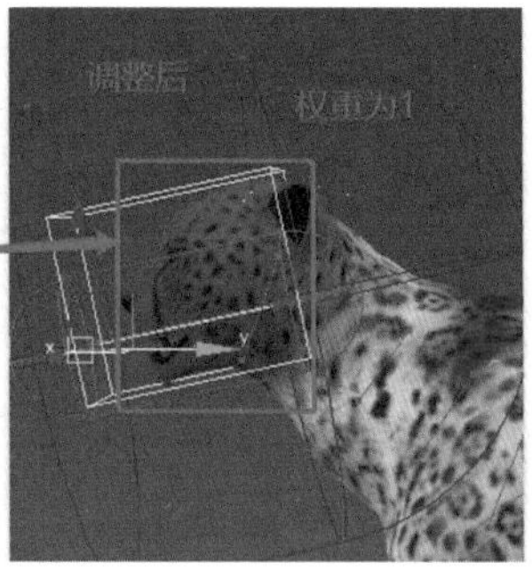

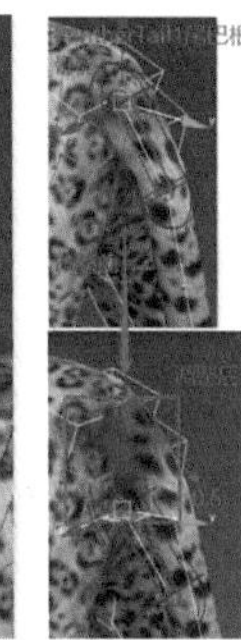

图 13-56

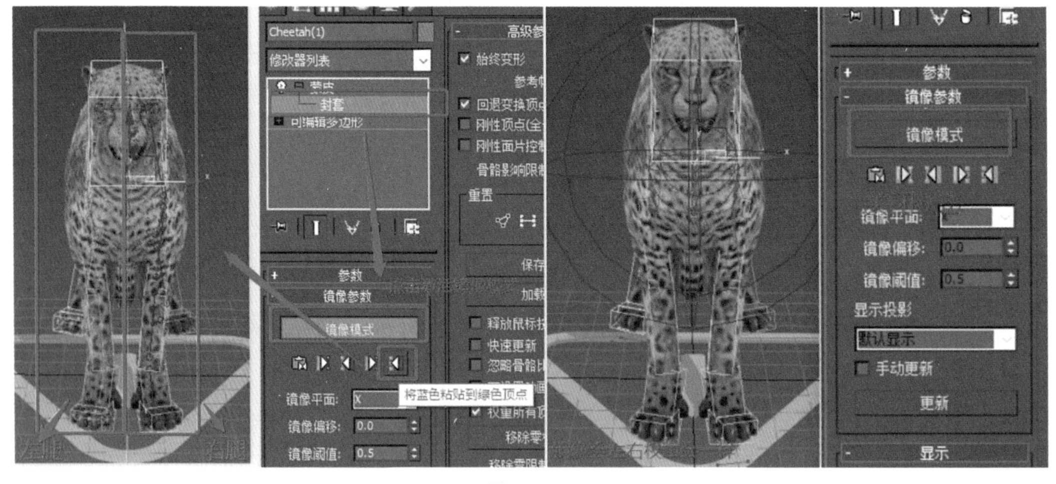

图 13-57

提示：有时候镜像之后还会发生权重没有镜像好的情况，特别是中间骨骼，那么这时需要手动调整权重值。

(12) 添加Abs动画层。选中三角形控制器，在【运动】面板中，选择【层管理器】，点击Abs下拉按钮添加一个【Abs动画层】，如图13-58所示。

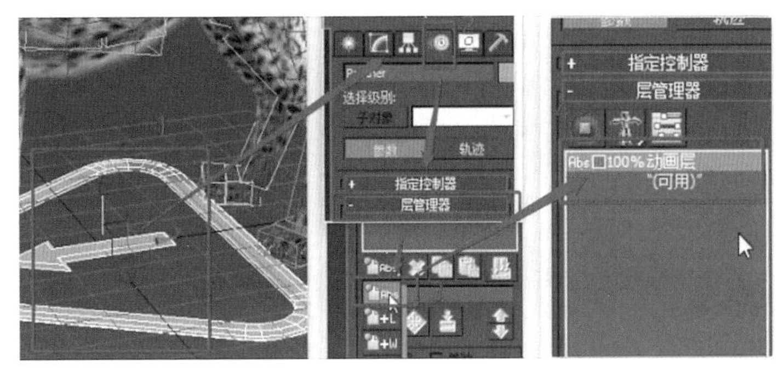

图 13-58

（13）添加CATMotion层。点击播放动画，发现添加了动画层并没有动画运动，所以还需要在【运动】面板的【层管理器】添加一个【CATMotion层】，然后点击【设置/动画模式切换】激活动画，点击播放按钮，看到模型在运动了。也可以选中所有骨骼，发现时间轴上自动生成一系列关键帧，代表雪豹的走路动作已经自动生成了，如图13-59所示。

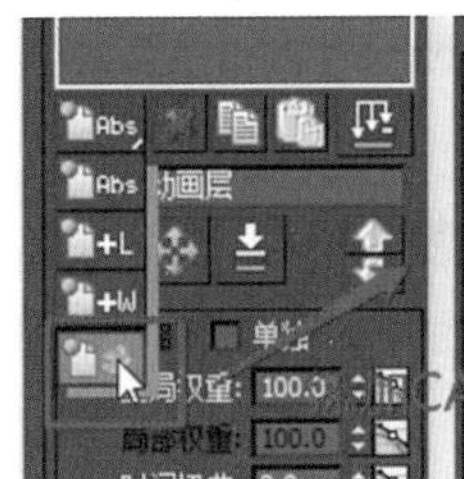
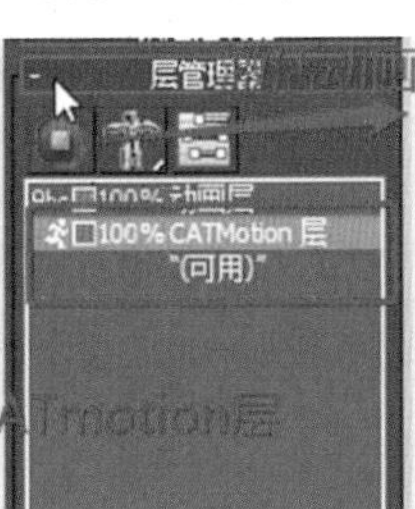

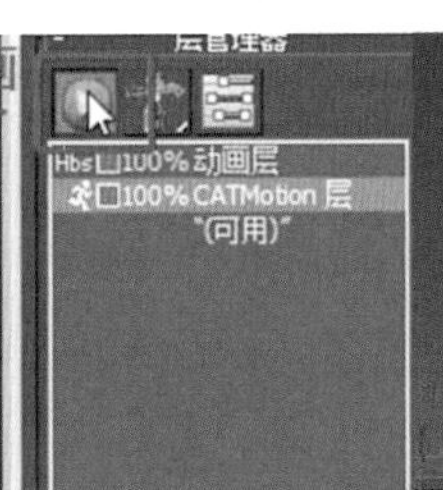

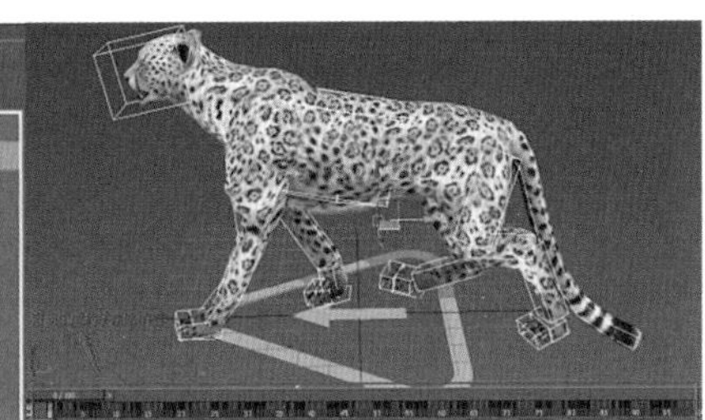
图 13-59

（14）细节调整动画。仔细观察自动生成的走路动作，会发现有很多问题，所以需要对有问题的动作进行调整。首先选中三角形的控制器，在【运动】面板中点击【CATMotion编辑器】，出现CATMotion编辑器弹窗。调整动画就在CATMotion编辑器中进行相对应的参数修改，如图13-60所示。

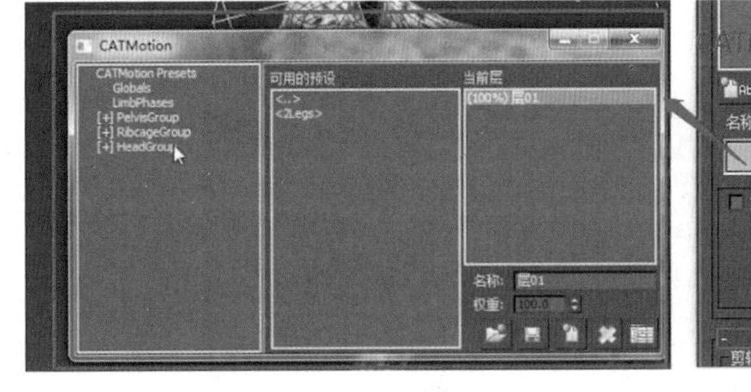

图 13-60

调整前后腿重叠动作。首先观察动作发现，豹子腿在走路的时候，前后脚有重叠。所以调整前后脚重叠，在【CATMotion编辑器】中选中【Globals】，然后调整【步幅参数】，把【最大步幅长度】参数值改为100，这样豹子前后脚就不会重叠了，如图13-61所示。

调整前腿向前的关节动作。雪豹的前腿走路时，它的腿不会很直立，而是向后弯曲一点，所以选中编辑器中的【RibcageGroup】，选择【Legs】中的【Palm】，再选中

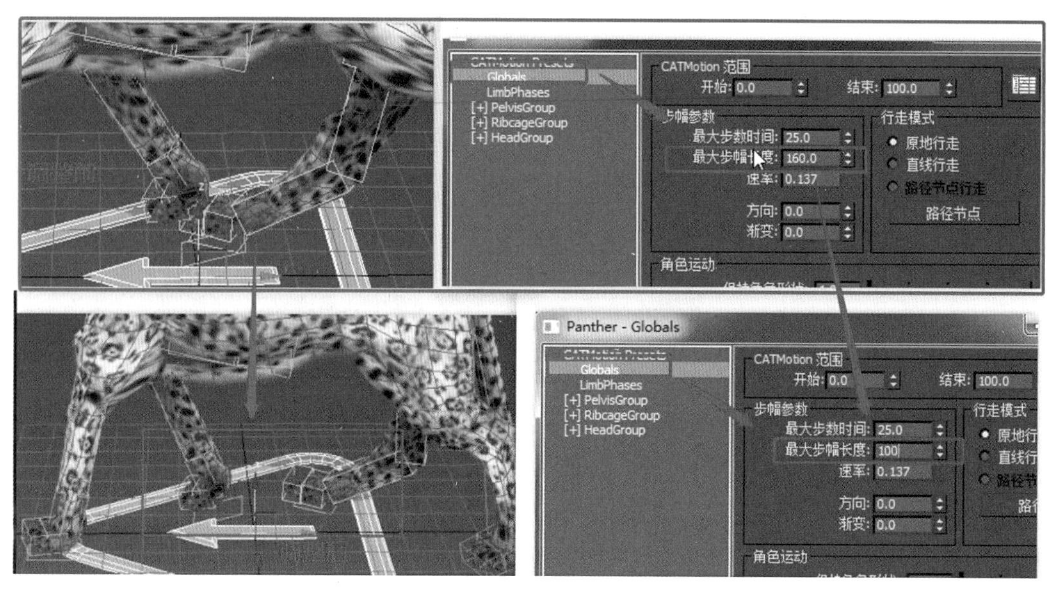

图 13-61

【Palm】下的【FootBend】，点击【FootBend】，修改FootBend的偏移参数，把鼠标移动到偏移的第二个参数下拉三角位置，按住鼠标向下拖修改雪豹前腿向前的弯曲动作，如图13-62所示。

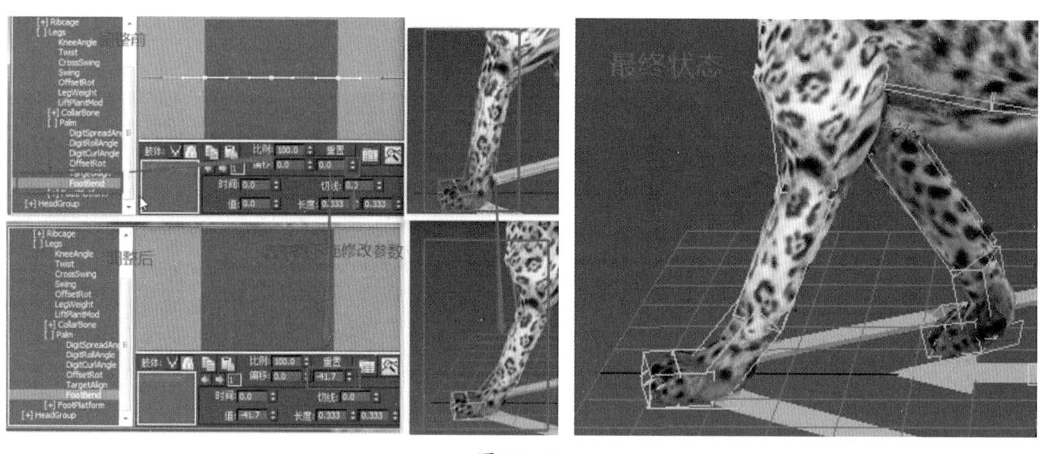

图 13-62

调整两只前腿悬空动作。首先选择编辑器中的【RibcageGroup】，再选择【Ribcage】下的【Lift】调整两只前腿的悬空状态，调整悬空状态也是选择【Lift】参数中的【偏移】，在偏移的第二个参数小三角位置按住鼠标左键向下拖，当参数值变为-6.7左右停止修改，如图13-63所示。

调整两只后腿悬空动作。选择【PelvisGroup】中的【Pelvis】，在【Pelvis】中点击选择【Lift】，也是修改【Lift】第二个的【偏移】参数，把第二个的偏移参数按住鼠标左键向下拖曳，把参数调整到-13左右，让两只后腿落在地面上就可以，如图13-64所示。

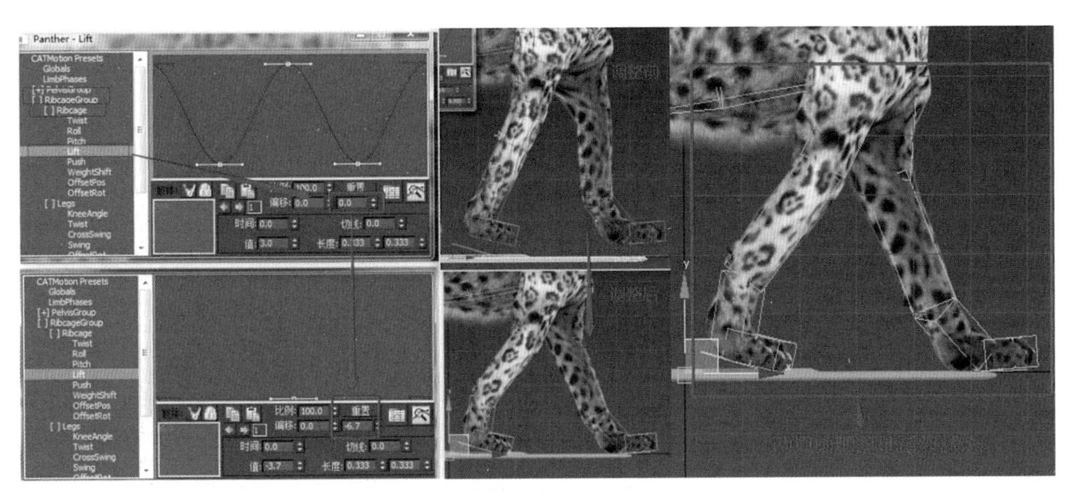

图 13-63

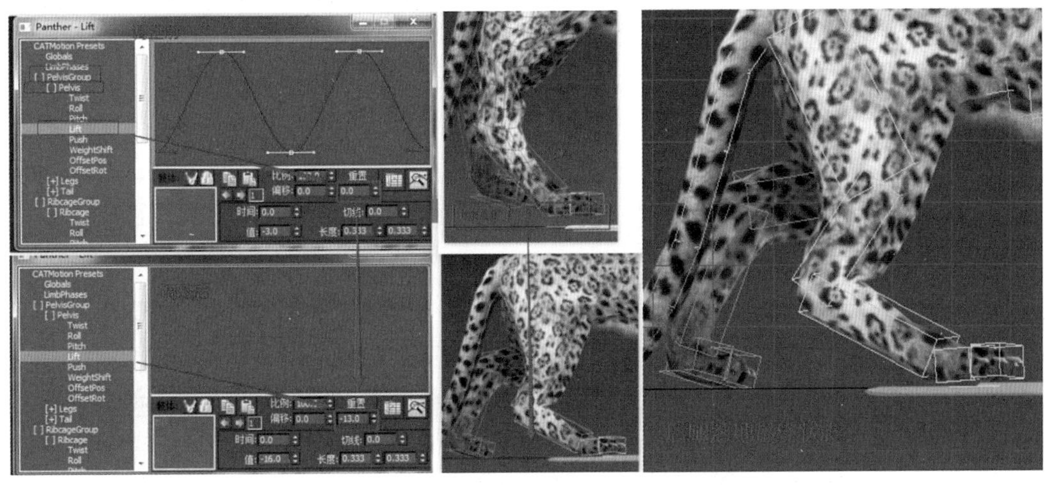

图 13-64

调整尾巴动作。通过播放动画发现，雪豹的尾巴几乎是一个僵硬的状态，没有柔软度。雪豹在走路的时候尾巴肯定会摇摆的。在CATMotion编辑器中先点击选择【PelvisGroup】中的【Tail】，再在【Tail】下点击选择【Pitch】，然后可以看到编辑器右边绿色显示区的线是直的，这个线就是控制雪豹尾巴的弯曲线。这条线有三个关键点，分别调整每个关键点向上移动，中间的关键点移动到一个最高点，三个点形成一个弯曲的状态，如图13-65所示。

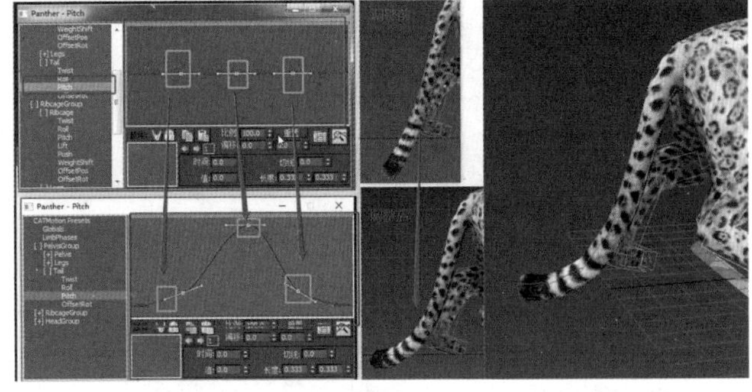

图 13-65

再点击选择【Roll】，调整Roll中的曲线呈现波浪曲线状态，让雪豹尾巴可以有柔软度地向左向右摆动，如图13-66所示。

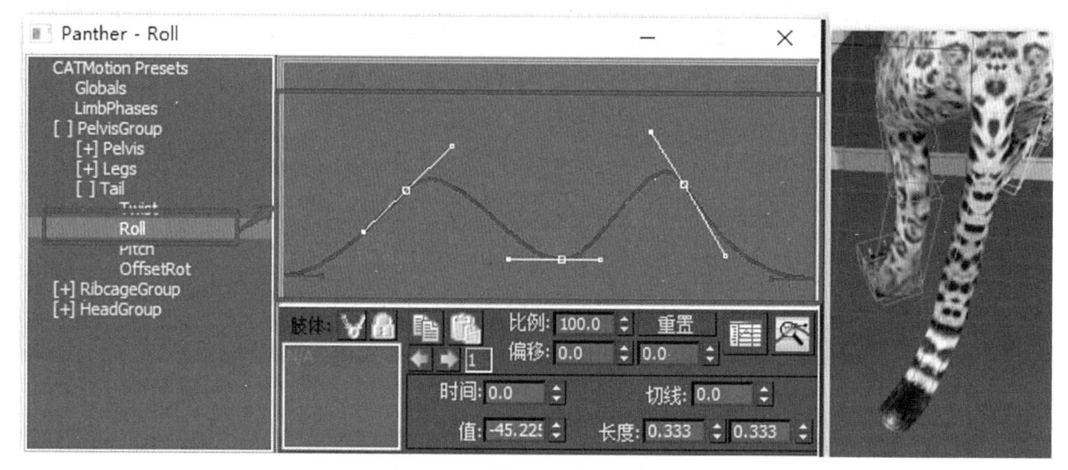

图 13-66

调整尾巴的柔软度之后，再打开自动关键点，选择【Roll】中的偏移，先把时间滑块拖到第0帧，让尾巴在第0帧的时候向左偏移，再把时间滑块拖到第50帧，让尾巴向右偏，在第100帧的时候再向左偏。这样再回到场景中观察尾巴的动作，发现尾巴就有规律地摇摆了，如图13-67所示。

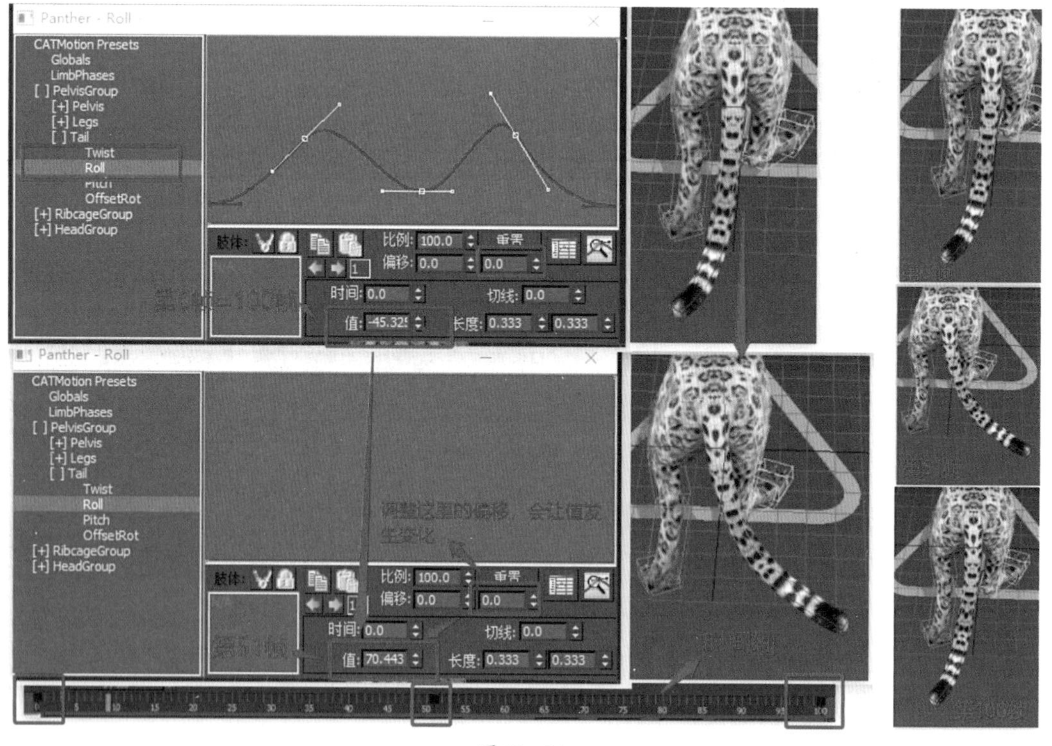

图 13-67

调整身体的摇摆。现在观察动作会发现身体的摆动比较大，所以先选择【PelvisGroup】，再点击选择【Pelvis】中的【WeightShift】，调整比例。把比例向下拖曳，让曲线变得平缓一点，那么【Pelvis】骨盆骨骼的摇摆幅度就没有那么大。再选择【RibcageGroup】中的【Ribcage】，在【Ribcage】下点击选择【Twist】，调整豹子胸腔的摇摆幅度，如图13-68所示。

CAT骨骼权重设置和CAT动画制作

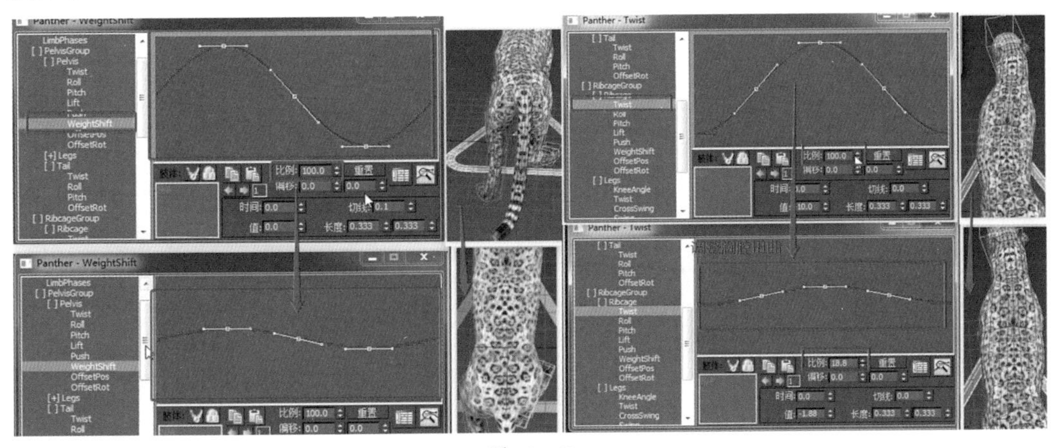

图 13-68

调整头部摇摆幅度。在CATMotion编辑器中选择【HeadGroup】，先点击选择【HeadGroup】中的【Twist】，调整比例曲线，让豹子的头部扭曲幅度小一点。再点击选择【Roll】，选中【比例】的朝下小三角，单击鼠标左键向下拖曳，让比例曲线变得平缓一点，调整Roll是为了让头部的左右摇摆幅度小一点，如图13-69所示。

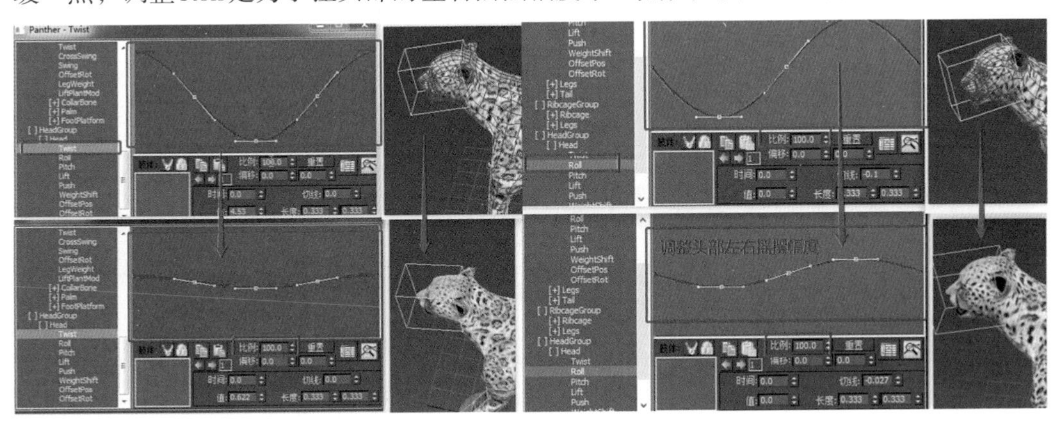

图 13-69

调整完所有有问题的动画，再次播放动画，观察豹子的走路动作是否还有问题。如果有问题，那么和前面一样，在CATMotion编辑器中再次修改有问题的动作。

13.5 思考与练习

1. CAT骨骼系统在角色动作设计中有哪些优势？
2. CAT骨骼的使用主要流程是什么？
3. 自行设计一个角色，然后使用CAT骨骼系统为其制作动画。

13.6 单元测试

试题

参考文献

[1]何勇.水晶石技法3ds Max 2014动画制作高手之道[M].北京：人民邮电出版社，2014.

[2]王瑶. 3ds Max角色骨骼动画高级应用技法[M].北京：北京希望电子出版社，2009.

[3]亓鑫辉，周光平. 3ds Max影视特效火星课堂：流体烟雾篇[M].北京：人民邮电出版社，2011.

[4]玉永海. 3ds Max角色动画技术精粹 蒙皮・毛发・骨骼与绑定[M].北京：机械工业出版社，2008.

[5]高自强. 3ds Max角色表情动画技术精粹[M].北京：机械工业出版社，2010.

[6]刘丽霞. 3ds Max动画制作高级实例教程[M].北京：中国铁道出版社，2014.

[7]王强. 3ds Max 2014动画制作案例课堂[M].北京：清华大学出版社，2015.

[8]王珂.全视频3ds Max动画设计与制作深度剖析[M].北京：清华大学出版社，2013.

[9]张凡. 3ds Max游戏动画设计[M].北京：机械工业出版社，2014.

[10]詹青龙.三维动画设计与制作技术[M].北京：清华大学出版社，2012.

[11]邓诗元，赖义德.三维动画设计.动作设计[M].武汉：武汉大学出版社，2010.

[12]龙马工作室. 3ds Max 2010三维动画创作完全自学手册[M].北京：人民邮电出版社，2011.

[13]琼斯. 3ds Max动画角色建模与绑定技术解析[M].北京：人民邮电出版社，2015.

[14]上官大堰. 3ds Max动画案例高级教程[M].北京：中国青年出版社，2015.

[15]亿瑞设计. 3ds Max 2016中文版从入门到精通[M].北京：清华大学出版社，2018.

[16]李文杰. 3ds Max 2016动画设计案例教程[M].北京：清华大学出版社，2018.

[17]孙杰. 3ds Max 2016动画制作案例课堂[M].北京：清华大学出版社，2018.

[18]唐杰晓，周宇. 3ds Max三维动画设计与制作[M].北京：化学工业出版社，2015.

[19]左现刚. 3ds Max 2014中文版三维动画设计100例[M].北京：电子工业出版社，2015.

[20]李鹏. 3ds Max 三维动画制作教程[M].北京：北京交通大学出版社，2015.

[21]范景泽. 3ds Max 2016中文版完全精通自学教程[M].北京：电子工业出版社，2018.

[22]彭国华. 3ds Max数字动画实用教程[M].北京：电子工业出版社，2017.

[23]杨磊，章昊.零点起飞学3ds Max 2014三维动画设计与制作[M].北京：清华大学出版社，2014.

[24]李瑞森. 3ds Max游戏场景设计与制作实例教程[M].北京：人民邮电出版社，2017.

[25]陈世红，周爱华，黄静仪. 3ds Max 2015三维动画设计[M].北京：清华大学出版社，2016.

[26]尹新梅. 3ds Max三维建模与动画设计实践教程[M].北京：清华大学出版社，2011.

[27]《工作过程导向新理念丛书》编委会.三维动画设计与制作：3ds Max 2010[M].北京：清华大学出版社，2010.

[28]江奇志.中文版3ds Max 2016基础教程[M].北京：北京大学出版社，2016.

[29]陈峰，闫启文，雷光. 3ds Max角色设计实例教程[M].北京：中国铁道出版社，2017.

[30]精鹰传媒. 3ds Max影视动画角色设计技法教程[M].北京：人民邮电出版社，2017.

[31]张凡. 3ds Max游戏角色动画设计[M].北京：中国铁道出版社，2016.